国网湖北省电力公司
STATE GRID HUBEI ELECTRIC POWER COMPANY

国网湖北省电力公司　组编

电网企业生产岗位技能操作规范

继电保护工

内 容 提 要

为提高继电保护工的技能水平和职业素质，湖北省电力公司根据电力行业技能鉴定指导书、国家电网公司生产技能人员能力培训专用教材等，组织编写了《电网企业生产岗位技能操作规范》。

本书为《继电保护工》分册，规定了继电保护工实施技能鉴定操作培训的基本项目，包括了继电保护工技能鉴定五、四、三、二、一级的共45个技能项目，规范了各级继电保护工的实训，统一了继电保护工的技能鉴定标准。

本书可作为继电保护现场作业人员职业技能鉴定的指导用书，也可作为继电保护现场作业人员技能操作培训教材。

图书在版编目（CIP）数据

电网企业生产岗位技能操作规范. 继电保护工/国网湖北省电力公司组编. —北京：中国电力出版社，2018.5

ISBN 978-7-5198-1816-6

Ⅰ.①电… Ⅱ.①国… Ⅲ.①电网-工业生产-技术操作规程-湖北②继电保护×技术操作规程-湖北 Ⅳ.①TM-65

中国版本图书馆CIP数据核字（2018）第043305号

出版发行：中国电力出版社
地　　址：北京市东城区北京站西街19号（邮政编码100005）
网　　址：http://www.cepp.sgcc.com.cn
责任编辑：翟巧珍（010－63412351）
责任校对：马　宁
装帧设计：张俊霞　张　娟
责任印制：邹树群

印　　刷：北京雁林吉兆印刷有限公司
版　　次：2018年5月第一版
印　　次：2018年5月北京第一次印刷
开　　本：710毫米×980毫米　16开本
印　　张：24
字　　数：460千字
印　　数：0001—2000册
定　　价：98.00元

《电网企业生产岗位技能操作规范》编委会

主　　任　肖黎春

副 主 任　邬捷龙

委　　员　吴耀文　侯学东　蔡　敏　王永会

汪发明　张大国　秦立明　李　新

夏勇军　张　峻　潘　璇　刘落飞

杜　剑　陈　旷

《继电保护工》编写人员

主　　编　彭　丰

参编人员（按姓氏笔画排列）

王　晋　王　涛　艾　建　艾洪涛

乔新国　刘亚男　江　渊　张　华

张晓春　李　鹏　陈昌黎　陈泽华

陈　兢　尚　勇　易健雄　洪梅子

翁勇峰　宿　磊　彭昌蒲

《继电保护工》审定人员

主　　审　周虎兵

参审人员（按姓氏笔画排列）

李　毅　吴　迪　余　海　宋会平

张　浩　张　伦　胡　刚　袁军强

序

现代企业的竞争，归根到底是人的竞争。人才兴，则事业兴；队伍强，则企业强。电网企业作为技术密集型和人才密集型企业，队伍素质直接决定了企业素质，影响着企业的改革发展。没有高素质的人才队伍作支撑，企业的发展就如无源之水，难以为继。

加强队伍建设，提升人员素质，是企业发展不可忽视的“人本投资”，是提高企业发展能力的根本途径。当前，世情国情不断发生变化，行业改革逐步深入，国家电网公司改革发展任务十分繁重。特别是随着“两个转变”全面深入推进，坚强智能电网发展日新月异，对于加强队伍建设提出了新的更高要求，我们迫切需要培养造就一支能适应改革需要、满足发展要求的优秀人才队伍。

世不患无才，患无用之之道。一直以来，“总量超员、结构性缺员”问题，始终是国网湖北省电力有限公司队伍建设存在的突出问题，也是制约国网湖北省电力有限公司改革发展的关键问题。要破解这个难题，不仅需要我们在体制机制上做文章，加快构建内部人才市场，促进人员有序流动，优化人力资源配置；也需要我们在员工素质方面加大教育培训力度，促进队伍素质提升，增强岗位胜任能力。这些年，国网湖北省电力有限公司坚持把员工教育培训工作作为“打基础、管长远”的战略任务，大力实施“人才强企”战略和“素质提升”工程，组织开展了全员“安规”普考、优秀班组长选训、农电用工普考等系列培训教育考核活动，实现了员工与企业的共同发展。

这次由国网湖北省电力有限公司统一组织编写、中国电力出版社出版发行的《电网企业生产岗位技能操作规范》丛书，针对高压线路带电检修、送电线路、配电线路、电力电缆、继电保护等17个职业（工种）编写，就是为了规范生产经营业务操作，提高一线员工基础理论水平和基本技能水平。其中《高压线路带电检修工》等16分册于2014～2016年先后出版，最后一个分册《继电保护工》于2017年交付出版。

本丛书内容丰富充实，说明详细具体，并配有大量的操作图例，具有较强的针对性和指导性。希望能帮助广大一线员工增强安全意识，规范作业行为，为推动国家电网公司和国网湖北省电力有限公司科学发展做出新的更大贡献。

寄望：春种一粒粟，秋收万颗子。

是为序。

《电网企业生产岗位技能操作规范》编委会

2018年5月

编 制 说 明

根据国网湖北省电力公司下达的技能培训与考核任务，需要通过职业技能的培训与考核，引导企业员工做到“一专多能”并完成转岗、轮岗培训；更需要加强原来已实施多年、涉及多个工种的职业操作技能培训考核体系的系统性、连贯性和可操作性，从而引导员工的职业规划设计、辅助构建电网员工终身教育体系。湖北电力行业的各技能鉴定站/所应按照技能操作规范的要求，落实培训考核项目，统一考核标准，保证在电网企业内的培训与考核公开、公平、公正，提高培训与鉴定管理水平和管理效率，提高公司生产技能人员的素质。

本规范丛书依据电力行业职业技能鉴定指导书和国家电网公司企业标准Q/GDW232—2008《国家电网公司生产技能人员职业能力培训规范》，以及国网湖北省电力公司针对企业员工生产技能岗位设置和岗位聘用原则等编写的电力行业主要工种的技能操作规范，提出并建立一套完整的可实施的生产技能人员技能培训与考核体系，用于国网湖北省电力行业各级职业技能鉴定的技能操作部分的培训与鉴定，保证技能人才评价标准的统一性。依据国家劳动和社会保障部所规定的国家职业资格五级分级法，以及现行电力企业生产技能岗位聘用资格的五级设置原则，本规范各工种分册培训与鉴定的分级按照五级编写。

一、技能操作项目分级原则

1. 依据考核等级及企业岗位级别

依据劳动和社会保障部规定，国家职业资格分为五个等级，从低到高依次为初级技能、中级技能、高级技能、技师和高级技师。其框架结构如下图所示。

电网企业技能岗位按照五级设置

2. 各级培训考核项目设置

本规范丛书依据国网生产技能人员职业能力培训规范，制定了与职业技能等级相对应的技能操作培训考核五个级别的考核规范，系统地规定了各工种相应等级的技能要求，设置了与技能要求相适应的技能培训与考核内容、考核要求，使之完全公开、透明。其项目的设置充分考虑电网企业的实际需要，又按照国家职业技能等级予以分级设置，既能保证考核鉴定的独立性，又能充分发挥对培训的引领作用，具有很强的针对性、系统性、操作性。操作规范等级制定依据如下表。

电网企业各级职业技能等级能力

职业等级	职业技能能力
五级（初级工）	适用于辅助作业人员、新进人员以及其他具有中级工以下职业资格人员，能够运用基本技能独立完成本职业的常规工作
四级（中级工）	能够熟练运用基本技能独立完成本职业的常规工作，并在特定情况下，能够运用专门技能完成较为复杂的工作；能够与他人进行合作
三级（高级工）	能够熟练运用基本技能和专门技能完成较为复杂的工作，包括完成部分非常规性工作；能够独立处理工作中出现的问题；能指导他人进行工作或协助培训一般操作人员
二级（技师）	能够熟练运用基本技能和专门技能完成较为复杂的、非常规性的工作；掌握本职业的关键操作技能技术；能够独立处理和解决技术或工艺问题；在操作技能技术方面有创新；能组织指导他人进行工作；能培训一般操作人员；具有一定的管理能力
一级（高级技师）	能够熟练运用基本技能和特殊技能在本职业的各个领域完成复杂的、非常规性的工作；熟练掌握本职业的关键操作技能技术；能够独立处理和解决高难度的技术或工艺问题；在技术攻关、工艺革新和技术改革方面有创新；能组织开展技术改造、技术革新和进行专业技术培训；具有管理能力

在项目设置过程中，对于部分项目专业技能能力项涵盖两个等级的项目，实施设置时将该技能项目作为两个项目共用，但是其考核要求与考核评分参考标准存在明显的区别。其中，《抄表核算收费员》《农网配电营业工》因国家职业资格未设一级（高级技师），因此本丛书中的这两个分册按照四级编制。

目前该职业技能能力四级涵盖五级；三级涵盖五、四级；二级涵盖五、四、三级；一级涵盖五、四、三、二级。

二、汇总表符号含义

技能操作项目汇总表所列操作项目，其项目编号由五位组成，具体表示含义如下：

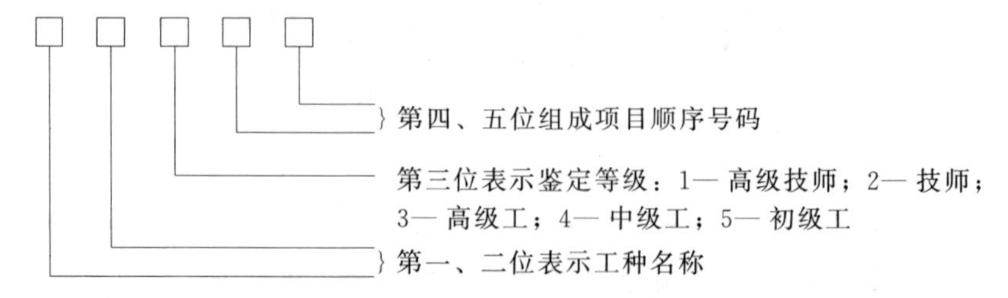

其中第一、二位表示具体工种名称为：DZ—高压线路带电检修工；SX—送电线路工；PX—配电线路工；DL—电力电缆工；BD—变电站值班员；BY—变压器

检修工；BJ—变电检修工；SY—电气试验工；JB—继电保护工；JC—用电监察员；CH—抄表核算收费员；ZJ—装表接电工；XJ—电能表修校；BA—变电一次安装工；BR—变电二次安装工；FK—电力负荷控制员；P—农网配电营业工配电范围；Y—农网配电营业工营销范围。

三、使用说明

1. 技能操作项目鉴定实施方法

(1) 申请五级（初级工）、四级（中级工）、三级（高级工）技能操作鉴定。学员已参加表中所列的本工种等级技能操作项目培训。

技能操作鉴定项目加权分为100分。在本人报考工种等级中，由考评员在本工种等级项目中随机抽取项目进行考核，考核项目数量必须满足各技能操作项目鉴定加权总分≥100分。其选项过程须在鉴定前完成，一经确定，不得更改。

技能操作鉴定成绩为加权分70分及格。技能操作鉴定不及格的考生，可在次年内申请一次补考，由鉴定中心按照上述方法选择项目再次进行鉴定，原技能操作鉴定通过的成绩不予保留。

(2) 申请二级（技师）、一级（高级技师）鉴定。申请学员应在获得资格三年后申报高一等级，其技能操作鉴定项目为二级（技师）、一级（高级技师）项目中，由考评员随机在项目中抽取，技能操作项目数满足鉴定加权总分≥100分。其选项过程在鉴定前完成，一经确定不得更改。

技能操作鉴定成绩各项为70分及格。技能操作鉴定不及格的考生，二级工可在次年内申请一次补考，由鉴定中心按照上述方法选择项目再次参加技能操作鉴定，原技能操作鉴定通过项目成绩不予保留。

申请一级、二级鉴定学员的答辩和业绩考核遵照有关文件规定执行。

2. 评分参考表相关名词解释

(1) 含权题分：该项目在被考核人员项目中所占的比例值，如对于考核人员来讲，应达到考核含权分≥100分，则表示对于含权分为25分的考核题，须至少考核4题。

(2) 行为领域：d—基础技能；e—专业技能 ；f—相关技能。

(3) 题型：A—单项操作；B—多项操作；C—综合操作。

(4) 鉴定范围：部分工种存在不同的鉴定范围，如农网配电营业工的初级工和中级工存在配电和营销两个范围。高压带电作业和电力电缆等按照电力行业标准应分为输电和配电范围，但是按照国家电力行业职业技能鉴定标准没有区分范围，因此本规范丛书除了农网配电营业工外对各个操作考核项目没有划分鉴定范围，所以该项大部分为空。

目　录

序

编制说明

JB501　继电保护装置典型基本操作 …… 1

JB502　变压器保护装置基本校验 …… 7

JB503　二次回路基本检验 …… 13

JB504（JB301）　互感器校验 …… 19

JB505　电容电抗器保护装置基本校验 …… 30

JB506　线路保护装置基本校验 …… 36

JB507（JB401）　继电器校验 …… 42

JB402　智能变电站继电保护基本操作 …… 58

JB403　110kV及以下电容电抗器保护装置功能校验 …… 64

JB404　自动同期检定装置逻辑功能检验 …… 73

JB405　厂用电切换装置逻辑功能检验 …… 80

JB406　电压并列切换装置逻辑功能检验 …… 87

JB407　断路器操作装置逻辑功能检验 …… 94

JB408　低频低压减载装置逻辑功能检验 …… 101

JB409（JB302）　二次回路检验 …… 108

JB410（JB303）　变压器保护装置功能校验 …… 120

JB411（JB304）　线路保护装置功能校验 …… 132

JB305 三相功率测量 …… 146
JB306 线路保护通道检查 …… 152
JB307 母线保护装置功能校验 …… 162
JB308 断路器保护装置功能校验 …… 172
JB309 发电机保护装置功能校验 …… 179
JB310 备自投装置功能校验及整组测试 …… 188
JB311 故障录波装置整组测试 …… 196
JB312 故障信息系统功能校验 …… 202
JB313 智能变电站合并单元基本测试 …… 211
JB314（JB201） 发电机自动准同期并列装置传动试验 …… 218
JB315（JB202） 发电机励磁系统试验 …… 227
JB203 线路保护整组测试 …… 241
JB204 变压器保护整组测试 …… 248
JB205 母线保护整组测试 …… 254
JB206 断路器保护整组测试 …… 261
JB207 短引线保护整组测试 …… 269
JB208 高压并联电抗器保护功能校验及整组测试 …… 275
JB209 发电机保护整组测试 …… 284
JB210 安全稳定控制装置功能校验及整组测试 …… 291
JB211 智能变电站线路保护装置功能校验 …… 299
JB101 线路保护及其二次回路校验与缺陷处理 …… 315
JB102 变压器保护及其二次回路校验及缺陷处理 …… 323
JB103 母线保护及其二次回路校验及缺陷处理 …… 330
JB104 断路器保护及其二次回路校验及缺陷处理 …… 337
JB105 发电机保护及其二次回路校验及缺陷处理 …… 343
JB106 备自投及其二次回路校验及缺陷处理 …… 349

JB107 发电机组启动并网试验及缺陷处理 …………………………… 355
JB108 智能变电站继电保护系统综合测试 …………………………… 362
参考文献 …………………………………………………………………… 370

JB501 继电保护装置典型基本操作

一、操作

（一）工器具、材料、设备

（1）工器具：标准度量直尺1根、数字万用表1块，常用电工工具1套，函数型计算器1块。

（2）材料：试验线、窄行连续打印纸，绝缘胶带。

（3）设备：微机保护屏（配备针式打印机）。

（二）安全要求

（1）防止误入带电间隔。工作前熟悉工作地点、带电设备，相邻运行设备布置运行标识。检查现场安全围栏、警示牌和接地等安全措施。

（2）防止继电保护“三误”事故。根据现场实际情况，制订相关安全技术措施，严格执行经批准或许可的安全技术措施。

（3）直流回路工作必须使用具备绝缘防护的工具，试验线严禁裸露，防止误碰金属导体部分。

（4）拆动二次线须及时做好记录，并用绝缘胶带对所拆线头实施绝缘包扎。

（5）根据设计图纸及现场实际情况确认回路用途，防止电源回路带电误接地。

（6）防止相关保护误动或拒动。确认待查二次回路及相关设备已停运或暂时退出运行。

（7）校验中不应误发信号。必要时，断开相关信号采集装置（中央信号、远动信号、故障录波等）正电源，记录切换把手位置。

（8）不准在保护室内使用无线通信设备，尤其是对讲机。

（9）严格按照安全作业规程规定安全措施执行并恢复。

（三）操作项目

（1）结构外观、配置及唯一性编码检查；

（2）定值打印检查；

（3）软、硬压板投退检查。

(四) 操作要求与步骤

1. 操作流程

继电保护保护基本操作流程如图 JB501－1 所示。

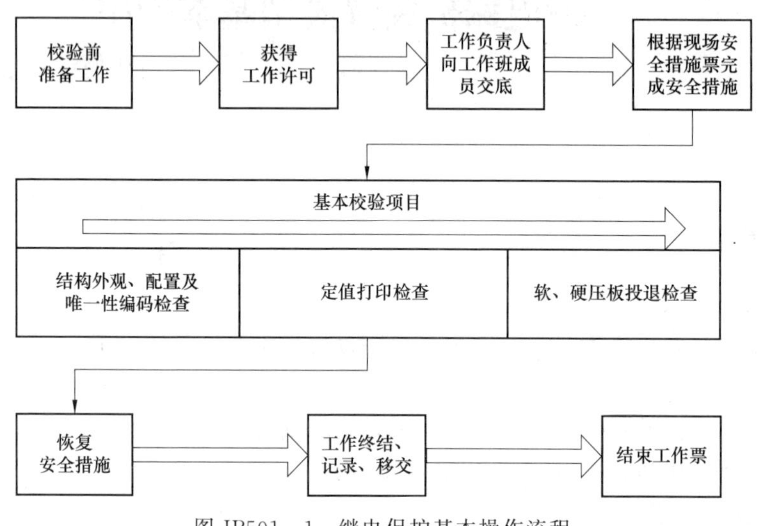

图 JB501－1　继电保护基本操作流程

2. 准备工作

(1) 开工前，及时上报本次工作的材料计划。

(2) 根据基本校验项目，组织作业人员学习作业指导书，使全体作业人员熟悉并明确工作内容、作业标准、工作安排及安全注意事项等。

(3) 开工前，准备好作业所需仪器仪表、工器具及相关材料。仪器仪表和工器具应在检验合格期内。

(4) 准备主要技术资料，包括技术图纸及相关校验规程等。

(5) 按照相关安全工作规程正确填写工作票。

3. 技术要求

(1) 结构外观、配置及唯一性编码检查。检查装置的整体结构、机箱尺寸、表面质量、铭牌标志、开关按键、接地标志和软件版本号及校验码、唯一性编码。用直尺检查机箱的尺寸，人工检查机箱结构、工艺；查看装置的软件版本号和校验，并进行记录；核对装置及其插件的唯一性编码，具备条件时，可采用信息化装备（如可移动终端）进行自动识别。要求产品所有零件锡焊处的质量、表面的涂覆层的颜色、铭牌标志和端子号应符合标准要求。装置应采取必要的抗电气干扰措施，装置的不带电金属部分应在电气上连成一体，并具备可靠接地点。装置应有符合规定的安全标志，金属结构件应有防锈蚀措施，通信接口的种类数量满足标准要求，唯一性编码应符合规定要求。

（2）定值打印检查。检查装置打印机或可移动式打印机工作状态，确认无误后，进入装置菜单操作，按照工作需求选择打印内容，进行打印。要求能够正确调整打印机工作状态并使之与装置正确通信，打印内容完整、准确、清晰。打印完成的定值内容必须与正式下发的定值通知单或相关规定说明的内容进行核对，并保持一致。

（3）软、硬压板投退检查。检查并记录当前的装置软、硬压板实际状态，确认无误后，根据工作需求进行软、硬压板投退。要求所有压板必须逐一投退，压板投退完成后，具备条件时，必须使用打印方式进行核对，硬压板投退完成后，应首先使用数字万用表，利用“电位反转法”进行状态确认，具备条件时，还需核对装置内部显示状态的一致性。

二、考核

1. 考核场地

（1）具备上述考核条件的设备和实训场地。

（2）室内温度 5～30℃，湿度<75%。

（3）具备 DC 110V/220V 电源输出端子。

（4）具备 AC 220V/380V 电源输出端子。

（5）可靠的室内接地端子。

（6）消防器材。

（7）良好的通风和采光照明。

（8）供考评人员使用的评判桌椅和计时工具。

2. 考核时间

（1）考核时间为 40min。

（2）许可作业时记录开始时间，现场清理完毕汇报工作终结，记录考核结束时间。

3. 考核要点

（1）基本操作。

1）仪器及工器具的选用和准备；

2）准备工作的安全措施执行；

3）完成简要校验记录；

4）报告工作终结，提交试验报告；

5）恢复安全措施，清扫场地。

（2）结构外观、配置及唯一性编码检查。现场指定需核对的继电保护装置。

(3) 定值打印检查。

1) 现场指定需检查的继电保护装置；

2) 现场指定需打印的内容；

3) 现场必须由考生自行安装打印纸。

(4) 软、硬压板投退检查

1) 现场指定需检查的继电保护装置；

2) 现场指定需操作的压板内容。

4. 考核要求

(1) 单人操作，衣着规范，精神状态良好。考生就位后，经考评人员许可后方可开始操作。

(2) 校验前及过程中，安全技术措施布置到位。

(3) 仪器及工器具选用及使用正确。

(4) 校验过程接线正确合理。

(5) 校验过程方法正确。

(6) 校验过程记录完整有效。记录内容完整，需包括但不限于校验时间、地点、校验人、校验项目、校验方法、校验仪器、接线方式及校验结论，校验结论需与实际情况一致，并能正确反映校验对象的相关状态。

(7) 校验完毕后，需及时拆除接线，归还仪器及工器具，并清扫现场。

(8) 能够熟练运用办公软件 (Microsoft Office、WPS 等) 编写电子报告 (含表格处理、图形编辑等)。

三、评分参考标准

行业：电力工程　　　　工种：继电保护工　　　　等级：五

编　　号	JB501	行为领域	e	鉴定范围	
考核时间	40min	题　　型	A	含权题分	30
试题名称	继电保护装置典型基本操作				
考核要点及其要求	(1) 单独操作。 (2) 现场 (或实训室) 操作。 (3) 通过本测试，考察考生对于继电保护装置典型基本操作的掌握程度。 (4) 按照规范的技能操作完成考评人员规定的操作内容				
工器具、材料、设备	(1) 标准度量直尺 1 根。 (2) 数字万用表 1 块。 (3) 常用电工工具 1 套。 (4) 函数型计算器 1 块。 (5) 试验线、窄行连续打印纸，绝缘胶带。 (6) 微机保护屏 (配备针式打印机)				

续表

备注	以下序号 2、3、4 项，考生只考两项。上述选项由考评人员考前确定，确定后不得更改					
评分标准						
序号	作业名称	质量要求	分值	扣分标准	扣分原因	得分
1	基本操作	按照规定完成相关操作	40			
1.1	仪器及工器具的选用和准备	正确	5	选用缺项或不正确扣 5 分；准备工作不到位扣 2 分		
1.2	准备工作的安全措施执行	按相关规程执行	15	安全措施未按相关规程执行，酌情扣分		
1.3	完成简要校验记录	内容完整，结论正确	10	内容不完整或结论不正确扣 5 分		
1.4	报告工作终结，提交试验报告		5	该步缺失扣 5 分；未按顺序进行扣 2 分		
1.5	恢复安全措施，清扫场地		5	该步缺失扣 5 分；未按顺序进行扣 2 分		
2	结构外观、配置及唯一性编码检查	安全措施到位、仪器仪表使用正确、操作步骤规范、校验结果符合要求	30			
2.1	结构外观检查	工器具使用正确，测量结果全面且描述规范	5	未正确使用工器具，扣 5 分；测量内容缺项，每项扣 2 分；测量结果描述不规范，每处扣 1 分		
2.2	装置配置检查	装置整体信息、插件信息、软件版本核对方法正确，核对信息全面且准确	15	核对内容缺项，每项扣 3 分；核对内容错项，每项扣 5 分；核对方法错误，每项扣 10 分		
2.3	装置唯一性编码检查	检查方法正确，检查结果正确	10	检查方法错误扣 10 分；检查结果错误扣 10 分		
3	定值打印检查	安全措施到位、装置使用正确、操作步骤规范、校验结果符合要求	30			
3.1	打印机检查	正确安装打印纸，正确调整打印机状态	5	未能正确安装打印纸扣 5 分；打印机状态不正确扣 5 分		

续表

评分标准						
序号	作业名称	质量要求	分值	扣分标准	扣分原因	得分
3.2	按照指定要求打印定值	方法正确，打印内容全面准确、字迹清晰	15	打印方法错误扣5分；打印内容缺项，每项扣3分；打印字迹不清晰，每处扣1分		
3.3	核对定值	方法正确，核对项目全面准确	10	核对漏项每项扣2分		
4	软、硬压板投退检查	安全措施到位、装置和仪器仪表使用正确、操作步骤规范、校验结果符合要求	30			
4.1	压板初始状态检查	检查方法正确，检查内容全面准确	5	检查方法错误扣5分；检查内容缺项，每项扣2分		
4.2	软压板操作	操作方法正确，检查方法正确，核对内容全面准确	15	操作方法错误扣10分；检查方法错误扣5分；核对内容缺项，每项扣3分		
4.3	硬压板操作	操作方法正确，检查方法正确，核对内容全面准确	10	操作方法错误扣8分；检查方法错误扣5分；核对内容缺项，每项扣3分		
考试开始时间			考试结束时间		合计	
考生栏	编号：	姓名：	所在岗位：	单位：	日期：	
考评员栏	成绩：	考评员：		考评组长：		

JB502 变压器保护装置基本校验

一、操作

（一）工器具、材料、设备

（1）工器具：微机型继电保护测试仪 1 台，绝缘电阻表 500、1000V 各 1 块，数字万用表 1 块，常用电工工具 1 套，函数型计算器 1 块。

（2）材料：试验线、绝缘胶带。

（3）设备：微机变压器保护屏。

（二）安全要求

（1）防止误入带电间隔。工作前熟悉工作地点、带电设备，相邻运行设备布置运行标识。检查现场安全围栏、警示牌和接地等安全措施。

（2）试验仪器电源必须使用装有剩余电流保护的电源盘。螺丝刀等工具的金属裸露部分除刀口外都应进行绝缘防护。接（拆）电源，必须在电源开关拉开情况下进行，一人操作，一人监护。临时电源必须使用专用电源，禁止从运行设备上取电源。

（3）防止继电保护“三误”事故。根据现场实际情况，制订相关安全技术措施，严格执行经批准或许可的安全技术措施。

（4）直流回路工作应使用具备绝缘防护的工具，试验线严禁裸露，防止误碰金属导体部分。

（5）插拔插件。防止带电或频繁插拔插件。

（6）装置试验电流接入。短接交流电流外侧电缆，确认可靠短接后，方可断开交流电流连接片。必要时，在端子箱处将相应端子用绝缘胶带实施封闭。

（7）装置试验电压接入。断开交流二次电压引入回路，通过拆线进行隔离的，须用绝缘胶带对所拆线头实施绝缘包扎。

（8）拆动二次线。及时做好记录，并用绝缘胶带对所拆线头实施绝缘包扎。

（9）应断开失灵启动连接片。检查失灵启动连接片须断开并拆开失灵启动回路线头，用绝缘胶带对所拆线头实施绝缘包扎。

(10) 校验中不应误发信号。必要时，断开相关信号采集装置（中央信号、远动信号、故障录波等）正电源，记录切换把手位置。

(11) 不准在保护室内使用无线通信设备。

(12) 严格按照安全作业规程规定的安全措施执行并恢复。

(三) 操作项目

(1) 装置外观检查及清扫；

(2) 回路绝缘检查；

(3) 通电初步检查；

(4) 交流回路校验；

(5) 开入开出量检查；

(6) 定值核对及定值区切换检查。

(四) 操作要求与步骤

1. 操作流程

变压器保护装置基本校验操作流程如图 JB502－1 所示。

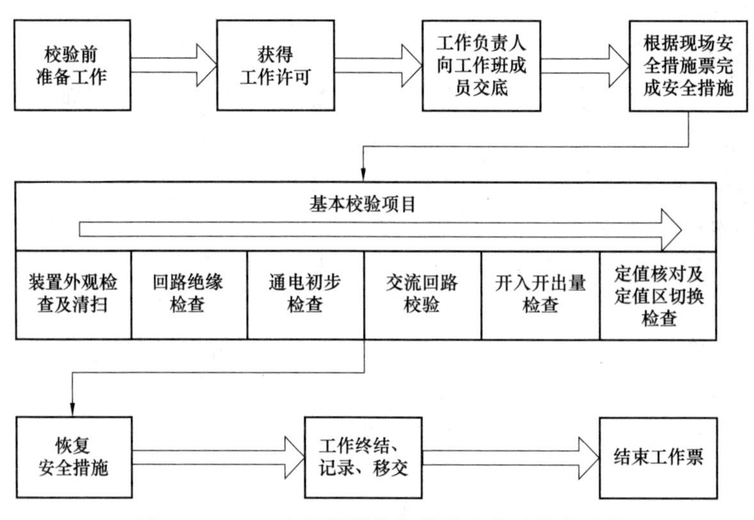

图 JB502－1　变压器保护装置基本校验操作流程

2. 准备工作

(1) 检查变压器保护装置状况、反措计划执行情况及设备缺陷统计等，并及时提交相关停役申请。

(2) 开工前，及时上报本次工作的材料计划。

(3) 根据基本校验项目，组织作业人员学习作业指导书，使全体作业人员熟悉并明确工作内容、作业标准、工作安排及安全注意事项等。

（4）开工前，准备好作业所需仪器仪表、工器具及相关材料。仪器仪表和工器具应在检验合格期内。

（5）准备主要技术资料，包括最新整定通知单、图纸、装置技术说明书、装置使用说明书及相关校验规程等。

（6）按照相关安全工作规程正确填写工作票。

3. 技术要求

（1）装置外观检查及清扫。主要包括装置端子连接、插件焊接、插件与插座固定、切换开关、按钮等机械部分、硬件跳线、连接片、屏蔽接地等检查并清扫。要求连接可靠、接触良好、接地规范、回路清洁。

（2）回路绝缘检查。

1）直流回路。确认直流电源断开后，将相关插件拔出，对地使用1000V绝缘电阻表全回路测试绝缘，要求绝缘电阻大于10MΩ。

2）交流电流回路。确认各间隔交流电流已短接退出后，在端子排内部将电流回路短接，断电拔出相关采样插件，对地使用500V绝缘电阻表全回路测试绝缘，要求绝缘电阻大于20MΩ。

3）交流电压回路。确认交流电压已断开后，在端子排内部将电压回路短接，断电拔出相关采样插件，对地使用500V绝缘电阻表全回路测试绝缘，要求绝缘电阻大于20MΩ。

（3）通电初步检查。

1）通入试验电源，检查保护基本信息（版本及校验码）并打印，版本需满足省公司统一版本要求。

2）装置直流电源检查。快速拉合保护装置直流电源（3～5次），装置启动正常；缓慢外加直流电源至80%额定工作电压，装置启动正常；逆变稳压电源检测，分别施加80%、115%额定工作电源，测量各逆变电源类型输出误差，要求不超过±5%。

3）装置通电检查。要求装置自检正常，液晶屏工作检查正常；装置时钟对时检查正常，复归重启功能检查正常；操作键盘工作检查正常；打印机工作检查正常。

（4）交流回路校验。检查保护装置零漂，要求无明显零漂出现；在电压回路输入三相正序电压，每相分别为额定值的2%、10%、50%、100%和120%，检查装置采样幅值与相位精度，要求2%额定值时的允许误差不大于±10%，其他状态误差不大于±3%；在电流回路输入三相正序电流，每相分别为额定值的2%、10%、50%、100%和120%，检查装置采样幅值与相位精度，要求2%额定值时的允许误差不大于±10%，其他状态误差不大于±3%。

(5) 开入开出量检查。模拟所有开入和开出量状态，至少变化3次，要求开入状态采集正确，开出信息正确，输出接点正确。

(6) 定值核对及定值区切换检查。根据最新整定通知单核对保护定值，要求现场定值与定值单一致；检查装置切换定值区功能，要求装置具备切换定值区功能且切换正常。

二、考核

1. 考核场地

(1) 具备上述考核条件的设备和实训场地。

(2) 室内温度5～30℃，湿度＜75％。

(3) 具备DC 110V/220V电源输出端子。

(4) 具备AC 220V/380V电源输出端子。

(5) 可靠的室内接地端子。

(6) 消防器材。

(7) 良好的通风和采光照明。

(8) 供考评人员使用的评判桌椅和计时工具。

2. 考核时间

(1) 考核时间为40min。

(2) 许可作业时记录开始时间，现场清理完毕汇报工作终结，记录考核结束时间。

3. 考核要点

(1) 基本操作。

1) 仪器及工器具的选用和准备；

2) 准备工作的安全措施执行；

3) 完成简要校验记录；

4) 报告工作终结，提交试验报告；

5) 恢复安全措施，清扫场地。

(2) 装置基本校验1。

1) 装置通电初步检查内容任选其一；

2) 定值核对（指定定值内容）及定值区切换检查。

(3) 装置基本校验2。完成交流电压或电流回路校验。

4. 考核要求

(1) 单人操作，衣着规范，精神状态良好。考生就位后，经考评人员许可后方可开始操作。

(2) 校验前及过程中，安全技术措施布置到位。

(3) 仪器及工器具选用及使用正确。

(4) 校验过程接线正确合理。

(5) 校验过程方法正确。

(6) 校验过程记录完整有效。记录内容完整，需包括但不限于校验时间、地点、校验人、校验项目、校验方法、校验仪器、接线方式及校验结论，校验结论需与实际情况一致，并能正确反映校验对象的相关状态。

(7) 校验完毕后，需及时拆除接线，归还仪器及工器具，并清扫现场。

(8) 能够熟练运用办公软件（Microsoft Office、WPS 等）编写电子报告（含表格处理、图形编辑等）。

三、评分参考标准

行业：电力工程　　　　工种：继电保护工　　　　等级：五

编号	JB502	行为领域	e	鉴定范围	
考核时间	40min	题型	A	题分	30
试题正文	变压器保护装置基本校验				
考核要点及其要求	(1) 单独操作。 (2) 现场（或实训室）操作。 (3) 通过本测试，考察考生对于变压器保护装置基本校验的掌握程度。 (4) 按照规范的技能操作完成考评人员规定的操作内容				
工器具、材料、设备	(1) 微机型继电保护测试仪 1 台。 (2) 绝缘电阻表 500、1000V 规格各 1 块。 (3) 高精度数字万用表 1 块。 (4) 常用电工工具 1 套。 (5) 函数型计算器 1 块。 (6) 试验线、绝缘胶带。 (7) 微机变压器保护屏				
备注					

评分标准

序号	作业名称	质量要求	分值	扣分标准	扣分原因	得分
1	基本操作	按照规定完成相关操作	40			
1.1	仪器及工器具的选用和准备	正确	5	选用缺项或不正确扣 5 分；准备工作不到位扣 2 分		
1.2	准备工作的安全措施执行	按相关规程执行	15	安全措施未按相关规程执行，酌情扣分		

续表

评分标准						
序号	作业名称	质量要求	分值	扣分标准	扣分原因	得分
1.3	完成简要校验记录	内容完整，结论正确	10	内容不完整或结论不正确扣5分		
1.4	报告工作终结，提交试验报告		5	该步缺失扣5分；未按顺序进行扣2分		
1.5	恢复安全措施，清扫场地		5	该步缺失扣5分；未按顺序进行扣2分		
2	装置基本校验1	安全措施到位、仪器仪表使用正确、操作步骤规范、校验结果符合要求	30			
2.1	通电初步检查	保护基本信息检查完成、装置直流电源检查正确、装置通电检查正常	15	漏项或错误，每项扣5分		
2.2	定值区切换检查	定值区切换方法正确，切换操作正确，装置状态信息正确	5	定值区切换方法不正确扣5分；切换操作不正确扣5分；未检查装置状态信息扣3分		
2.3	定值核对	根据最新整定通知单核对保护定值，要求现场定值与定值单一致，方法正确，核对项目全面准确	10	定值核对方法错误扣10分；核对定值漏项，漏一项扣3分；未检查出定值项错误每项扣3分		
3	装置基本校验2	安全措施到位、仪器仪表使用正确、操作步骤规范、校验结果符合要求	30			
3.1	通道零漂检查	位于合适范围内	5	未进行零漂检查扣5分		
3.2	试验交流量输入	接线正确、输入方法正确、测量点有效完整	15	接线错误，酌情扣分；输入方法不当，酌情扣分；测量点错误或缺项，1点扣3分		
3.3	精度校验	结果符合要求，误差不大于±3%（2%额定值时允许误差为10%）	10	未进行精度校验扣10分；校验方法不当，酌情扣分		
考试开始时间			考试结束时间		合计	
考生栏	编号：	姓名：	所在岗位：	单位：	日期：	
考评员栏	成绩：	考评员：		考评组长：		

JB503 二次回路基本检验

一、操作

(一) 工器具、材料、设备

(1) 工器具：微机型继电保护测试仪 1 台，2.5～3V 对线器 2 台（通常由干电池与小电珠组成），具备通断挡数字万用表 1 块，常用电工工具 1 套，函数型计算器 1 块。

(2) 材料：试验线、绝缘胶带。

(3) 设备：微机线路保护屏。

(二) 安全要求

(1) 防止误入带电间隔。工作前熟悉工作地点、带电设备，相邻运行设备布置运行标识。检查现场安全围栏、警示牌和接地等安全措施。

(2) 防止继电保护“三误”事故。根据现场实际情况，制订相关安全技术措施，严格执行经批准或许可的安全技术措施。

(3) 直流回路工作。使用具备绝缘防护的工具，试验线严禁裸露，防止误碰金属导体部分。

(4) 拆动二次线应及时做好记录，并用绝缘胶带对所拆线头实施绝缘包扎。

(5) 根据设计图纸及现场实际情况确认回路用途，严防电源回路带电误接地。

(6) 确认待查二次回路及相关设备已停运或暂时退出运行，防止保护误动或拒动。

(7) 校验中不应误发信号。必要时，断开相关信号采集装置（中央信号、远动信号、故障录波等）正电源，记录切换把手位置。

(8) 不准在保护室内使用无线通信设备，尤其是对讲机。

(9) 严格按照安全作业规程规定执行安全措施并恢复。

(三) 作业项目

(1) 安装情况核对；

(2) 接线正确性检查。

(四) 操作要求与步骤

1. 操作流程

二次回路基本检验操作流程如图 JB503－1 所示。

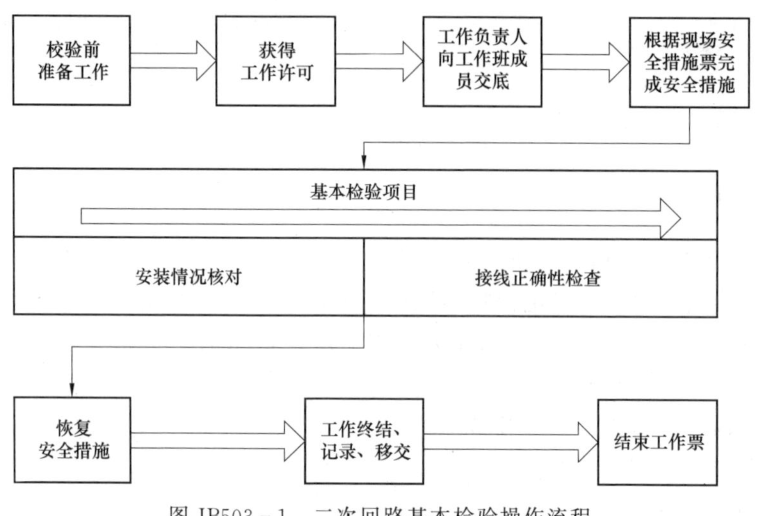

图 JB503－1　二次回路基本检验操作流程

2. 准备工作

(1) 检查二次回路及相关设备状况、反措计划执行情况及设备缺陷统计等，并及时提交相关停役申请。

(2) 开工前，及时上报本次工作的材料计划。

(3) 根据基本校验项目，组织作业人员学习作业指导书，使全体作业人员熟悉并明确工作内容、作业标准、工作安排及安全注意事项等。

(4) 开工前，准备好作业所需仪器仪表、工器具及相关材料。仪器仪表和工器具应在检验合格期内。

(5) 准备主要技术资料，包括技术图纸及相关校验规程等。

(6) 按照相关安全工作规程正确填写工作票。

3. 技术要求

(1) 安装情况核对。根据设计图纸及相关技术资料，确定待查二次回路具体安装位置，并根据技术资料逐一核对待查二次回路安装的正确性与完整性。

(2) 接线正确性检查。一种典型的检查接线方式如图 JB503－2 所示。图中所示对线器为概念性描述，现场操作时通常以小电珠（DC 2.5～3V）和 2 节 1.5V 干电池组成。等电位网通常可利用现场所敷设的二次等电位网。实际检查时，利用对线器所接两侧（待查电缆侧和等电位网侧）任意一侧“接”和“断”来模拟二次回路通断以检查接线正确性。检查要求至少模拟2次有效通断，并观察对线器小电珠闪亮情况。现场不具备条件时，可利用数字万用表代替。此时，应选择表计通断指示挡位，检查时，要求至少模拟2次有效通断，聆听通断挡位蜂鸣器声音时，应以其稳定发声为准。

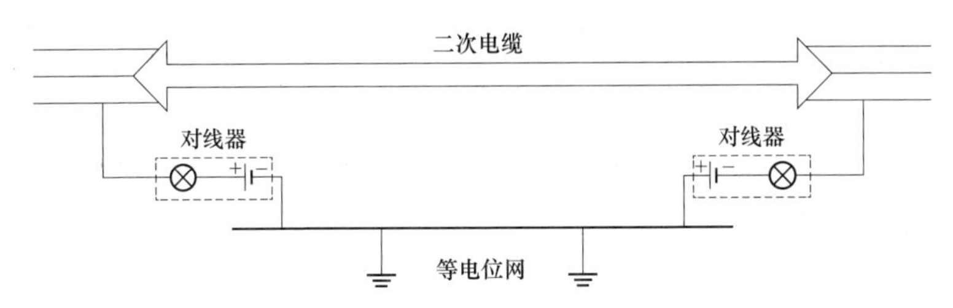

图 JB503-2　二次回路接线正确性检查典型接线示意图

二、考核

1．考核场地

（1）具备上述考核条件的设备和实训场地。

（2）室内温度5～30℃，湿度<75%。

（3）具备DC 110V/220V电源输出端子。

（4）具备AC 220V/380V电源输出端子。

（5）可靠的室内接地端子。

（6）消防器材。

（7）良好的通风和采光照明。

（8）供考评人员使用的评判桌椅和计时工具。

2．考核时间

（1）考核时间为40min。

（2）许可作业时记录开始时间，现场清理完毕汇报工作终结，记录考核结束时间。

3．考核要点

（1）基本操作。

1）仪器及工器具的选用和准备；

2）准备工作的安全措施执行；

3）完成简要校验记录；

4）报告工作终结，提交试验报告；

5）恢复安全措施，清扫场地。

（2）二次回路基本校验。

1）固定为安装情况核对；

2）现场指定需核对的二次回路部分。

4. 考核要求

（1）单人操作，衣着规范，精神状态良好。考生就位后，经考评人员许可后方可开始操作。

（2）校验前及过程中，安全技术措施布置到位。

（3）仪器及工器具选用及使用正确。

（4）校验过程接线正确合理。

（5）校验过程方法正确。

（6）校验过程记录完整有效。记录内容完整，需包括但不限于校验时间、地点、校验人、校验项目、校验方法、校验仪器、接线方式及校验结论，校验结论需与实际情况一致，并能正确反映校验对象的相关状态。

（7）校验完毕后，需及时拆除接线，归还仪器及工器具，并清扫现场。

（8）能够熟练运用办公软件（Microsoft Office、WPS 等）编写电子报告（含表格处理、图形编辑等）。

三、评分参考标准

技能要求试卷操作试题评分标准

行业：电力工程　　　　工种：继电保护工　　　　等级：五

编　号	JB503	行为领域	e	鉴定范围	
考核时间	40min	题　型	A	含权题分	30
试题名称	二次回路基本检验				
考核要点及其要求	（1）单独操作。 （2）现场（或实训室）操作。 （3）通过本测试，考察考生对于二次回路基本检验的掌握程度。 （4）按照规范的技能操作完成考评人员规定的操作内容				
工器具、材料、设备	（1）微机型继电保护测试仪 1 台。 （2）对线器两部。 （3）数字万用表 1 块。 （4）常用电工工具 1 套。 （5）函数型计算器 1 块。 （6）试验线、绝缘胶带。 （7）微机线路保护屏				
备注					

续表

评分标准						
序号	作业名称	质量要求	分值	扣分标准	扣分原因	得分
1	基本操作	按照规定完成相关操作	40			
1.1	仪器及工器具的选用和准备	正确	5	选用缺项或不正确扣5分；准备工作不到位扣2分		
1.2	准备工作的安全措施执行	按相关规程执行	15	安全措施未按相关规程执行，酌情扣分		
1.3	完成简要校验记录	内容完整，结论正确	10	内容不完整或结论不正确扣5分		
1.4	报告工作终结，提交试验报告		5	该步缺失扣5分；未按顺序进行扣2分		
1.5	恢复安全措施，清扫场地		5	该步缺失扣5分；未按顺序进行扣2分		
2	二次回路基本校验1（现场根据设计资料指定5条二次回路，包括直流电源回路1条，交流电压输入回路1条，交流电流输入回路1条，信号状态开入回路1条，控制状态开出回路1条）	安全措施到位、仪器仪表使用正确、操作步骤规范、校验结果符合要求	30			
2.1	安装位置核对	正确	5	安装位置核对缺项，每项扣1分；安装位置核对错项，每项扣2分		
2.2	安装位置正确性检查	屏柜选择正确，端子核对正确	15	端子核对缺项，每项扣3分；端子核对错项，每项扣5分		
2.3	安装位置完整性检查	正确、完整	10	该项未进行扣10分；完整性检查内容不完整，酌情扣分		

续表

<table>
<tr><td colspan="7">评分标准</td></tr>
<tr><td>序号</td><td>作业名称</td><td>质量要求</td><td>分值</td><td>扣分标准</td><td>扣分原因</td><td>得分</td></tr>
<tr><td>3</td><td>装置基本校验2（二次回路指定要求同1）</td><td>安全措施到位、仪器仪表使用正确、操作步骤规范、校验结果符合要求</td><td>30</td><td></td><td></td><td></td></tr>
<tr><td>3.1</td><td>检查接线</td><td>正确、规范</td><td>10</td><td>接线错误扣10分；接线不规范，酌情扣分</td><td></td><td></td></tr>
<tr><td>3.2</td><td>正确性核对</td><td>方法正确，结果正确</td><td>20</td><td>每条回路检查方法错误扣4分；结果错误扣3分；检查方法不规范，酌情扣分</td><td></td><td></td></tr>
<tr><td colspan="2">考试开始时间</td><td></td><td>考试结束时间</td><td></td><td>合计</td><td></td></tr>
<tr><td colspan="2">考生栏</td><td colspan="5">编号：　姓名：　所在岗位：　单位：　日期：</td></tr>
<tr><td colspan="2">考评员栏</td><td colspan="5">成绩：　考评员：　考评组长：</td></tr>
</table>

JB504 (JB301) 互感器校验

一、操作

（一）工器具、材料、设备

（1）工器具：交流调压器1台（输入额定电压一般为AC 220V），交流升压变压器1台（与调压器匹配），仪用互感器1台（与待测互感器匹配），指针式电流表2块（与待测互感器匹配），指针式电压表1块（与待测互感器匹配），双臂直流电桥1台（与待测互感器匹配），常用电工工具1套，函数型计算器1块。

（2）材料：干电池、小电珠、试验线、绝缘胶带。

（3）设备：电流互感器。

（二）安全要求

（1）防止误入带电间隔。工作前熟悉工作地点、带电设备，相邻运行设备布置运行标识。检查现场安全围栏、警示牌和接地等安全措施。

（2）必须使用装有剩余电流保护的电源盘。螺丝刀等工具的金属裸露部分除刀口外都应进行绝缘防护。接（拆）电源，必须在电源开关拉开情况下进行，一人操作，一人监护。临时电源必须使用专用电源，禁止从运行设备上取电源。

（3）防止继电保护“三误”事故。根据现场实际情况，制订相关安全技术措施，严格执行经批准或许可的安全技术措施。

（4）直流回路工作须使用具备绝缘防护的工具，试验线严禁裸露，防止误碰金属导体部分。

（5）电流互感器试验接线。短接交流电流外侧电缆，确认可靠短接后，方可断开交流电流连接片。必要时，在端子盒处将相应端子用绝缘胶带实施封闭。

（6）电压互感器试验接线。断开交流二次电压引入回路，通过拆线进行隔离的，须用绝缘胶带对所拆线头实施绝缘包扎。

（7）校验仪表接入。确认接入端子性质与待接入回路的一致性，接入处应采取紧固与绝缘措施。

（8）拆动二次线应及时做好记录，并用绝缘胶带对所拆线头实施绝缘包扎。

(9) 严格按照安全作业规程规定执行安全措施与恢复。

(三) 操作项目

(1) 铭牌参数检查（初级工考核项目）；

(2) 变比测试（初级工考核项目）；

(3) 极性测试（初级工考核项目）；

(4) 直流电阻测量（初级工考核项目）；

(5) 励磁特性试验（高级工考核项目）；

(6) 电流互感器10%误差计算（高级工考核项目）。

(四) 操作要求与步骤

1. 操作流程

互感器校验操作流程如图JB504－1所示。

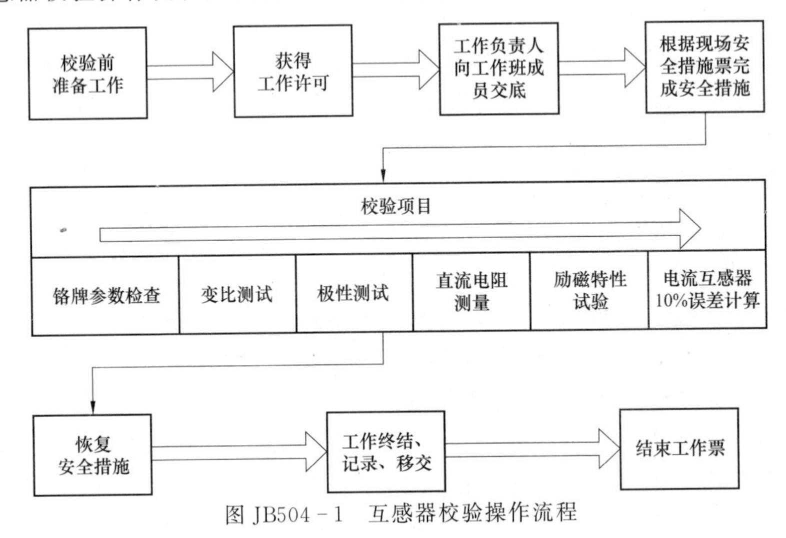

图JB504－1　互感器校验操作流程

2. 准备工作

(1) 检查待验电流/电压互感器状况、反措计划执行情况及设备缺陷统计等，并及时提交相关停役申请。

(2) 开工前，及时上报本次工作的材料计划。

(3) 根据基本校验项目，组织作业人员学习作业指导书，使全体作业人员熟悉并明确工作内容、作业标准、工作安排及安全注意事项等。

(4) 开工前，准备好作业所需仪器仪表、工器具及相关材料。仪器仪表和工器具应在检验合格期内。

(5) 准备主要技术资料，包括最新整定通知单、图纸、装置技术说明书、装置使用说明书及相关校验规程等。

（6）按照相关安全工作规程正确填写工作票。

3. 技术要求

（1）铭牌参数检查。至少应包括以下检查内容：

1）制造单位名称及其所属地域、生产序号和日期；

2）互感器名称及型号；

3）额定比值（电流比或电压比）；

4）涉及多个二次绕组时，应包括每个绕组的性能参数及其相应端子；

5）额定频率；

6）额定输出及其相应的准确级；

7）设备最高电压；

8）必要时，应注明二次绕组排列示意图。

（2）变比测试。电流互感器变比测试通常可选择电流法或电压法进行，电压互感器变比测试通常采用电压法进行。

1）电流互感器变比测试。

a. 电流法：从电流互感器一次侧通入较大电流，基本模拟电流互感器实际运行状态。通过测量二次电流值来计算实际变比。为保证测量的准确性，应从变化一次侧电流值分别计算变比，取其平均值。同时，使用表计测量互感器变比时，表计的准确级（或精度）需高于互感器自身的准确级。

b. 电压法：从电流互感器二次侧施加电压，通过从测量其一次侧电压计算实际变比。为保证测量的准确性，应从变化二次侧电压值分别计算变比，取其平均值。同时，使用表计测量电流互感器变比时，表计的准确级（或精度）需高于电流互感器自身的准确级。利用此方法进行变比测试时需注意一次侧开路，铁芯磁密很高，极易饱和。

2）电压互感器变比测试。一次侧施加额定电压，利用标准电压互感器测量一次电压，二次侧施加额定负荷（可利用滑行变阻器）。根据标准电压互感器二次侧电压测量值及待测电压互感器二次侧电压测量值计算实际变比。使用表计测量电压互感器变比时，表计的准确级（或精度）需高于电压互感器自身的准确级。

（3）极性测试。一般使用直流法进行互感器极性检查。电子式互感器或电容式电压互感器不具备条件时，可借用专用测试仪器进行检查。典型电流互感器极性测试接线如图 JB504－2 所示。使用两节 1.5V 干电池，将其正极通过小刀闸 S 串接于电流互感器的一次绕组 P1，负极接 P2。指针式毫安表 PA 串接入电流互感器二次侧，其中表计正极接 S1，负极接 S2。合小刀闸 S 瞬间观察直流表计的指针摆动。若偏向正方向，则电池正极所接端子 P1 与直流表计正极所接端子 S1 为同极性端，反之，则为非同极性端。电压互感器极性测试方法类似电流互感器。

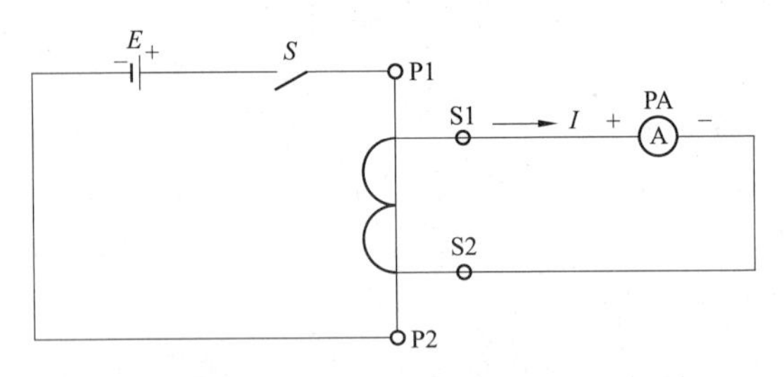

图 JB504-2　电流互感器极性测试接线示意图

(4) 直流电阻测量。通常利用双臂直流电桥测量二次绕组。使用电桥时，首先需接通指零仪电源，待放大器预热稳定后，调节指零仪调零使之指零。将待测绕组按使用说明接于相应的电桥四端。预估待测绕组的直流电阻大小，选择适当的量程倍率，调节指零仪灵敏度在较低位置。先接通指零仪，再接通电源，在适当的灵敏度下，调节测量盘使指零仪趋于零位。当指零仪指零时，被测绕组的直流电阻值等于量程倍率与测量盘指示值之和的乘积。需注意当电压互感器一次绕组与分压电容器在内部连接时可不进行测量。

(5) 励磁特性试验。试验前需将互感器二次绕组引线拆除，其中，电流互感器还需拆除接地线，电压互感器一次绕组末端需可靠接地，其他绕组开路且接地。互感器励磁特性试验的典型接线如图 JB504-3 所示。试验时，通过调压器逐渐调节输入电压。同时，观察二次绕组电压与电流测量值，直至铁芯进入励磁饱和区域，即电压稍微增加而电流增大很多，缓慢升压或停止试验。试验过程中，需在励磁曲线的线性区域均匀选择数据记录点，一般不少于 8～10 点，曲线拐点附近需适当增加记录点。试验完成后，需根据记录数据绘制励磁曲线，并与最新的历史资料进行比较，其分散性不应过大。试验过程中，应注意施加电压值不超过生产厂技术条件规定。

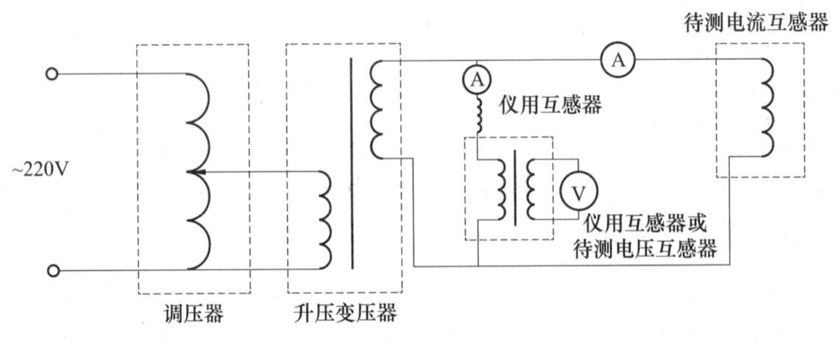

图 JB504-3　互感器励磁特性试验接线示意图

(6) 电流互感器10%误差计算。计算前，需实测互感器二次负载。根据待测互感器通过的最大穿越性短路电流，找出 m_{10} 倍数的对应允许阻抗值 Z_{en}。计算时，利用实测阻抗值按严重的短路类型转换成 Z，当 $Z \leqslant Z_{en}$ 时为符合技术要求。

二、考核要点

1. 考核场地

(1) 具备上述考核条件的设备和实训场地。

(2) 室内温度 5～30℃，湿度<75%。

(3) 具备 DC 110V/220V 电源输出端子。

(4) 具备 AC 220V/380V 电源输出端子。

(5) 可靠的室内接地端子。

(6) 消防器材。

(7) 良好的通风和采光照明。

(8) 供考评人员使用的评判桌椅和计时工具。

2. 考核时间

(1) 考核时间为 40min。

(2) 许可作业时记录开始时间，现场清理完毕汇报工作终结，记录考核结束时间。

3. 考核要点

(1) 基本操作。

1) 仪器及工器具的选用和准备；

2) 准备工作的安全措施执行；

3) 完成简要校验记录；

4) 报告工作终结，提交试验报告；

5) 恢复安全措施，清扫场地。

(2) 互感器基本校验 1。初级工在以下项目选其一：

1) 铭牌参数检查（电压互感器、电流互感器各一台）；

2) 变比测试（需指定电压互感器或电流互感器）。

高级工在以下项目任选其一：

1) 变比测试（需指定电压互感器或电流互感器）；

2) 极性测试（需指定电压互感器或电流互感器）；

3) 直流电阻测量（仅考查电流互感器）。

(3) 互感器基本校验 2。初级工以下项目任选其一：

1) 极性测试（需指定电压互感器或电流互感器）；

2）直流电阻测量（仅考查电流互感器）。

高级工以下项目任选其一：

1）励磁特性试验（需指定电压互感器或电流互感器）；

2）电流互感器10%误差计算。

4．考核要求

（1）单人操作，衣着规范，精神状态良好。考生就位后，经考评人员许可后方可开始操作。

（2）校验前及过程中，安全技术措施布置到位。

（3）仪器及工器具选用及使用正确。

（4）校验过程接线正确合理。

（5）校验过程方法正确。

（6）校验过程记录完整有效。记录内容完整，需包括但不限于校验时间、地点、校验人、校验项目、校验方法、校验仪器、接线方式及校验结论，校验结论需与实际情况一致，并能正确反映校验对象的相关状态。

（7）校验完毕后，需及时拆除接线，归还仪器及工器具，并清扫现场。

（8）能够熟练运用办公软件（Microsoft Office、WPS等）编写电子报告（含表格处理、图形编辑等）。

三、参考评分标准

行业：电力工程　　　　　　　工种：继电保护工　　　　　　　等级：五

<table>
<tr><td>编　　号</td><td>JB504</td><td>行为领域</td><td>e</td><td>鉴定范围</td><td></td></tr>
<tr><td>考核时间</td><td>40min</td><td>题　　型</td><td>A</td><td>含权题分</td><td>30</td></tr>
<tr><td>试题名称</td><td colspan="5">互感器校验</td></tr>
<tr><td>考核要点
及其要求</td><td colspan="5">（1）要求单独操作。
（2）现场（或实训室）操作。
（3）通过本测试，考察考生对于互感器校验的掌握程度。
（4）按照规范的技能操作完成考评人员规定的操作内容</td></tr>
<tr><td>工器具、材料、设备</td><td colspan="5">（1）交流调压器1台（输入额定电压一般为AC 220V），交流升压变压器1台（与调压器匹配），仪用互感器1台（与待测互感器匹配）。
（2）指针式电流表2块（与待测互感器匹配），指针式电压表1块（与待测互感器匹配）。
（3）双臂直流电桥1台（与待测互感器匹配）。
（4）常用电工工具1套。
（5）函数型计算器1块。
（6）干电池、小电珠。
（7）试验线、绝缘胶带。
（8）电流互感器</td></tr>
</table>

续表

备注	以下序号 2、3 项，考生只考 1 项；序号 4、5 项，考生只考 1 项，由考评人员考前确定，确定后不得更改					
评分标准						
序号	作业名称	质量要求	分值	扣分标准	扣分原因	得分
1	基本操作	按照规定完成相关操作	40			
1.1	仪器及工器具的选用和准备	正确	5	选用缺项或不正确扣 5 分；准备工作不到位扣 2 分		
1.2	准备工作的安全措施执行	按相关规程执行	15	安全措施未按相关规程执行，酌情扣分		
1.3	完成简要校验记录	内容完整，结论正确	10	内容不完整或结论不正确扣 5 分		
1.4	报告工作终结，提交试验报告		5	该步缺失扣 5 分；未按顺序进行扣 2 分		
1.5	恢复安全措施，清扫场地		5	该步缺失扣 5 分；未按顺序进行扣 2 分		
2	铭牌参数检查	安全措施到位、仪器仪表使用正确、操作步骤规范、校验结果符合要求	30			
2.1	铭牌辨识	正确辨识名牌	5	未有效辨识扣 5 分		
2.2	参数完整性检查	参数正确、完整	15	参数检查不完整，缺 1 项扣 5 分		
2.3	参数有效性检查	参数检查正确	10	未进行此项扣 10 分，检查错误，每项扣 5 分		
3	变比测试	安全措施到位、仪器仪表使用正确、操作步骤规范、校验结果符合要求	30			
3.1	试验接线	正确	5	试验接线错误，酌情扣分；接线不规范，酌情扣分		
3.2	变比测量	试验方法正确，试验结果正确	15	试验方法错误扣 10 分；试验结果错误扣 5 分		
3.3	结果比较	正确	10	未进行此项扣 10 分；结果比较错误扣 8 分		

续表

评分标准							
序号	作业名称	质量要求	分值	扣分标准	扣分原因	得分
4	极性测试	安全措施到位、仪器仪表使用正确、操作步骤规范、校验结果符合要求	30			
4.1	试验接线	正确	5	试验接线错误，酌情扣分；接线不规范，酌情扣分		
4.2	极性测试	试验方法正确，试验结果正确	15	试验方法错误扣10分；试验结果错误扣5分		
4.3	结果比较	正确	10	未进行此项扣10分；结果比较错误扣8分		
5	直流电阻测量	安全措施到位、仪器仪表使用正确、操作步骤规范、校验结果符合要求	30			
5.1	试验接线	正确	5	试验接线错误，酌情扣分；接线不规范，酌情扣分		
5.2	直流电阻测量	试验方法正确，试验结果正确	15	试验方法错误扣10分；试验结果错误扣5分		
5.3	结果比较	正确	10	未进行此项扣10分；结果比较错误扣8分		
考试开始时间			考试结束时间		合计	
考生栏	编号： 姓名： 所在岗位： 单位： 日期：					
考评员栏	成绩： 考评员： 考评组长：					

行业：电力工程　　　　工种：继电保护工　　　　等级：三

编　　号	JB301	行为领域	e	鉴定范围	
考核时间	40min	题　　型	A	含权题分	30
试题名称	互感器校验				
考核要点及其要求	(1) 要求单独操作。 (2) 现场（或实训室）操作。 (3) 通过本测试，考察考生对于互感器校验的掌握程度。 (4) 按照规范的技能操作完成考评人员规定的操作内容				

续表

工器具、材料、设备	(1) 交流调压器1台（输入额定电压一般为AC 220V），交流升压变压器1台（与调压器匹配），仪用互感器1台（与待测互感器匹配）。 (2) 指针式电流表2块（与待测互感器匹配），指针式电压表1块（与待测互感器匹配）。 (3) 双臂直流电桥1台（与待测互感器匹配）。 (4) 常用电工工具1套。 (5) 函数型计算器1块。 (6) 干电池、小电珠。 (7) 试验线、绝缘胶带。 (8) 电流互感器
备注	以下2～4项，任选一项作为考核；5、6项任选一项作为考核，选项在考前由考评员确定；一经确定不得修改

评分标准

序号	作业名称	质量要求	分值	扣分标准	扣分原因	得分
1	基本操作	按照规定完成相关操作	20			
1.1	仪器及工器具的选用和准备	正确	2	选用缺项或不正确扣5分；准备工作不到位扣2分		
1.2	准备工作的安全措施执行	按相关规程执行	10	安全措施未按相关规程执行，酌情扣分		
1.3	完成简要校验记录	内容完整，结论正确	3	内容不完整或结论不正确扣5分		
1.4	报告工作终结，提交试验报告		3	该步缺失扣5分；未按顺序进行扣2分		
1.5	恢复安全措施，清扫场地		2	该步缺失扣5分；未按顺序进行扣2分		
2	变比测试	安全措施到位、仪器仪表使用正确、操作步骤规范、校验结果符合要求	40			
2.1	试验接线	正确	5	试验接线错误，酌情扣分；接线不规范，酌情扣分		
2.2	变比测量	试验方法正确，试验结果正确	20	试验方法错误扣15分；试验结果错误扣10分		
2.3	结果比较	正确	15	未进行此项扣15分；结果比较错误扣10分		
3	极性测试	安全措施到位、仪器仪表使用正确、操作步骤规范、校验结果符合要求	40			

续表

评分标准						
序号	作业名称	质量要求	分值	扣分标准	扣分原因	得分
3.1	试验接线	正确	5	试验接线错误，酌情扣分；接线不规范，酌情扣分		
3.2	极性测试	试验方法正确，试验结果正确	20	试验方法错误扣15分；试验结果错误扣10分		
3.3	结果比较	正确	15	未进行此项扣15分；结果比较错误扣10分		
4	直流电阻测量	安全措施到位、仪器仪表使用正确、操作步骤规范、校验结果符合要求	40			
4.1	试验接线	正确	5	试验接线错误，酌情扣分；接线不规范，酌情扣分		
4.2	直流电阻测量	试验方法正确，试验结果正确	20	试验方法错误扣15分；试验结果错误扣10分		
4.3	结果比较	正确	15	未进行此项扣15分；结果比较错误扣10分		
5	励磁特性试验	安全措施到位、仪器仪表使用正确、操作步骤规范、校验结果符合要求	40			
5.1	试验接线	正确	5	试验接线错误，酌情扣分；接线不规范，酌情扣分		
5.2	励磁特性测试	试验方法正确，试验结果正确	20	试验方法错误扣20分；试验结果错误扣15分；试验内容不完整，酌情扣分		
5.3	励磁特性曲线绘制及比较	正确	15	未进行此项扣15分；结果比较错误扣10分		
6	电流互感器10%误差计算	安全措施到位、仪器仪表使用正确、操作步骤规范、校验结果符合要求	40			
6.1	二次负载测量	试验接线正确，试验方法正确，试验结果正确	15	试验接线错误扣10分，接线不规范，酌情扣分；试验方法错误扣10分；试验结果错误扣5分		
6.2	Z_{en}计算	正确	10	未进行此项扣10分；计算错误扣5分		

续表

评分标准						
序号	作业名称	质量要求	分值	扣分标准	扣分原因	得分
6.3	二次负载换算	正确	10	未进行此项扣 10 分；计算错误扣 5 分		
6.4	实测结果分析	正确	5	未进行此项扣 5 分；结果比较错误扣 3 分		
考试开始时间			考试结束时间		合计	
考生栏	编号：	姓名：	所在岗位：	单位：	日期：	
考评员栏	成绩：	考评员：		考评组长：		

JB505 电容电抗器保护装置基本校验

一、操作

（一）工器具、材料、设备

（1）工器具：微机型继电保护测试仪 1 台，绝缘电阻表 500、1000V 各 1 块，数字万用表 1 块，模拟断路器 1 台，常用电工工具 1 套，函数型计算器 1 块。

（2）材料：试验线、绝缘线。

（3）设备：微机电容电抗器保护屏。

（二）安全要求

（1）防止误入带电间隔。工作前熟悉工作地点、带电设备，相邻运行设备布置运行标识。检查现场安全围栏、警示牌和接地等安全措施。

（2）试验仪器电源必须使用装有剩余电流保护的电源盘。螺丝刀等工具的金属裸露部分除刀口外都应进行绝缘防护。接（拆）电源，必须在电源开关拉开情况下进行，一人操作，一人监护。临时电源必须使用专用电源，禁止从运行设备上取电源。

（3）防止继电保护“三误”事故。根据现场实际情况，制订相关安全技术措施，严格执行经批准或许可的安全技术措施。

（4）直流回路工作应使用具备绝缘防护的工具，试验线严禁裸露，防止误碰金属导体部分。

（5）插拔插件。防止带电或频繁插拔插件。

（6）装置试验电流接入。短接交流电流外侧电缆，确认可靠短接后，方可断开交流电流连接片。必要时，在端子箱处将相应端子用绝缘胶带实施封闭。

（7）装置试验电压接入。断开交流二次电压引入回路，通过拆线进行隔离的，须用绝缘胶带对所拆线头实施绝缘包扎。

（8）拆动二次线及时做好记录，并用绝缘胶带对所拆线头实施绝缘包扎。

（9）校验中不应误发信号。必要时，断开相关信号采集装置（中央信号、远动信号、故障录波等）正电源，记录切换把手位置。

(10) 不准在保护室内使用无线通信设备，尤其是对讲机。

(11) 严格按照安全作业规程规定执行安全措施并恢复。

(三) 操作项目

(1) 装置外观检查及清扫；

(2) 回路绝缘检查；

(3) 通电初步检查；

(4) 交流回路校验；

(5) 开入开出量检查；

(6) 定值核对及定值区切换检查。

(四) 操作要求与步骤

1. 操作流程

电容电抗器保护装置基本校验操作流程如图 JB505－1 所示。

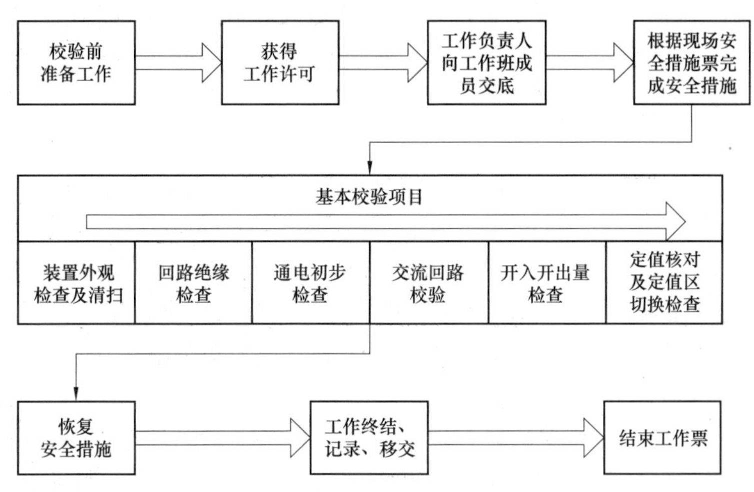

图 JB505－1　电容电抗器保护装置基本校验操作流程

2. 准备工作

(1) 检查电容电抗器保护装置状况、反措计划执行情况及设备缺陷统计等，并及时提交相关停役申请。

(2) 开工前，及时上报本次工作的材料计划。

(3) 根据基本校验项目，组织作业人员学习作业指导书，使全体作业人员熟悉并明确工作内容、作业标准、工作安排及安全注意事项等。

(4) 开工前，准备好作业所需仪器仪表、工器具及相关材料。仪器仪表和工器具应在检验合格期内。

(5) 准备主要技术资料，包括最新整定通知单、图纸、装置技术说明书、装置

使用说明书及相关校验规程等。

(6) 按照相关安全工作规程正确填写工作票。

3. 技术要求

(1) 装置外观检查及清扫。主要包括装置端子连接、插件焊接、插件与插座固定、切换开关、按钮等机械部分、硬件跳线、连接片、屏蔽接地等检查并清扫。要求连接可靠、接触良好、接地规范、回路清洁。

(2) 回路绝缘检查。

1) 直流回路。确认直流电源断开后，将相关插件拔出，对地使用1000V绝缘电阻表测试全回路绝缘，要求绝缘电阻大于10MΩ。

2) 交流电流回路。确认各间隔交流电流已短接退出后，在端子排内部将电流回路短接，断电拔出相关采样插件，对地使用500V绝缘电阻表测试全回路绝缘，要求绝缘电阻大于20MΩ。

3) 交流电压回路。确认交流电压已断开后，在端子排内部将电压回路短接，断电拔出相关采样插件，对地使用500V绝缘电阻表测试全回路绝缘，要求绝缘电阻大于20MΩ。

(3) 通电初步检查。

1) 通入试验电源，检查保护基本信息（版本及校验码）并打印，版本需满足省公司统一版本要求。

2) 装置直流电源检查。快速拉合保护装置直流电源（3～5次），装置启动正常；缓慢外加直流电源至80%额定工作电压，装置启动正常；逆变稳压电源检测，分别施加80%、115%额定工作电源，测量各逆变电源类型输出误差，要求不超过±5%。

3) 装置通电检查。要求装置自检正常，液晶屏工作检查正常；装置时钟对时检查正常，复归重启功能检查正常；操作键盘工作检查正常；打印机工作检查正常。

(4) 交流回路校验。检查保护装置零漂，要求无明显零漂出现；在电压回路输入三相正序电压，每相分别为额定值的2%、10%、50%、100%和120%，检查装置采样幅值与相位精度，要求2%额定值时的允许误差不大于±10%，其他状态误差不大于±3%；在电流回路输入三相正序电流，每相分别为额定值的2%、10%、50%、100%和120%，检查装置采样幅值与相位精度，要求2%额定值时的允许误差不大于±10%，其他状态误差不大于±3%。

(5) 开入开出量检查。模拟所有开入和开出量状态，至少变化3次，要求开入状态采集正确，开出信息正确，输出接点正确。

(6) 定值核对及定值区切换检查。根据最新整定通知单核对保护定值，要求现场定值与定值单一致；检查装置切换定值区功能，要求装置具备切换定值区功能且切换正常。

二、考核

1. 考核场地

(1) 具备上述考核条件的设备和实训场地。

(2) 室内温度 5～30℃，湿度＜75%。

(3) 具备 DC 110V/220V 电源输出端子。

(4) 具备 AC 220V/380V 电源输出端子。

(5) 可靠的室内接地端子。

(6) 消防器材。

(7) 良好的通风和采光照明。

(8) 供考评人员使用的评判桌椅和计时工具。

2. 考核时间

(1) 考核时间为 40min。

(2) 许可作业时记录开始时间，现场清理完毕汇报工作终结，记录考核结束时间。

3. 考核要点

(1) 基本操作。

1) 仪器及工器具的选用和准备；

2) 准备工作的安全措施执行；

3) 完成简要校验记录；

4) 报告工作终结，提交试验报告；

5) 恢复安全措施，清扫场地。

(2) 装置基本校验 1。

1) 装置通电初步（检查内容任选其一）；

2) 定值核对（指定定值内容）及定值区切换检查。

(3) 装置基本校验。

1) 通道零漂检查；

2) 精度校验。

4. 考核要求

(1) 单人操作，衣着规范，精神状态良好。考生就位后，经考评人员许可后方可开始操作。

(2) 校验前及过程中，安全技术措施布置到位。

(3) 仪器及工器具选用及使用正确。

(4) 校验过程接线正确合理。

(5) 校验过程方法正确。

(6) 校验过程记录完整有效。记录内容完整，需包括但不限于校验时间、地点、校验人、校验项目、校验方法、校验仪器、接线方式及校验结论，校验结论需与实际情况一致，并能正确反映校验对象的相关状态。

(7) 校验完毕后，需及时拆除接线，归还仪器及工器具，并清扫现场。

(8) 能够熟练运用办公软件（Microsoft Office、WPS 等）编写电子报告（含表格处理、图形编辑等）。

三、评分参考标准

行业：电力工程　　　　工种：继电保护工　　　　等级：五

编号	JB505	行为领域	e	鉴定范围	
考核时间	40min	题型	A	含权题分	30
试题正文	电容电抗器保护装置基本校验				
考核要点及其要求	(1) 要求单独操作。 (2) 现场（或实训室）操作。 (3) 通过本测试，考察鉴定人员对于电容电抗器保护装置基本校验的掌握程度。 (4) 按照规范的技能操作完成考评人员规定的操作内容				
工器具、材料、设备	(1) 微机型继电保护测试仪 1 台。 (2) 绝缘电阻表 500、1000V 规格各 1 块 (3) 数字万用表 1 块。 (4) 模拟断路器 1 台。 (5) 常用电工工具 1 套。 (6) 函数型计算器 1 块。 (7) 试验线、绝缘胶带				
备注					

评分标准

序号	作业名称	质量要求	分值	扣分标准	扣分原因	得分
1	基本操作	按照规定完成相关操作	40			
1.1	仪器及工器具的选用和准备	正确	5	选用缺项或不正确扣 5 分；准备工作不到位扣 2 分		
1.2	准备工作的安全措施执行	按相关规程执行	15	安全措施未按相关规程执行，酌情扣分		

续表

评分标准						
序号	作业名称	质量要求	分值	扣分标准	扣分原因	得分
1.3	完成简要校验记录	内容完整，结论正确	10	内容不完整或结论不正确扣5分		
1.4	报告工作终结，提交试验记录		5	该步缺失扣5分；未按顺序进行扣2分		
1.5	恢复安全措施，清扫场地		5	该步缺失扣5分；未按顺序进行扣2分		
2	装置基本校验1	安全措施到位、仪器仪表使用正确、操作步骤规范、校验结果符合要求	30			
2.1	通电初步检查	保护基本信息检查完成、装置直流电源检查正确、装置通电检查正常	15	漏项或错误，每项扣5分		
2.2	定值区设置	故障模拟正确，状态信息检查正确，特性校验内容完整	5	故障模拟不正确扣5分；状态信息检查不完整酌情扣分；特性校验内容不完整酌情扣分		
2.3	定值核对	测试方法正确，测试接点取用规范，测试内容完整	10	测试方法不正确扣10分；测试接点取用不规范扣8分；测试内容缺一项扣8分		
3	装置基本校验2	安全措施到位、仪器仪表使用正确、操作步骤规范、校验结果符合要求	30			
3.1	通道零漂检查	位于合适范围内	5	未进行零漂检查扣5分		
3.2	试验交流量输入	接线正确、输入方法正确、测量点有效完整	15	接线错误，酌情扣分；输入方法不当，酌情扣分；测量点错误或缺项，1点扣3分		
3.3	精度校验	结果符合要求，误差不大于±3%（2%额定值时允许误差为10%）	10	未进行精度校验扣10分；校验方法不当，酌情扣分		
考试开始时间			考试结束时间		合计	
考生栏	编号：	姓名：	所在岗位：	单位：	日期：	
考评员栏	成绩：	考评员：		考评组长：		

JB506 线路保护装置基本校验

一、操作

（一）工器具、材料、设备

（1）工器具：微机型继电保护测试仪 1 台，绝缘电阻表 500、1000V 各 1 块，数字万用表 1 块，模拟断路器（分相）1 台，常用电工工具 1 套，函数型计算器 1 块。

（2）材料：试验线、绝缘胶带。

（3）设备：微机线路保护屏。

（二）安全要求

（1）防止误入带电间隔。工作前熟悉工作地点、带电设备，相邻运行设备布置运行标识。检查现场安全围栏、警示牌和接地等安全措施。

（2）试验仪器电源必须使用装有剩余电流保护的电源盘。螺丝刀等工具的金属裸露部分除刀口外都应进行绝缘防护。接（拆）电源，必须在电源开关拉开情况下进行，一人操作，一人监护。临时电源必须使用专用电源，禁止从运行设备上取电源。

（3）防止继电保护“三误”事故。根据现场实际情况，制订相关安全技术措施，严格执行经批准或许可的安全技术措施。

（4）直流回路工作应使用具备绝缘防护的工具，试验线严禁裸露，防止误碰金属导体部分。

（5）插拔插件。防止带电或频繁插拔插件。

（6）装置试验电流接入。短接交流电流外侧电缆，确认可靠短接后，方可打开交流电流连接片。必要时，在端子箱处将相应端子用绝缘胶带实施封闭。

（7）装置试验电压接入。断开交流二次电压引入回路，通过拆线进行隔离的，须用绝缘胶带对所拆线头实施绝缘包扎。

（8）拆动二次线及时做好记录，并用绝缘胶带对所拆线头实施绝缘包扎。

（9）应断开失灵启动连接片。检查失灵启动连接片须断开并拆开失灵启动回路线头，用绝缘胶带对所拆线头实施绝缘包扎。

（10）校验中不应误发信号。必要时，断开相关信号采集装置（中央信号、远动信号、故障录波等）正电源，记录切换把手位置。

（11）不准在保护室内使用无线通信设备，尤其是对讲机。

（12）严格按照安全作业规程规定安全措施的执行并恢复。

（三）操作项目

（1）装置外观检查及清扫；

（2）回路绝缘检查；

（3）通电初步检查；

（4）交流回路校验；

（5）开入开出量检查；

（6）定值核对及定值区切换检查。

（四）操作要求与步骤

1. 操作流程

线路保护装置基本校验操作流程参见图 JB505－1。

2. 准备工作

（1）检查线路保护装置状况、反措计划执行情况及设备缺陷统计等，并及时提交相关停役申请。

（2）开工前，及时上报本次工作的材料计划。

（3）根据基本校验项目，组织作业人员学习作业指导书，使全体作业人员熟悉并明确工作内容、作业标准、工作安排及安全注意事项等。

（4）开工前，准备好作业所需仪器仪表、工器具及相关材料。仪器仪表和工器具应在检验合格期内。准备主要技术资料，包括最新整定通知单、图纸、装置技术说明书、装置使用说明书及相关校验规程等。

（5）按照相关安全工作规程正确填写工作票。

3. 技术要求

（1）装置外观检查及清扫。主要包括装置端子连接、插件焊接、插件与插座固定、切换开关、按钮等机械部分、硬件跳线、连接片、屏蔽接地等检查并清扫。要求连接可靠、接触良好、接地规范、回路清洁。

（2）回路绝缘检查。

1）直流回路。确认直流电源断开后，将相关插件拔出，对地使用 1000V 绝缘电阻表全回路测试绝缘，要求绝缘电阻大于 10MΩ。

2）交流电流回路。确认各间隔交流电流已短接退出后，在端子排内部将电流回路短接，断电拔出相关采样插件，对地使用 500V 绝缘电阻表全回路测试绝缘，要求绝缘电阻大于 20MΩ。

3）交流电压回路。确认交流电压已断开后，在端子排内部将电压回路短接，断电拔出相关采样插件，对地使用500V绝缘电阻表全回路测试绝缘，要求绝缘电阻大于20MΩ。

(3) 通电初步检查。

1) 通入试验电源，检查保护基本信息（版本及校验码）并打印，版本需满足省公司统一版本要求。

2) 装置直流电源检查。快速拉合保护装置直流电源（3～5次），装置启动正常；缓慢外加直流电源至80%额定工作电压，装置启动正常；逆变稳压电源检测，分别施加80%、115%额定工作电源，测量各逆变电源类型输出误差，要求不超过±5%。

3) 装置通电检查。要求装置自检正常，液晶屏工作检查正常；装置时钟对时检查正常，复归重启功能检查正常；操作键盘工作检查正常；打印机工作检查正常。

(4) 交流回路校验。检查保护装置零漂，要求无明显零漂出现；在电压回路输入三相正序电压，每相分别为额定值的2%、10%、50%、100%和120%，检查装置采样幅值与相位精度，要求2%额定值时的允许误差不大于±10%，其他状态误差不大于±3%；在电流回路输入三相正序电流，每相分别为额定值的2%、10%、50%、100%和120%，检查装置采样幅值与相位精度，要求2%额定值时的允许误差不大于±10%，其他状态误差不大于±3%。

(5) 开入开出量检查。模拟所有开入和开出量状态，至少变化3次，要求开入状态采集正确，开出信息正确，输出接点正确。

(6) 定值核对及定值区切换检查。根据最新整定通知单核对保护定值，要求现场定值与定值单一致；检查装置切换定值区功能，要求装置具备切换定值区功能且切换正常。

二、考核

1. 考核场地

(1) 具备上述考核条件的设备和实训场地。

(2) 室内温度5～30℃，湿度<75%。

(3) 具备DC 110V/220V电源输出端子。

(4) 具备AC 220V/380V电源输出端子。

(5) 可靠的室内接地端子。

(6) 消防器材。

(7) 良好的通风和采光照明。

(8) 供考评人员使用的评判桌椅和计时工具。

2. 考核时间

(1) 考核时间为40min。

(2) 许可作业时记录开始时间，现场清理完毕汇报工作终结，记录考核结束时间。

3. *考核要点*

(1) 基本操作。

1) 仪器及工器具的选用和准备；

2) 准备工作的安全措施执行；

3) 完成简要校验记录；

4) 报告工作终结，提交试验报告；

5) 恢复安全措施，清扫场地。

(2) 装置基本校验1。

1) 装置通电初步检查内容任选其一；

2) 定值核对（指定定值内容）及定值区切换检查。

(3) 装置基本校验。

1) 通道零漂检查；

2) 精度校验。

4. *考核要求*

(1) 单人操作，衣着规范，精神状态良好。考生就位后，经考评人员许可后方可开始操作。

(2) 校验前及过程中，安全技术措施布置到位。

(3) 仪器及工器具选用及使用正确。

(4) 校验过程接线正确合理。

(5) 校验过程方法正确。

(6) 校验过程记录完整有效。记录内容完整，需包括但不限于校验时间、地点、校验人、校验项目、校验方法、校验仪器、接线方式及校验结论，校验结论需与实际情况一致，并能正确反映校验对象的相关状态。

(7) 校验完毕后，需及时拆除接线，归还仪器及工器具，并清扫现场。

(8) 能够熟练运用办公软件（Microsoft Office、WPS等）编写电子报告（含表格处理、图形编辑等）。

三、评分参考标准

行业：电力工程　　　　工种：继电保护工　　　　等级：五

编　　号	JB506	行为领域	e	鉴定范围	
考核时间	40min	题　　型	A	含权题分	30
试题正文	线路保护装置基本校验				

续表

考核要点及其要求	(1) 单独操作。 (2) 现场（或实训室）操作。 (3) 通过本测试，考察考生对于线路保护装置基本校验的掌握程度。 (4) 按照规范的技能操作完成考评人员规定的操作内容
工器具、材料、设备	(1) 微机型继电保护测试仪1台。 (2) 绝缘电阻表500、1000V规格各1块。 (3) 数字万用表1块。 (4) 模拟断路器（分相）1台； (5) 常用电工工具1套。 (6) 函数型计算器1块。 (7) 试验线、绝缘胶带。 (8) 微机线路保护屏或具备同等条件现场
备注	

评分标准

序号	作业名称	质量要求	分值	扣分标准	扣分原因	得分
1	基本操作	按照规定完成相关操作	40			
1.1	仪器及工器具的选用和准备	正确	5	选用缺项或不正确扣5分；准备工作不到位扣2分		
1.2	准备工作的安全措施执行	按相关规程执行	15	安全措施未按相关规程执行，酌情扣分		
1.3	完成简要校验记录	内容完整，结论正确	10	内容不完整或结论不正确扣5分		
1.4	报告工作终结，提交试验报告		5	该步缺失扣5分；未按顺序进行扣2分		
1.5	恢复安全措施，清扫场地		5	该步缺失扣5分；未按顺序进行扣2分		
2	装置基本校验1	安全措施到位、仪器仪表使用正确、操作步骤规范、校验结果符合要求	30			
2.1	通电初步检查	保护基本信息检查完成、装置直流电源检查正确、装置通电检查正常	15	漏项或错误，每项扣5分		

续表

评分标准						
序号	作业名称	质量要求	分值	扣分标准	扣分原因	得分
2.2	定值区设置	故障模拟正确，状态信息检查正确，特性校验内容完整	5	故障模拟不正确扣10分；状态信息检查不完整酌情扣分；特性校验内容不完整酌情扣分		
2.3	定值核对	测试方法正确，测试接点取用规范，测试内容完整	10	测试方法不正确扣10分；测试接点取用不规范扣8分；测试内容缺一项扣8分		
3	装置基本校验2	安全措施到位、仪器仪表使用正确、操作步骤规范、校验结果符合要求	30			
3.1	通道零漂检查	位于合适范围内	5	未进行零漂检查扣5分		
3.2	试验交流量输入	接线正确、输入方法正确、测量点有效完整	15	接线错误，酌情扣分；输入方法不当，酌情扣分；测量点错误或缺项，1点扣3分		
3.3	精度校验	结果符合要求，误差不大于±3%（2%额定值时允许误差为10%）	10	未进行精度校验扣10分；校验方法不当，酌情扣分		
考试开始时间			考试结束时间		合计	
考生栏	编号：	姓名：	所在岗位：	单位：	日期：	
考评员栏	成绩：	考评员：		考评组长：		

JB507 (JB401) 继电器校验

一、操作

（一）工器具、材料、设备

（1）工器具：微机型继电保护测试仪 1 台，绝缘电阻表 500、1000V 各 1 块，电流表（0.5 级，0～50A）3 块，电压表（0.5 级，量程：0～500V）3 块，数字毫秒表 1 台（测量时间不大于 1s 时，误差不大于 0.1%；测量时间大于 1s 时，误差不大于 0.5%），单相调压器 1 台（0～220V，容量：1 kVA），三相调压器 1 台（容量 3kVA），变流器 1 台，滑线变阻器（功率：500W）1 块，双臂电阻 1 只（量程：0.001～11Ω），1kVA 移相器 1 台，相位表 1 块（1.0 级），刀闸开关 2 只，额定电压 3V 电池灯 1 只，常用电工工具 1 套，函数型计算器 1 块。

（2）材料：试验线、绝缘胶带。

（3）设备：标准试验台，电流继电器、电压继电器、时间继电器、中间继电器、闪光信号继电器、断相闭锁继电器、频率继电器若干。

（二）安全要求

（1）试验仪器电源使用。必须使用装有剩余电流保护的电源盘。螺丝刀等工具的金属裸露部分除刀口外都应进行绝缘防护。接（拆）电源，必须在电源开关拉开情况下进行，一人操作，一人监护。临时电源必须使用专用电源，禁止从运行设备上取电源。

（2）防止继电保护“三误”事故。根据现场实际情况，制订相关安全技术措施，严格执行批准或许可的安全技术措施。

（3）直流回路工作时使用具备绝缘防护的工具，试验线严禁裸露，防止误碰金属导体部分。

（4）拆动二次线及时做好记录，并用绝缘胶带对所拆线头实施绝缘包扎。

（5）绝缘测量及耐压试验。试验前根据具体接线情况将不能承受高压的元件从回路中断开或将其短路。

（6）严格按照安全作业规程规定执行安全措施并恢复。

（三）操作项目

（1）电压继电器校验（初、中级工考核项目）；

（2）电流继电器校验（初、中级工考核项目）；

（3）中间继电器校验（初、中级工考核项目）；

（4）时间继电器校验（初、中级工考核项目）；

（5）闪光信号继电器校验（中级工考核项目）；

（6）断相闭锁继电器校验（中级工考核项目）；

（7）频率继电器校验（中级工考核项目）。

（四）操作要求与步骤

1. 操作流程

继电器校验操作流程如图 JB507－1 所示。

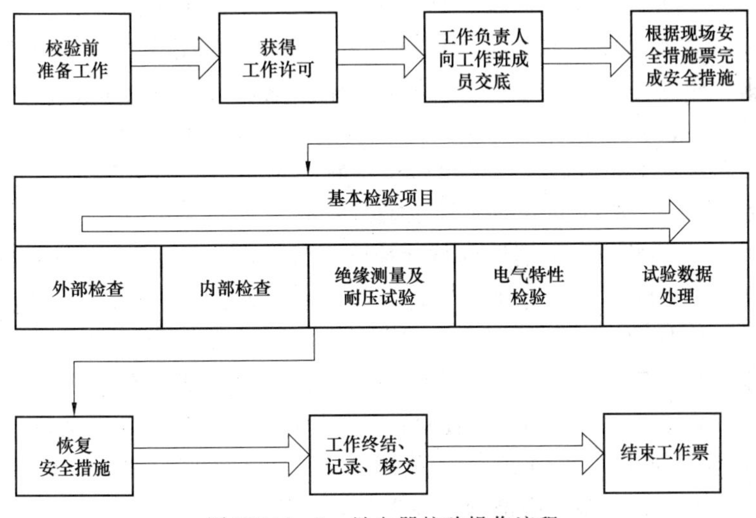

图 JB507－1　继电器校验操作流程

2. 准备工作

（1）检查继电器状况、缺陷记录情况等，并及时提交相关校验申请。

（2）开工前，及时上报本次工作的材料计划。

（3）根据校验项目，组织作业人员学习作业指导书，使全体作业人员熟悉并明确工作内容、作业标准、工作安排及安全注意事项等。

（4）开工前，准备好作业所需仪器仪表、工器具及相关材料。仪器仪表和工器具应在检验合格期内。

（5）准备主要技术资料，包括继电器技术说明、安装板图及相关校验规程等。

（6）按照相关安全工作规程正确填写工作票。

3. 技术要求

（1）基本检验。

1）外部检查。外壳清洁无灰尘；表面完整，嵌接良好；外壳与底座接合紧密牢固，防尘密封良好；整体安装端正，端子接线及焊点牢固可靠，导电部分与屏柜面板的距离合适。

2）内部检查。清洁、无灰尘及油污；可动部分动作灵活，活动范围适当，能复归原位，轴和轴承除特殊要求外，禁止使用任何润滑油；各部件安装完好，螺母拧紧，整定把手能可靠固定于整定位置上，整定螺母插头与整定孔接触良好；弹簧无变形，层间距离均匀；内部触点无损伤且接触良好，动作行程明显且符合要求，动、静触点接触时中心相对；多触点继电器各触点接触应同步；各焊点牢固可靠，相邻焊点及接线端头之间避免短路。

3）绝缘测量及耐压试验。根据具体接线情况将不能承受高压的元件从回路中断开或将其短路。选择合适量程的绝缘电阻表测量：铁芯与线圈、触点与线圈、线圈与线圈、触点与触点之间及相关部分的绝缘电阻，一般要求绝缘电阻不小于10 MΩ。新安装或解体检修后的继电器需进行历时1min的工频耐压试验，所加电压根据各继电器技术规范确定，无耐压设备时，允许使用2500V绝缘电阻表测定绝缘电阻来代替，所测阻值不小于20 MΩ。

4）电气特性检验。继电器电气特性检验项目和内容需根据其具体构成方式及动作原理制定，原则上需符合实际运行条件，并满足实际运行需求。每一个检验项目都需有明确目的，或为运行所必需，或为判别内部元件及继电器整体状态。检验项目需完整，不宜重复。电气特性一般性检验的主要内容包括：整定点的动作和返回值校验；动作和返回时间校验；触点的可靠性检查；冲击试验。

5）试验数据处理。整定点的动作值测量需至少重复进行3次，利用记录的测量数据，计算出相对误差、离散值、变差等，要求每次测量结果均不超过相应继电器的规定范围；对有要求返回系数的继电器，其实测返回系数需在规定范围内；对电源频率变化敏感的继电器，需记录校验时的电源频率。

（2）电压继电器电气特性校验。电压继电器电气特性校验接线如图JB507－2所示。

1）过电压继电器。接线示意图见图JB507－2，校验时，缓慢调节调压器TR，使电压从零开始均匀增加，直至继电器KV动作（指示灯HL亮），记录此时电压值作为动作电压；逐渐减小电压使继电器KV返回，记录此时电压值作为返回电压。重复以上过程3次，要求每次测量的动作值与整定值误差不大于±3%，然后取3次测量结果的平均值，并计算出返回系数（返回电压与动作电压的比值），一般要求不小于0.85。数据合格后，必须使用1.1倍额定电压冲击3～5次，最后复

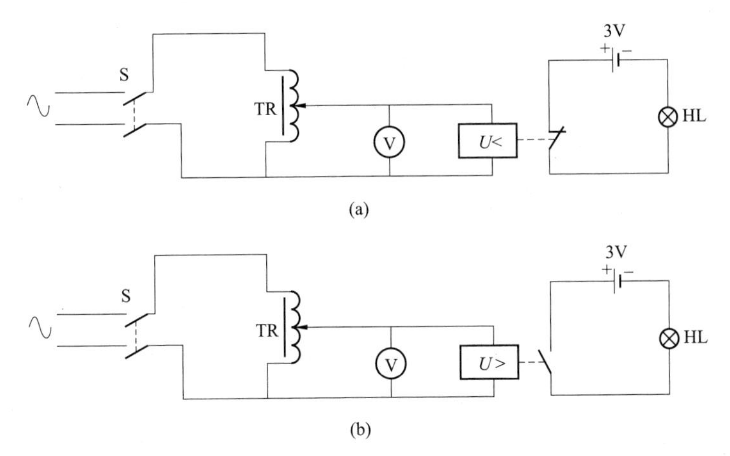

图 JB507－2　电压继电器 KV 电气特性校验接线示意图

（a）低电压继电器；（b）过电压继电器

校定值，要求与整定值误差不大于±3％。

2）低电压继电器。接线示意图见图 JB507－2，校验时，首先施加 100V 电压至继电器 KV，消除其振动后，缓慢调节调压器 TR，使电压均匀下降，直至继电器 KV 动作（指示灯 HL 亮），记录此时电压值作为动作电压；逐渐增大电压使继电器 KV 返回，记录此时电压值作为返回电压。重复以上过程 3 次，要求每次测得的动作值与整定值误差不大于±3％，然后取 3 次测量结果的平均值，并计算出返回系数（返回电压与动作电压的比值），一般要求不大于 1.2。数据合格后，必须使用 1.1 倍额定电压冲击 3～5 次，最后复校定值，要求与整定值误差不大于±3％。

（3）电流继电器电气特性校验（不考虑感应式）。电流继电器电气特性校验接线如图 JB507－3 所示。

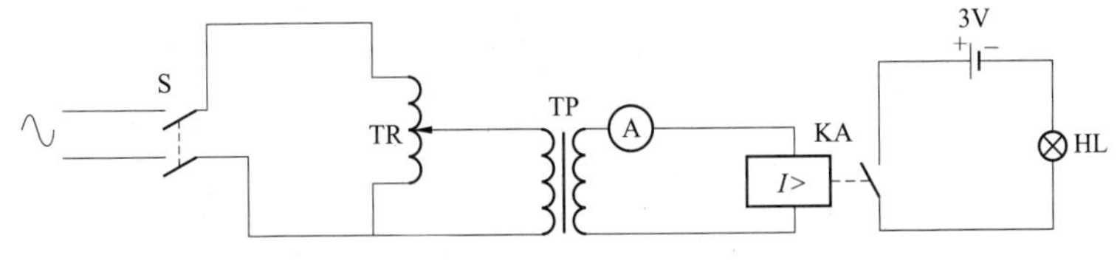

图 JB507－3　电流继电器 KA 电气特性校验接线示意图

接线示意图见图 JB507－3，校验时，缓慢调节调压器 TR，使电流均匀上升，直至继电器 KA 动作（指示灯 HL 亮），记录此时电流值作为动作电流；逐渐减小电流使继电器 KA 返回，记录此时电流值作为返回电流。重复以上过程 3 次，要求每次测量的动作值与整定值误差不大于±3%，然后取 3 次测量结果的平均值，并计算出返回系数（返回电压与动作电压的比值），一般要求不小于 0.85。数据合格后，必须使用保护安装处最大短路电流或 10 倍整定电流冲击 3～5 次，最后复校定值，要求与整定值误差不大于±3%。

（4）中间继电器电气特性校验（仅考虑电压型非保持式）。中间继电器电气特性校验接线如图 JB507－4 所示，中间继电器动作时间校验接线如图 JB507－5 所示。

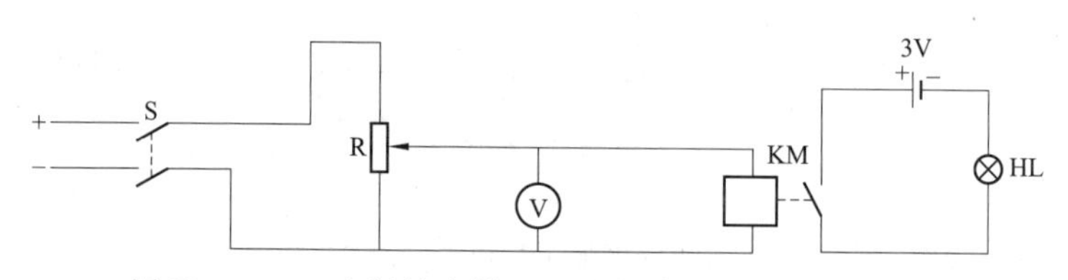

图 JB507－4　中间继电器 KM 电气特性校验接线示意图

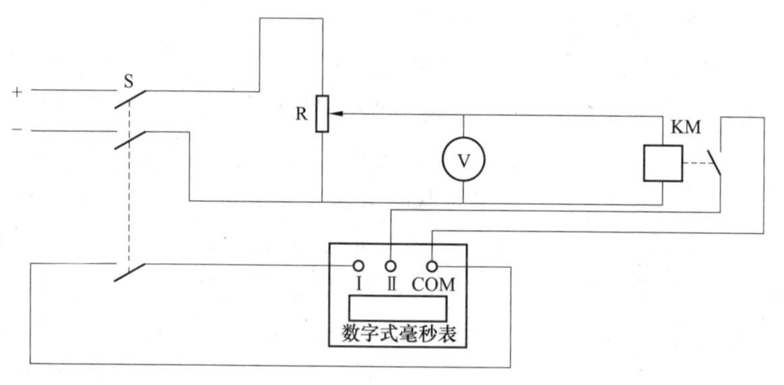

图 JB507－5　中间继电器 KM 动作时间校验接线示意图

1）动作值和返回值校验。接线示意图如图 JB507－4 所示，校验时，调整变阻器 R，给 KM 突然加入电压，记录使指示灯 HL 点亮的最低电压值作为动作值，一般要求交流电压不大于额定电压的 85%，直流继电器电压不大于额定电压的 70%；逐渐减小电压，使 KM 返回，记录此时的最大电压值为返回值，要求返回电压不小于额定电压的 5%。

2）动作时间和返回时间校验。接线示意图如图 JB507－5 所示，校验时，首先合上开关 S，调节变阻器 R，使电压达到继电器的额定值后断开 S，并将数字式毫秒表复零。然后，合上开关 S，使继电器动作，数字式毫秒表记录时间即为动作时间。连续测试 3 次，取其平均值，要求单次动作时间一般不大于 45ms，各次动作时间相差很小。返回时间校验时，首先突加继电器 KM 额定电压，待继电器动作后，将数字式毫秒表复零，断开 S，数字式毫秒表记录时间即为动作时间，连续测试 3 次，取其平均值，要求单次动作时间一般不大于 45ms，各次动作时间相差很小。

（5）时间继电器 KT 电气特性校验。时间继电器 KT 电气特性校验接线如图 JB507－6所示，时间继电器 KT 动作时间校验接线如图 JB507－7 所示。

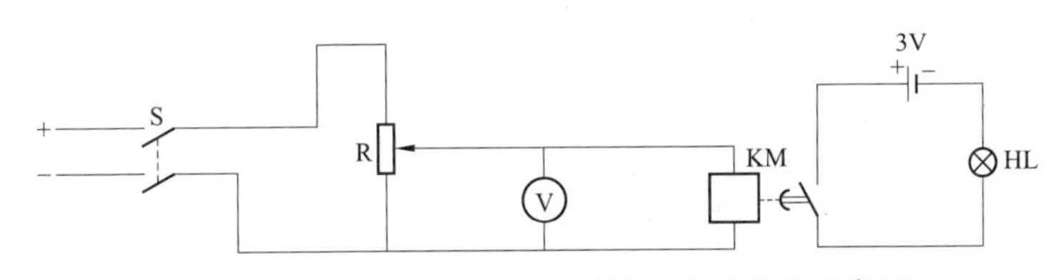

图 JB507－6　时间继电器电气特性校验接线示意图

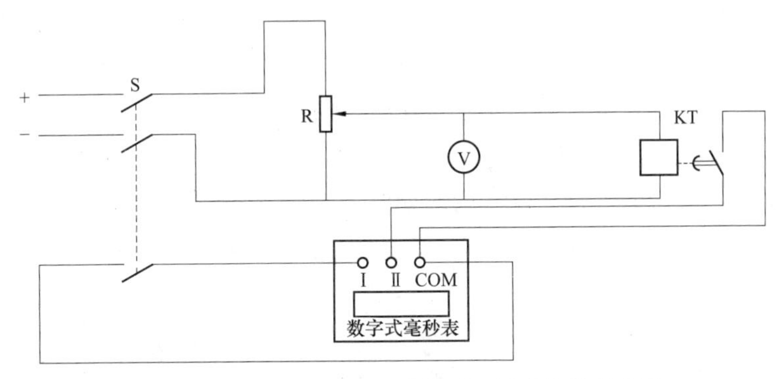

图 JB507－7　时间继电器动作时间校验接线示意图

1）动作电压与返回电压校验。接线示意图如图 JB507－6 所示，校验时，调整变阻器 R，逐渐升高电压，使继电器 KT 动作（指示灯 HL 亮），记录此时电压值，然后，重复 3 次冲击合闸。若每次合闸后，继电器 KT 完全动作，则所记录的电压值为动作电压，一般要求交流继电器电压不大于额定电压的 80%，直流继电器电压不大于额定电压的 70%；逐渐减小电压，使继电器 KT 返回，记录此时的最大电压值为返回电压，要求返回电压不小于额定电压的 5%。

2）动作时间（与整定值比较）校验。接线示意图如图 JB507－7 所示，校验时，首先合上开关 S，调节电阻器 R，使电压达到继电器 KT 的额定值后断开 S，并将数字式毫秒表复零。然后，合上开关 S，使继电器 KT 动作，数字式毫秒表记录时间即为动作时间，连续测试 3 次，取其平均值，要求单次动作时间与整定值误差不超过±70ms，各次动作时间相差很小。

（6）闪光信号继电器 KS 电气特性校验。闪光信号继电器 KS 电气特性校验接线如图 JB507 - 8 所示。

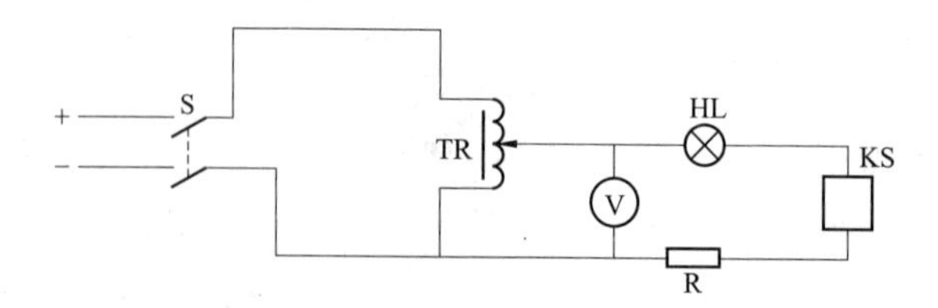

图 JB507 - 8　闪光信号继电器 KS 电气特性校验接线示意图

1）动作电压校验。接线示意图如图 JB507 - 8 所示，校验时，合上开关 S，调节调压器 TR，逐渐升高电压使继电器 KS 开始周期性工作，记录此时电压，然后，重复 3 次冲击合闸。若每次合闸后，继电器 KS 完全动作，则所记录的电压值为动作电压，一般要求不大于继电器额定电压的 80%。

2）闪光频率校验。接线示意图如图 JB507 - 8 所示，校验时，将继电器输入电压升高至额定值，同时，开始观察继电器动作情况，记录动作次数，要求与该型号继电器所提供的技术参数误差小于 2 次。

（7）断相闭锁继电器电气特性校验（以 DDX - 1 型继电器为例）。

断相闭锁继电器电气特性校验接线如图 JB507 - 9 所示。

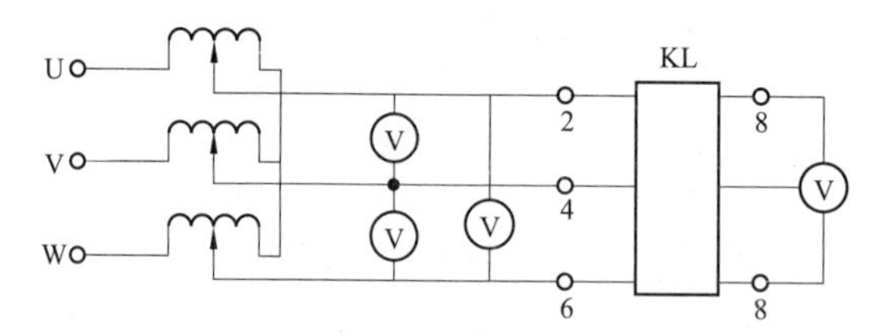

图 JB507 - 9　断相闭锁继电器电气特性校验接线示意图

1）负序电压滤过器平衡调整。接线示意图如图 JB507 - 9 所示，校验时，要求输入的三相电源电压对称，3 个相间电压差不大于 3V。在 KL 的端子 2、4、6（电压输入端子）上施加三相额定电压，然后将端子 8（负序电压滤过器输出侧）断开，测量断点电压，要求不大于 7V。若不满足要求，调整负序电压滤过器可变电阻器使其满足要求。

2）负序动作电压校验。接线示意图如图 JB507 - 9 所示，校验时，交换任意两相的电源输入，利用三相自耦调压器进行调压，直至 KL 动作，记录此时的电压值，并计算负序电压值作为负序动作电压，要求其值与整定值误差不大于±5%。

3）电源电压影响校验。当电源电压的变化为额定电压的±10%时，要求继电器可靠动作。

(8) 频率继电器电气特性校验（以 SZH-3 型数字式继电器为例）。

1）工作正常级频率整定值校验。校验前需确认工作正常级频率整定值，施加高于整定值的工频电压。逐渐降低外加电压频率，直至继电器正常工作。利用相应测量设备（如计数器）计算其整定值，误差范围不大于±0.014Hz。若使用计数器周期挡测量，需注意周期与频率的换算。

2）解除闭锁级频率定值校验。校验前需确认解除闭锁级频率整定值，施加高于频率继电器整定值的工频电压频率（50Hz）。逐渐降低外加电压频率，直至继电器解除闭锁动作。利用相应测量设备（如计数器）计算其整定值，误差范围不大于±0.014Hz。频率调节过程不宜太快，以避免出现滑差闭锁现象。

3）欠频动作级频率定值校验。校验前需确认欠频动作级频率整定值，施加高于频率继电器整定值的工频电压频率（50Hz）。逐渐降低外加电压频率，直至继电器相应欠频动作级动作。利用相应测量设备（如计数器）计算其整定值，误差范围不大于±0.014Hz。频率调节过程不宜太快，以避免出现滑差闭锁现象。

4）延时时间校验。可利用解除闭锁级频率或欠频动作级频率进行延时校验，选择合适的继电器触点，使用相应测试仪测定，要求误差不大于±4%。

5）返回时间校验。技术要求同延时时间测量。

6）滑差闭锁校验。校验前需确认滑差闭锁整定值，使用相应测试仪模拟频率变化过程，逐渐调整频率变化率直至滑差闭锁动作。根据记录数据计算滑差闭锁动作时的频率变化率，并与定值比较，误差应不大于±5%。

二、考核

1. 考核场地

(1) 具备上述考核条件的设备和实训场地。

(2) 室内温度 5～30℃，湿度＜75%。

(3) 具备 DC 110V/220V 电源输出端子。

(4) 具备 AC 220V/380V 电源输出端子。

(5) 可靠的室内接地端子。

(6) 消防器材。

(7) 良好的通风和采光照明。

(8) 供考评人员使用的评判桌椅和计时工具。

2. 考核时间

(1) 考核时间为 25min。

(2) 许可作业时记录开始时间，现场清理完毕汇报工作终结，记录考核结束时间。

3. 考核要点

(1) 基本操作。

1) 仪器及工器具的选用和准备;

2) 准备工作的安全措施执行;

3) 完成简要校验记录;

4) 报告工作终结,提交试验报告;

5) 恢复安全措施,清扫场地。

(2) 继电器校验1。初级工在以下项目任选其一:

1) 电压继电器校验;

2) 电流继电器校验。

中级工在以下项目任选其一:

1) 电压继电器校验;

2) 电流继电器校验;

3) 中间继电器校验;

4) 时间继电器校验。

(3) 继电器校验2。初级工在以下项目任选其一:

1) 中间继电器校验;

2) 时间继电器校验。

中级工在以下项目选其一:

1) 闪光信号继电器校验;

2) 断相闭锁继电器校验;

3) 频率继电器校验。

4. 考核要求

(1) 单人操作,衣着规范,精神状态良好。考生就位后,经考评人员许可后方可开始操作。

(2) 校验前及过程中,安全技术措施布置到位。

(3) 仪器及工器具选用及使用正确。

(4) 校验过程接线正确合理。

(5) 校验过程方法正确。

(6) 校验过程记录完整有效。记录内容完整,需包括但不限于校验时间、地点、校验人、校验项目、校验方法、校验仪器、接线方式及校验结论,校验结论需与实际情况一致,并能正确反映校验对象的相关状态。

(7) 校验完毕后,需及时拆除接线,归还仪器及工器具,并清扫现场。

(8) 能够熟练运用办公软件(Microsoft Office、WPS等)编写电子报告(含表格处理、图形编辑等）。

三、评分参考标准

行业：电力工程　　　　工种：继电保护工　　　　等级：五

编　　号	JB507	行为领域	e	鉴定范围	
考核时间	25min	题　　型	A	含权题分	20
试题名称	继电器校验				
考核要点及其要求	（1）单独操作。 （2）现场（或实训室）操作。 （3）通过本测试，考察考生对于继电器基本校验的掌握程度。 （4）按照规范的技能操作完成考评人员规定的操作内容				
工器具、材料、设备	（1）微机型继电保护测试仪 1 台。 （2）绝缘电阻表 500、1000V 规格各 1 块。 （3）数字万用表 1 块。 （4）电流表（0.5 级，量程：0～50A）3 块，电压表（0.5 级，量程：0～500V）3 块。 （5）数字毫秒表 1 块（测量时间不大于 1s 时，误差不大于 0.1%；测量时间大于于 1s 时，误差不大于 0.5%）。 （6）单相调压器 1 台（0～220V，容量：1kVA），三相调压器 1 台（容量 3kVA），变流器 1 台，滑线变阻器（功率：500W）1 只，双臂电阻 1 只（量程：0.001～11Ω），1kVA 移相器 1 台，相位表 1 块（1.0 级），刀闸开关 2 只，额定电压 3V 电池灯 1 只。 （7）常用电工工具 1 套。 （8）函数型计算器 1 块。 （9）试验线、绝缘胶带。 （10）电流继电器、电压继电器、时间继电器、中间继电器、闪光信号继电器、断相闭锁继电器、频率继电器若干				
备注	以下序号 2、3 项，考试人员只考 1 项；序号 4、5 项，考试人员只考 1 项。上述选项由考评人员考前确定，确定后不得更改				

评分标准

序号	作业名称	质量要求	分值	扣分标准	扣分原因	得分
1	基本操作	按照规定完成相关操作	40			
1.1	仪器及工器具的选用和准备	正确	5	选用缺项或不正确扣 5 分；准备工作不到位扣 2 分		
1.2	准备工作的安全措施执行	按相关规程执行	15	安全措施未按相关规程执行，酌情扣分		
1.3	完成简要校验记录	内容完整，结论正确	10	内容不完整或结论不正确扣 5 分		

续表

评分标准						
序号	作业名称	质量要求	分值	扣分标准	扣分原因	得分
1.4	报告工作终结，提交试验报告		5	该步缺失扣5分；未按顺序进行扣2分		
1.5	恢复安全措施，清扫场地		5	该步缺失扣5分；未按顺序进行扣2分		
2	继电器校验1-1:电压继电器校验	安全措施到位、仪器仪表使用正确、操作步骤规范、校验结果符合要求	30			
2.1	试验接线	正确	5	接线错误扣5分；不规范接线酌情扣分		
2.2	整定值校验（动作值、返回值、返回系数）	试验方法正确，试验步骤规范，试验内容完整	20	试验方法错误扣15分；试验步骤不规范酌情扣分；试验内容缺1项扣8分		
2.3	整定值复核（不具备条件时，此项可口述）	试验方法正确，试验步骤规范，试验内容完整	5	试验方法错误扣5分；试验步骤不规范酌情扣分；试验内容缺1项扣3分		
3	继电器校验1-2:电流继电器校验	安全措施到位、仪器仪表使用正确、操作步骤规范、校验结果符合要求	30			
3.1	试验接线	正确	5	接线错误扣5分；不规范接线酌情扣分		
3.2	整定值校验（动作值、返回值、返回系数）	试验方法正确，试验步骤规范，试验内容完整	20	试验方法错误扣15分；试验步骤不规范酌情扣分；试验内容缺1项扣8分		
3.3	整定值复核（不具备条件时，此项可口述）	试验方法正确，试验步骤规范，试验内容完整	5	试验方法错误扣5分；试验步骤不规范酌情扣分；试验内容缺1项扣3分		
4	继电器校验2-1:中间继电器校验	安全措施到位、仪器仪表使用正确、操作步骤规范、校验结果符合要求	30			
4.1	试验接线	正确	5	接线错误扣5分；不规范接线酌情扣分		

续表

评分标准						
序号	作业名称	质量要求	分值	扣分标准	扣分原因	得分
4.2	整定值校验（动作值、返回值）	试验方法正确，试验步骤规范，试验内容完整	15	试验方法错误扣10分；试验步骤不规范酌情扣分；试验内容缺1项扣5分		
4.3	动作时间和返回时间校验	试验方法正确，试验步骤规范，试验内容完整	10	试验方法错误扣10分；试验步骤不规范酌情扣分；试验内容缺1项扣3分		
5	继电器校验2-2:时间继电器校验	安全措施到位、仪器仪表使用正确、操作步骤规范、校验结果符合要求	30			
5.1	试验接线	正确	5	接线错误扣5分；不规范接线酌情扣分		
5.2	整定值校验（动作值、返回值）	试验方法正确，试验步骤规范，试验内容完整	15	试验方法错误扣15分；试验步骤不规范酌情扣分；试验内容缺1项扣5分		
5.3	动作时间校验	试验方法正确，试验步骤规范，试验内容完整	10	试验方法错误扣10分；试验步骤不规范酌情扣分；试验内容缺1项扣3分		
考试开始时间			考试结束时间		合计	
考生栏	编号： 姓名： 所在岗位： 单位： 日期：					
考评员栏	成绩： 考评员： 考评组长：					

行业：电力工程　　工种：继电保护工　　等级：四

编　　号	JB401	行为领域	e	鉴定范围	
考核时间	40min	题　　型	A	含权题分	30
试题名称	继电器校验				
考核要点及其要求	（1）单独操作。 （2）现场（或实训室）操作。 （3）通过本测试，考察考生对于继电器基本校验的掌握程度。 （4）按照规范的技能操作完成考评人员规定的操作内容				
工器具、材料、设备	（1）微机型继电保护测试仪1台。 （2）绝缘电阻表500、1000V规格各1块。 （3）数字万用表1块。 （4）电流表（0.5级，量程：0～50A）3块，电压表（0.5级，量程：0～500V）3块。				

续表

工器具、材料、设备	(5) 数字毫秒表1块(测量时间不大于1s时，误差不大于0.1%；测量时间大于于1s时，误差不大于0.5%)。 (6) 单相调压器1台(0～220V，量程：1kVA)，三相调压器1台(容量3 kVA)，变流器1台，滑线变阻器(功率：500W)1只，双臂电阻1只(量程：0.001～11Ω)，1kVA移相器1台，相位表1块(1.0级)，刀闸开关2只，额定电压3V电池灯1只。 (7) 常用电工工具1套。 (8) 函数型计算器1块。 (9) 试验线、绝缘胶带。 (10) 电流继电器、电压继电器、时间继电器、中间继电器、闪光信号继电器、断相闭锁继电器、频率继电器若干
备注	以下序号2～5项，考试人员只考1项；序号6～8项，考试人员只考1项。上述选项由考评人员考前确定，确定后不得更改

评分标准

序号	作业名称	质量要求	分值	扣分标准	扣分原因	得分
1	基本操作	按照规定完成相关操作	20			
1.1	仪器及工器具的选用和准备	正确	2	选用缺项或不正确扣2分；准备工作不到位扣1分		
1.2	准备工作的安全措施执行	按相关规程执行	10	安全措施未按相关规程执行，酌情扣分		
1.3	完成简要校验记录	内容完整，结论正确	3	内容不完整或结论不正确扣3分		
1.4	报告工作终结，提交试验报告		3	该步缺失扣3分；未按顺序进行扣1分		
1.5	恢复安全措施，清扫场地		2	该步缺失扣2分；未按顺序进行扣1分		
2	继电器校验1-1:电压继电器校验	安全措施到位、仪器仪表使用正确、操作步骤规范、校验结果符合要求	40			
2.1	绝缘测试	正确	5	未进行绝缘测试扣5分，不正确规范酌情扣分		
2.2	试验接线	正确	5	接线错误扣5分；不规范接线酌情扣分		
2.3	整定值校验(动作值、返回值、返回系数)	试验方法正确，试验步骤规范，试验内容完整	20	试验方法错误扣15分；试验步骤不规范酌情扣分；试验内容缺1项扣2分		

续表

评分标准						
序号	作业名称	质量要求	分值	扣分标准	扣分原因	得分
2.4	整定值复核（不具备条件时，此项可口述）	试验方法正确，试验步骤规范，试验内容完整	10	试验方法错误扣8分；试验步骤不规范酌情扣分；试验内容缺1项扣5分		
3	继电器校验1-2:电流继电器校验	安全措施到位、仪器仪表使用正确、操作步骤规范、校验结果符合要求	40			
3.1	绝缘测试	正确进行	5	未进行绝缘测试扣5分，不正确规范酌情扣分		
3.2	试验接线	正确	5	接线错误扣5分；不规范接线酌情扣分		
3.3	整定值校验（动作值、返回值、返回系数）	试验方法正确，试验步骤规范，试验内容完整	20	试验方法错误扣15分；试验步骤不规范酌情扣分；试验内容缺1项扣2分		
3.4	整定值复核（不具备条件时，此项可口述）	试验方法正确，试验步骤规范，试验内容完整	10	试验方法错误扣8分；试验步骤不规范酌情扣分；试验内容缺1项扣5分		
4	继电器校验1-3:中间继电器校验	安全措施到位、仪器仪表使用正确、操作步骤规范、校验结果符合要求	40			
4.1	绝缘测试	正确	5	未进行绝缘测试扣5分，不正确规范酌情扣分		
4.2	试验接线	正确	5	接线错误扣5分；不规范接线酌情扣分		
4.3	整定值校验（动作值、返回值）	试验方法正确，试验步骤规范，试验内容完整	15	试验方法错误扣10分；试验步骤不规范酌情扣分；试验内容缺1项扣1分		
4.4	动作时间和返回时间校验	试验方法正确，试验步骤规范，试验内容完整	15	试验方法错误扣10分；试验步骤不规范酌情扣分；试验内容缺1项扣5分		
5	继电器校验1-4:时间继电器校验	安全措施到位、仪器仪表使用正确、操作步骤规范、校验结果符合要求	40			

续表

评分标准						
序号	作业名称	质量要求	分值	扣分标准	扣分原因	得分
5.1	绝缘测试	正确	5	未进行绝缘测试扣5分，不正确酌情扣分		
5.2	试验接线	正确	5	接线错误扣5分；不规范接线酌情扣分		
5.3	整定值校验(动作值、返回值)	试验方法正确，试验步骤规范，试验内容完整	15	试验方法错误扣15分；试验步骤不规范酌情扣分；试验内容缺1项扣2分		
5.4	动作时间校验	试验方法正确，试验步骤规范，试验内容完整	15	试验方法错误扣10分；试验步骤不规范酌情扣分；试验内容缺1项扣5分		
6	继电器校验2-1:闪光信号继电器校验	安全措施到位、仪器仪表使用正确、操作步骤规范、校验结果符合要求	40			
6.1	试验接线	正确	5	接线错误扣10分；不规范接线酌情扣分		
6.2	整定值校验(动作电压)	试验方法正确，试验步骤规范，试验内容完整	20	试验方法错误扣15分；试验步骤不规范酌情扣分；试验内容缺1项扣8分		
6.3	闪光频率校验	试验方法正确，试验步骤规范，试验内容完整	15	试验方法错误扣10分；试验步骤不规范酌情扣分；试验内容缺1项扣5分		
7	继电器校验2-2:断相闭锁继电器校验	安全措施到位、仪器仪表使用正确、操作步骤规范、校验结果符合要求	40	试验方法错误扣15分；试验步骤不规范酌情扣分；试验内容缺一项扣10分		
7.1	试验接线	正确	5	接线错误扣5分；不规范接线酌情扣分		
7.2	负序电压滤过器平衡调整	试验方法正确，试验步骤规范，试验内容完整	15	试验方法错误扣10分；试验步骤不规范酌情扣分；试验内容缺1项扣8分		
7.3	负序动作电压校验	试验方法正确，试验步骤规范，试验内容完整	15	试验方法错误扣10分；试验步骤不规范酌情扣分；试验内容缺1项扣8分		

续表

评分标准						
序号	作业名称	质量要求	分值	扣分标准	扣分原因	得分
7.4	电源电压影响校验（不具备条件时，此项可口述）	试验方法正确，试验步骤规范，试验内容完整	5	试验方法错误扣5分；试验步骤不规范酌情扣分；试验内容缺1项扣3分		
8	继电器校验2-3:频率继电器校验（8.1必做，8.2～8.4、8.7任选两项进行，8.5和8.6任选一项进行）	安全措施到位、仪器仪表使用正确、操作步骤规范、校验结果符合要求	60			
8.1	试验接线	正确	5	接线错误扣5分；不规范接线酌情扣分		
8.2	工作正常级频率整定值校验	试验方法正确，试验步骤规范，试验内容完整	20	试验方法错误扣15分；试验步骤不规范酌情扣分；试验内容缺1项扣10分		
8.3	解除闭锁级频率定值校验	试验方法正确，试验步骤规范，试验内容完整	20	试验方法错误扣15分；试验步骤不规范酌情扣分；试验内容缺1项扣10分		
8.4	欠频动作级频率定值校验	试验方法正确，试验步骤规范，试验内容完整	20	试验方法错误扣15分；试验步骤不规范酌情扣分；试验内容缺1项扣10分		
8.5	延时时间校验	试验方法正确，试验步骤规范，试验内容完整	15	试验方法错误扣10分；试验步骤不规范酌情扣分；试验内容缺1项扣8分		
8.6	返回时间校验	试验方法正确，试验步骤规范，试验内容完整	15	试验方法错误扣10分；试验步骤不规范酌情扣分；试验内容缺1项扣8分		
8.7	滑差闭锁校验	试验方法正确，试验步骤规范，试验内容完整	20	试验方法错误扣15分；试验步骤不规范酌情扣分；试验内容缺1项扣10分		
考试开始时间			考试结束时间		合计	
考生栏	编号：	姓名：	所在岗位：	单位：	日期：	
考评员栏	成绩：	考评员：		考评组长：		

JB402 智能变电站继电保护基本操作

一、操作

(一) 工器具、材料、设备

(1) 工器具：智能数字万用表（输入连接器 FC/SC/ST，支持 IEC 61850－9－1/2、GOOSE 报文发送和接收）1 块，光功率计 1 台，常用电工工具 1 套，函数型计算器 1 块。

(2) 材料：试验线、光纤（ST、FC、LC 口尾纤）、绝缘胶带。

(3) 设备：智能变电站光数字式继电保护装置 1 台。

(二) 安全要求

(1) 防止误入带电间隔。工作前熟悉工作地点、带电设备，相邻运行设备布置运行标识。检查现场安全围栏、警示牌和接地等安全措施。

(2) 试验仪器电源使用。必须使用装有剩余电流保护的电源盘。螺丝刀等工具的金属裸露部分除刀口外都应进行绝缘防护。接（拆）电源，必须在电源开关拉开情况下进行，一人操作，一人监护。临时电源必须使用专用电源，禁止从运行设备上取电源。

(3) 防止继电保护“三误”事故。根据现场实际情况，制订相关安全技术措施，严格执行经批准或许可的安全技术措施。

(4) 直流回路工作。使用具备绝缘防护的工具，试验线严禁裸露，防止误碰金属导体部分。

(5) 插拔插件。防止带电或频繁插拔插件。

(6) 拆动二次线。及时做好记录，并用绝缘胶带对所拆线头实施绝缘包扎。

(7) 失灵启动 GOOSE 出口软压板未退出。检查失灵启动 GOOSE 出口软压板已退出。

(8) 校验中误发信号。必要时，断开相关信号采集装置（中央信号、远动信号、故障录波等）正电源，记录切换把手位置。

(9) 不准在保护室内使用无线通信设备，尤其是对讲机。

(10) 安全措施执行与恢复。严格按照安全作业规程规定执行。

(三) 操作项目

(1) 光纤回路基本检查；

(2) 智能数字万用表的使用。

(四) 操作要求与步骤

1. 操作流程

操作流程如图 JB402－1 所示。

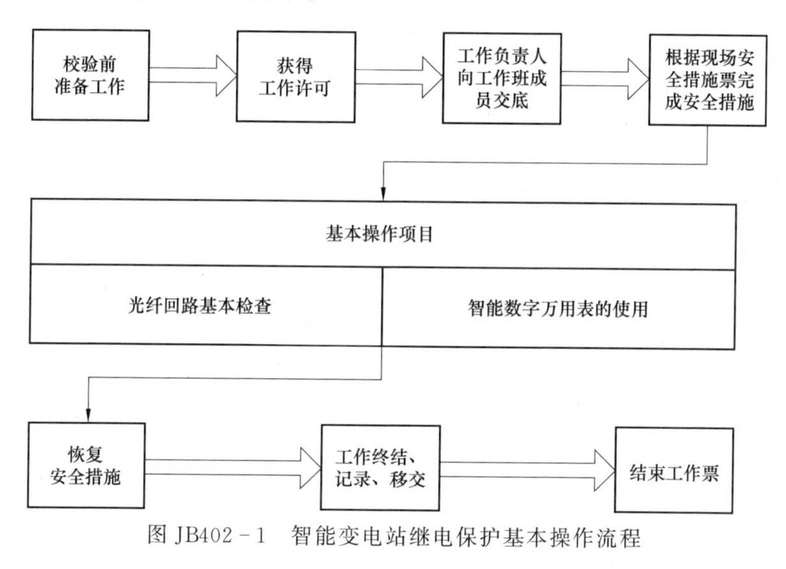

图 JB402－1　智能变电站继电保护基本操作流程

2. 准备工作

(1) 检查设备状况、反措计划执行情况及设备缺陷统计等，并及时提交相关停役申请。

(2) 开工前，及时上报本次工作的材料计划。

(3) 根据基本校验项目，组织作业人员学习作业指导书，使全体作业人员熟悉并明确工作内容、作业标准、工作安排及安全注意事项等。

(4) 开工前，准备好作业所需仪器仪表、工器具及相关材料。仪器仪表和工器具应在检验合格期内。

(5) 准备主要技术资料，包括最新整定通知单、图纸、装置技术说明书、装置使用说明书及相关校验规程等。

(6) 按照相关安全工作规程正确填写工作票。

3. 技术要求

智能数字万用表的使用。使用前，应确保使用对象（如光数字式继电保护装置）相关功能停用或退出，确认智能数字万用表电源适配器输入电源正确，确认选用的光纤试验线接口与智能数字万用表和保护装置接口类型一致。使用智能数字万用表测试光数字式继电保护装置的基本操作要求如下：

1）需将提供的标准 SCD 文件正确转换为智能数字万用表使用的 SCDX 文件，并存储于智能数字万用表中。

2）按照智能数字万用表使用要求正确完成试验接线。

3）在智能数字万用表上选择全站配置文件，设置电压、电流缺省一、二次值及合并单元延时。

4）根据智能数字万用表及光数字式继电保护装置的技术要求，设置 SV 基本参数（包括信号类型、采样值显示方式、采样频率等），选择 SV 发送控制块，并编辑相关通道信息。

5）根据智能数字万用表及光数字式继电保护装置的技术要求，选择 GOOSE 控制块，并编辑相关通道映射信息。

6）设置所需输出的模拟量物理信息，进行发送测试，检查装置采样情况及 GOOSE 状态量接收情况。

二、考核

1. 考核场地

（1）具备上述考核条件的设备和实训场地。

（2）室内温度 5～30℃，湿度＜75％。

（3）具备 DC 110V/220V 电源输出端子。

（4）具备 AC 220V/380V 电源输出端子。

（5）可靠的室内接地端子。

（6）消防器材。

（7）良好的通风和采光照明。

（8）供考评人员使用的评判桌椅和计时工具。

2. 考核时间

（1）考核时间为 40min。

（2）许可作业时记录开始时间，现场清理完毕汇报工作终结，记录考核结束时间。

3. 考核要点

（1）基本操作。

1）仪器及工器具的选用和准备；

2）准备工作的安全措施执行；

3）完成简要校验记录；

4）报告工作终结，提交试验报告；

5）恢复安全措施，清扫场地。

（2）光纤回路基本检查。

1）通信端口信号检查；

2）光纤弯曲半径与外观检查；

3）光纤衰耗值检查。

（3）智能数字万用表的使用。

1）正确接线并转换 SCD 文件；

2）配置测试仪 SV 与 GOOSE 模块；

3）进行发送、接收测试。

4. 考核要求

（1）单人操作，衣着规范，精神状态良好。考生就位后，经考评人员许可后方可开始操作。

（2）校验前及过程中，安全技术措施布置到位。

（3）仪器及工器具选用及使用正确。

（4）校验过程接线正确合理。

（5）校验过程方法正确。

（6）校验过程记录完整有效。记录内容完整，需包括但不限于校验时间、地点、校验人、校验项目、校验方法、校验仪器、接线方式及校验结论，校验结论需与实际情况一致，并能正确反映校验对象的相关状态。

（7）校验完毕后，需及时拆除接线，归还仪器及工器具，并清扫现场。

（8）能够熟练运用办公软件（Microsoft Office、WPS 等）编写电子报告（含表格处理、图形编辑等）。

三、评分参考标准

行业：电力工程　　　　工种：继电保护工　　　　等级：四

编　号	JB402	行为领域	e	鉴定范围	
考核时间	40min	题　型	A	加权题分	50
试题名称	智能变电站继电保护基本操作				
考核要点及其要求	（1）要求单独操作。 （2）现场（或实训室）操作。 （3）通过本测试，考察考生对于智能变电站继电保护基本操作的掌握程度。 （4）按照规范的技能操作完成考评人员规定的操作内容				

续表

工器具、材料、设备	(1) 智能数字万用表（输入连接器 FC/SC/ST，支持 IEC61850－9－1/2、GOOSE 报文发送和接收）1 块。 (2) 光功率计 1 台。 (3) 常用电工工具 1 套。 (4) 函数型计算器 1 块。 (5) 试验线光纤（ST、FC、LC 口尾纤）、绝缘胶带。 (6) 数字化线路保护屏
备注	

评分标准

序号	作业名称	质量要求	分值	扣分标准	扣分原因	得分
1	基本操作	按照规定完成相关操作	20			
1.1	仪器及工器具的选用和准备	正确	2	选用缺项或不正确扣 1 分；准备工作不到位扣 1 分		
1.2	准备工作的安全措施执行	按相关规程执行	10	安全措施未按相关规程执行，酌情扣分		
1.3	完成简要校验记录	内容完整，结论正确	3	内容不完整或结论不正确扣 2 分		
1.4	报告工作终结，提交试验记录		3	该步缺失扣 3 分；未按顺序进行扣 1 分		
1.5	恢复安全措施，清扫场地		2	该步缺失扣 2 分；未按顺序进行扣 1 分		
2	光纤回路基本检查	安全措施到位、仪器仪表使用正确、操作步骤规范、校验结果符合要求	40			
2.1	通信端口信号检查	正确拔插指定的待测光纤，观察其对应的通信接口信号灯是否熄灭或点亮	10	错拔光纤扣 10 分		
2.2	光纤弯曲半径与外观检查	知晓光纤弯曲半径要求与外观检查要求	10	不清楚光纤弯曲半径与外观检查要求酌情扣分		
2.3	光纤衰耗值检查	正确测量待测光纤光衰值	20	测试方式不合理扣 15 分，测试结果偏差过大扣 10 分，不清楚光衰值标准扣 10 分		

续表

<table>
<tr><td colspan="7">评分标准</td></tr>
<tr><td>序号</td><td>作业名称</td><td>质量要求</td><td>分值</td><td>扣分标准</td><td>扣分原因</td><td>得分</td></tr>
<tr><td>3</td><td>智能数字万用表的使用</td><td>安全措施到位、仪器仪表使用正确、操作步骤规范、校验结果符合要求</td><td>40</td><td></td><td></td><td></td></tr>
<tr><td>3.1</td><td>正确接线并转换SCD文件</td><td>接线正确，SCD文件转换正确</td><td>10</td><td>接线不正确扣5分，未转换SCD文件扣5分</td><td></td><td></td></tr>
<tr><td>3.2</td><td>配置测试仪SV与GOOSE模块</td><td>SV配置正确，GOOSE配置正确</td><td>10</td><td>SV配置不正确扣5分，GOOSE配置不正确扣5分</td><td></td><td></td></tr>
<tr><td>3.3</td><td>进行发送、接收测试</td><td>智能数字万用表及待测装置发送、接收报文正确</td><td>20</td><td>报文接收异常扣10分，报文发送错误扣10分</td><td></td><td></td></tr>
<tr><td colspan="2">考试开始时间</td><td></td><td>考试结束时间</td><td></td><td>合计</td><td></td></tr>
<tr><td colspan="2">考生栏</td><td colspan="5">编号：　姓名：　所在岗位：　单位：　日期：</td></tr>
<tr><td colspan="2">考评员栏</td><td colspan="5">成绩：　考评员：　考评组长：</td></tr>
</table>

JB403 110kV及以下电容电抗器保护装置功能校验

一、操作

(一) 工器具、材料、设备

(1) 工器具：微机型继电保护测试仪1台，绝缘电阻表500、1000V各1块，数字万用表1块，常用电工工具1套，函数型计算器1块。

(2) 材料：试验线、绝缘胶带。

(3) 设备：微机电容电抗器保护屏。

(二) 安全要求

(1) 防止误入带电间隔。工作前熟悉工作地点、带电设备，相邻运行设备布置运行标识。检查现场安全围栏、警示牌和接地等安全措施。

(2) 试验仪器电源使用。必须使用装有剩余电流保护的电源盘。螺丝刀等工具的金属裸露部分除刀口外都应进行绝缘防护。接（拆）电源，必须在电源开关拉开情况下进行，一人操作，一人监护。临时电源必须使用专用电源，禁止从运行设备上取电源。

(3) 防止继电保护“三误”事故。根据现场实际情况，制订相关安全技术措施，严格执行批准或许可的安全技术措施。

(4) 直流回路工作。使用具备绝缘防护的工具，试验线严禁裸露，防止误碰金属导体部分。

(5) 插拔插件。防止带电或频繁插拔插件。

(6) 装置试验电流接入。短接交流电流外侧电缆，确认可靠短接后，方可断开交流电流连接片。必要时，在端子箱处将相应端子用绝缘胶带实施封闭。

(7) 装置试验电压接入。断开交流二次电压引入回路，通过拆线进行隔离的，需用绝缘胶带对所拆线头实施绝缘包扎。

(8) 拆动二次线。及时做好记录，并用绝缘胶带对所拆线头实施绝缘包扎。

(9) 校验中误发信号。必要时，断开相关信号采集装置（中央信号、远动信号、故障录波等）正电源，记录切换把手位置。

(10) 不准在保护室内使用无线通信设备，尤其是对讲机。

(11) 安全措施执行与恢复。严格按照安全作业规程规定执行。

(三) 操作项目

(1) 电容器微机保护装置：

1) 相间过电流保护校验；

2) 过电压保护校验；

3) 欠电压保护校验；

4) 不平衡保护校验；

5) 零序过电流保护校验；

6) TV 断线功能检查。

(2) 电抗器微机保护装置：

1) 差动保护校验；

2) 定时限过电流保护校验；

3) 反时限过电流保护校验；

4) 零序过电流保护校验；

5) 过负荷保护校验；

6) 非电量保护功能校验。

(四) 操作要求与步骤

1. 操作流程

操作流程分别如图 JB403-1、图 JB403-2 所示。

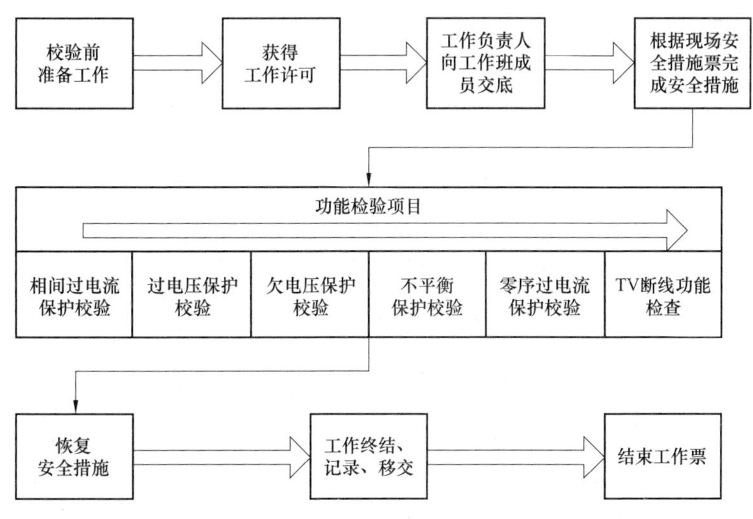

图 JB403-1　电容器保护装置功能校验操作流程

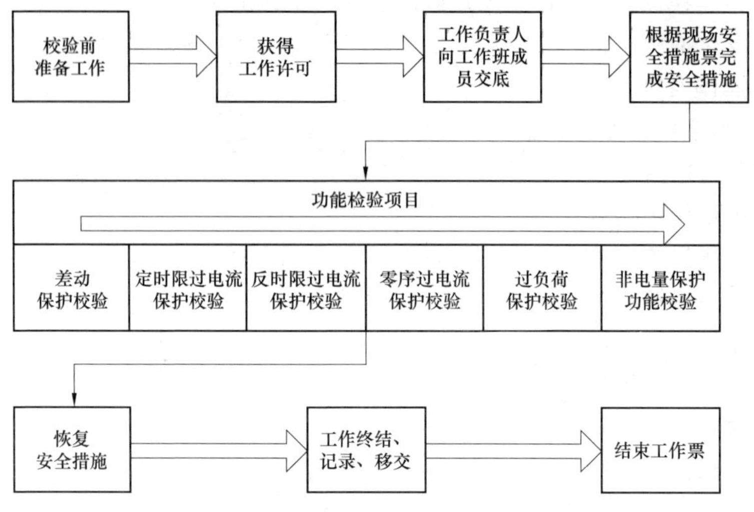

图 JB403-2　电抗器保护装置功能校验操作流程

2. 准备工作

(1) 检查电容器/电抗器保护装置状况、反措计划执行情况及设备缺陷统计等，并及时提交相关停役申请。

(2) 开工前，及时上报本次工作的材料计划。

(3) 根据功能校验项目，组织作业人员学习作业指导书，使全体作业人员熟悉并明确工作内容、作业标准、工作安排及安全注意事项等。

(4) 开工前，准备好作业所需仪器仪表、工器具及相关材料。仪器仪表和工器具应在检验合格期内。

(5) 准备主要技术资料，包括最新整定通知单、图纸、装置技术说明书、装置使用说明书及相关校验规程等。

(6) 按照相关安全工作规程正确填写工作票。

3. 技术要求

(1) 电容器保护装置功能校验—相间过电流保护校验。校验前要求正确投入保护功能，定值核对正确，压板投退正确。施加故障电流，模拟相间故障。模拟故障量为 0.95 倍定值时，保护应可靠不动作；故障量为 1.05 倍定值时，保护应可靠动作；需在故障量为 1.2 倍定值时测量保护的动作时间。检查装置显示的动作信息是否正确、指示灯告警是否正确、动作时间是否满足技术要求。试验要求实测动作时间与设置定值误差应不大于 30ms，显示或打印出的保护动作时间与测试时间相比误差不大于±5ms。保护动作测量接点不宜取用信号量。

(2) 电容器保护装置功能校验——过电压保护校验。校验前要求正确投入保护功能，定值核对正确，压板投退正确。模拟断路器在合位，施加三相对称故障电压。模拟故障量为0.95倍定值时，保护应可靠不动作；故障量为1.05倍定值时，保护应可靠动作；需在故障量为1.2倍定值时测量保护的动作时间。检查装置显示的动作信息是否正确、指示灯告警是否正确、动作时间是否满足技术要求。试验要求实测动作时间与设置定值误差应不大于30ms，显示或打印出的保护动作时间与测试时间相比误差不大于±5ms。保护动作测量接点不宜取用信号量。

(3) 电容器保护装置功能校验——欠压保护校验。校验前要求正确投入保护功能，定值核对正确，压板投退正确。模拟断路器在合位，施加三相对称故障电压。模拟故障量为0.95倍定值时，保护应可靠动作；故障量为1.05倍定值时，保护应可靠不动作；需在故障量为0.7倍定值时测量保护的动作时间。检查装置显示的动作信息是否正确、指示灯告警是否正确、动作时间是否满足技术要求。试验要求实测动作时间与设置定值误差应不大于30ms，显示或打印出的保护动作时间与测试时间相比误差不大于±5ms。保护动作测量接点不宜取用信号量。

(4) 电容器保护装置功能校验—不平衡保护校验。校验前要求正确投入保护功能，定值核对正确，压板投退正确。模拟断路器在合位，施加三相不平衡故障电压（电流）。模拟故障量为0.95倍定值时，保护应可靠不动作；故障量为1.05倍定值时，保护应可靠动作；需在故障量为1.2倍定值时测量保护的动作时间。检查装置显示的动作信息是否正确、指示灯告警是否正确、动作时间是否满足技术要求。试验要求实测动作时间与设置定值误差应不大于30ms，显示或打印出的保护动作时间与测试时间相比误差不大于±5ms。保护动作测量接点不宜取用信号量。

(5) 电容器保护装置功能校验——零序过电流保护校验。校验前要求正确投入保护功能，定值核对正确，压板投退正确。施加故障电流，模拟单相接地故障，三相需分别进行。模拟故障量为0.95倍定值时，保护应可靠不动作；故障量为1.05倍定值时，保护应可靠动作；需在故障量为1.2倍定值时测量保护的动作时间。检查装置显示的动作信息是否正确、指示灯告警是否正确、动作时间是否满足技术要求。试验要求实测动作时间与设置定值误差应不大于30ms，显示或打印出的保护动作时间与测试时间相比误差不大于±5ms。保护动作测量接点不宜取用信号量。

(6) 电容器保护装置功能校验——TV断线功能检查。施加异常电压，满足TV断线判定条件，单相和两相断线需分别模拟，告警功能和闭锁功能需分别检验。检查装置显示的动作信息是否正确、指示灯告警是否正确、动作时间是否满足技术要求。试验要求实测动作时间与设置定值误差应不大于30ms，显示或打印出的保护动作时间与测试时间相比误差不大于±5ms。保护动作测量接点不宜取用信号量。

(7) 电抗器保护装置功能校验——差动保护校验。

1) 差动速断保护校验。校验前要求正确投入保护功能，定值核对正确，压板投退正确。分别施加首末端开关电流，分别模拟单相故障。模拟故障量为 0.95 倍定值时，保护应可靠不动作；故障量为 1.05 倍定值时，保护应可靠动作；需在故障量为 1.2 倍定值时测量保护的动作时间。检查装置显示的动作信息是否正确、指示灯告警是否正确、动作时间是否满足技术要求。试验要求实测动作时间应不大于 30ms，显示或打印出的保护动作时间与测试时间相比误差不大于±5ms。保护动作测量接点不宜取用信号量。

2) 比率差动保护校验。校验前要求正确投入保护功能，定值核对正确，压板投退正确。同极性串接施加首末端开关电流，分别模拟单相故障。模拟故障量为 0.95 倍定值时，保护应可靠不动作；故障量为 1.05 倍定值时，保护应可靠动作；需在故障量为 1.2 倍定值时测量保护的动作时间。检查装置显示的动作信息是否正确、指示灯告警是否正确、动作时间是否满足技术要求。试验要求实测动作时间应不大于 30ms，显示或打印出的保护动作时间与测试时间相比误差不大于±5ms。保护动作测量接点不宜取用信号量。

3) 比率制动特性校验。校验前要求正确投入保护功能，定值核对正确，压板投退正确。在首末端任一同名相同时加入极性相反电流（注意负荷电流与差流的关系），使差流为零，逐渐减小一端电流，直至保护动作。根据动作电流验证比率制动特性，检查装置显示的动作信息是否正确、指示灯告警是否正确。

(8) 电抗器保护装置功能校验——过电流保护校验（过负荷保护校验类似）。校验前要求正确投入保护功能，定值核对正确，压板投退正确。首端施加故障电流，模拟过电流故障。模拟故障量为 0.95 倍定值时，保护应可靠不动作；故障量为 1.05 倍定值时，保护应可靠动作；需在故障量为 1.2 倍定值时测量保护的动作时间。检查装置显示的动作信息是否正确、指示灯告警是否正确、动作时间是否满足技术要求。试验要求实测动作时间与设置定值误差应不大于 30ms，显示或打印出的保护动作时间与测试时间相比误差不大于±5ms。保护动作测量接点不宜取用信号量。

进行反时限过电流保护校验时，可不进行 0.95、1.05、1.2 倍定值试验，需根据反时限动作公式，预设 3～5 点电流幅值与动作时间进行校验。

(9) 电抗器保护装置功能校验——零序过电流保护校验（类似电容器保护装置零序过电流保护）。

(10) 电抗器保护装置功能校验——非电量保护功能校验。校验前要求正确投入保护功能，定值核对正确，压板投退正确。模拟电抗器各非电量保护信号输入至保护装置，相关保护功能应可靠动作。检查装置显示的动作信息是否正确、指示灯告警是否正确、动作时间是否满足技术要求。试验要求实测动作时间与设置定值误差应不大于 30ms，显示或打印出的保护动作时间与测试时间相比，误差不大于±5ms。保护动作测量接点不宜取用信号量。

二、考核

1. 考核场地

(1) 具备上述考核条件的设备和实训场地。

(2) 室内温度 5～30℃，湿度<75%。

(3) 具备 DC 110V/220V 电源输出端子。

(4) 具备 AC 220V/380V 电源输出端子。

(5) 可靠的室内接地端子。

(6) 消防器材。

(7) 良好的通风和采光照明。

(8) 供考评人员使用的评判桌椅和计时工具。

2. 考核时间

(1) 考核时间为 60min。

(2) 许可作业时记录开始时间，现场清理完毕汇报工作终结，记录考核结束时间。

3. 考核要点

(1) 基本操作。

1) 仪器及工器具的选用和准备；

2) 准备工作的安全措施执行；

3) 完成简要校验记录；

4) 报告工作终结，提交试验报告；

5) 恢复安全措施，清扫场地。

(2) 装置基本校验 1（模拟 CA 相间故障进行电容器保护装置相间过电流保护校验）。

1) 固定为电容器保护装置功能校验；

2) 指定保护功能；

3) 指定模拟故障类型（具体至相别）。

(3) 装置基本校验 2（模拟 B 相接地故障进行电抗器保护装置零序过电流保护校验）。

1) 固定为电抗器保护装置功能校验；

2) 指定保护功能；

3）指定模拟故障类型（具体至相别）。

4. 考核要求

（1）单人操作，衣着规范，精神状态良好。考生就位后，经考评人员许可后方可开始操作。

（2）校验前及过程中，安全技术措施布置到位。

（3）仪器及工器具选用及使用正确。

（4）校验过程接线正确合理。

（5）校验过程方法正确。

（6）校验过程记录完整有效。记录内容完整，需包括但不限于校验时间、地点、校验人、校验项目、校验方法、校验仪器、接线方式及校验结论，校验结论需与实际情况一致，并能正确反映校验对象的相关状态。

（7）校验完毕后，需及时拆除接线，归还仪器及工器具，并清扫现场。

（8）能够熟练运用办公软件（Microsoft Office、WPS 等）编写电子报告（含表格处理、图形编辑等）。

三、评分参考标准

行业：电力工程　　　　工种：继电保护工　　　　等级：四

<table>
<tr><td>编　　号</td><td>JB403</td><td>行为领域</td><td>e</td><td>鉴定范围</td><td></td></tr>
<tr><td>考核时间</td><td>60min</td><td>题　　型</td><td>A</td><td>题　　分</td><td>50</td></tr>
<tr><td>试题正文</td><td colspan="5">110kV 及以下电容电抗器保护装置功能校验</td></tr>
<tr><td>考核要点
及其要求</td><td colspan="5">（1）要求单独操作。
（2）现场（或实训室）操作。
（3）通过本测试，考察考生对于电容电抗器保护装置功能校验的掌握程度。
（4）按照规范的技能操作完成考评人员规定的操作内容</td></tr>
<tr><td>工器具、材料、
设备</td><td colspan="5">（1）微机型继电保护测试仪 1 台。
（2）绝缘电阻表 500、1000V 规格各 1 块。
（3）数字万用表 1 块。
（4）常用电工工具 1 套。
（5）函数型计算器 1 块。
（6）试验线、绝缘胶带。
（7）微机电容电抗器保护屏</td></tr>
<tr><td>备注</td><td colspan="5"></td></tr>
</table>

<table>
<tr><td colspan="7">评分标准</td></tr>
<tr><td>序号</td><td>作业名称</td><td>质量要求</td><td>分值</td><td>扣分标准</td><td>扣分
原因</td><td>得分</td></tr>
<tr><td>1</td><td>基本操作</td><td>按照规定完成相关操作</td><td>20</td><td></td><td></td><td></td></tr>
</table>

续表

评分标准						
序号	作业名称	质量要求	分值	扣分标准	扣分原因	得分
1.1	仪器及工器具的选用和准备	正确	2	选用缺项或不正确扣1分；准备工作不到位扣1分		
1.2	准备工作的安全措施执行	按相关规程执行	10	安全措施未按相关规程执行，酌情扣分		
1.3	完成简要校验记录	内容完整，结论正确	3	内容不完整或结论不正确扣2分		
1.4	报告工作终结，提交试验报告		3	该步缺失扣3分；未按顺序进行扣1分		
1.5	恢复安全措施，清扫场地		2	该步缺失扣2分；未按顺序进行扣1分		
2	装置功能校验1	安全措施到位、仪器仪表使用正确、操作步骤规范、校验结果符合要求	40			
2.1	控制字整定正确	按保护动作的需要整定正确	5	整定漏项或错误扣5分		
2.2	软硬压板投退正确	按保护动作的需要整定正确	5	压板投退漏项或错误扣5分		
2.3	保护动作校验	故障模拟正确，状态信息检查正确	20	故障模拟错误扣15分，状态信息检查错误扣5分		
2.4	动作时间校验	正确	10	时间校验错误扣10分		
3	装置功能校验2	安全措施到位、仪器仪表使用正确、操作步骤规范、校验结果符合要求	40			
3.1	控制字整定正确	按保护动作的需要整定正确	5	整定漏项或错误扣5分		
3.2	软硬压板投退正确	按保护动作的需要整定正确	5	压板投退漏项或错误扣5分		
3.3	保护动作校验	故障模拟正确，状态信息检查正确	20	故障模拟错误扣15分，状态信息检查错误扣5分		

续表

<table>
<tr><td colspan="9">评分标准</td></tr>
<tr><td>序号</td><td>作业名称</td><td>质量要求</td><td>分值</td><td colspan="3">扣分标准</td><td>扣分原因</td><td>得分</td></tr>
<tr><td>3.4</td><td>动作时间校验</td><td>正确</td><td>10</td><td colspan="3">时间校验错误扣10分</td><td></td><td></td></tr>
<tr><td colspan="2">考试开始时间</td><td></td><td colspan="2">考试结束时间</td><td colspan="2"></td><td>合计</td><td></td></tr>
<tr><td colspan="2">考生栏</td><td colspan="7">编号：　　姓名：　　所在岗位：　　单位：　　日期：</td></tr>
<tr><td colspan="2">考评员栏</td><td colspan="7">成绩：　　考评员：　　考评组长：</td></tr>
</table>

JB404 自动同期检定装置逻辑功能检验

一、操作

（一）工器具、材料、设备

（1）工器具：微机型继电保护测试仪1台，数字万用表1块，常用电工工具1套，函数型计算器1块。

（2）材料：试验线、绝缘胶带。

（3）设备：自动同期检定装置屏。

（二）安全要求

（1）防止误入带电间隔。工作前熟悉工作地点、带电设备，相邻运行设备布置运行标识。检查现场安全围栏、警示牌和接地等安全措施。

（2）试验仪器电源使用。必须使用装有漏电保护的电源盘。螺丝刀等工具的金属裸露部分除刀口外都应进行绝缘防护。接（拆）电源，必须在电源开关拉开情况下进行，一人操作，一人监护。临时电源必须使用专用电源，禁止从运行设备上取电源。

（3）直流回路工作。使用具备绝缘防护的工具，试验线严禁裸露，防止误碰金属导体部分。

（4）带电（频繁）插拔插件。防止带电或频繁插拔插件。

（5）装置试验电压接入。断开交流二次电压引入回路，并用绝缘胶带对所拆线头实施绝缘包扎。

（6）拆动二次线。及时做好记录，并用绝缘胶带对所拆线头实施绝缘包扎。

（7）校验中误发信号。必要时，断开相关信号采集装置（中央信号、远动信号、故障录波等）正电源，记录切换把手位置。

（8）控制、调节回路误动作。断开断路器合闸及调压调频二次回路，并用绝缘胶带对所拆线头实施绝缘包扎。

（9）不准在保护室内使用无线通信设备，尤其是对讲机。

（10）安全措施执行与恢复。严格按照安全作业规程规定执行。

(三) 操作项目

(1) 装置上电功能测试；

(2) 调压、调速功能测试；

(3) 压差、频差功能测试。

(四) 操作要求与步骤

1. 操作流程

操作流程如图 JB404－1 所示。

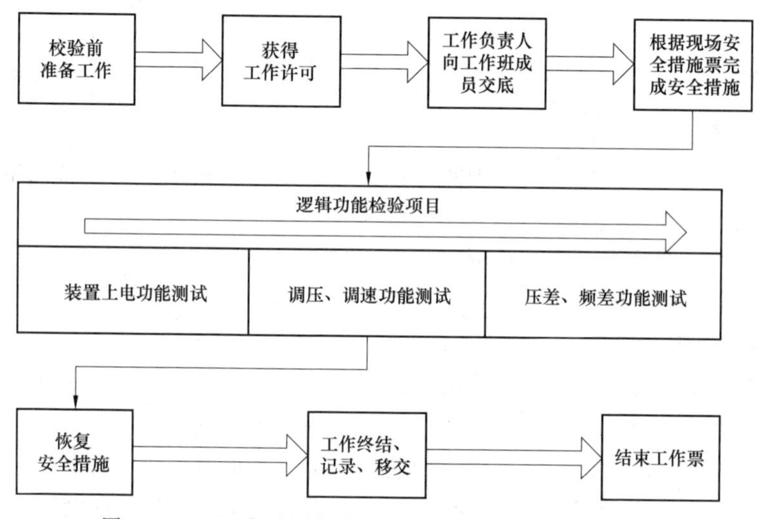

图 JB404－1　自动同期检定装置逻辑功能检验操作流程

2. 准备工作

(1) 检查自动同期检定装置状况、反措计划执行情况及设备缺陷统计等，并及时提交相关停役申请。

(2) 开工前，及时上报本次工作的材料计划。

(3) 根据逻辑功能校验项目，组织作业人员学习作业指导书，使全体作业人员熟悉并明确工作内容、作业标准、工作安排及安全注意事项等。

(4) 开工前，准备好作业所需仪器仪表、工器具及相关材料。仪器仪表和工器具应在检验合格期内。

(5) 准备主要技术资料，包括最新整定通知单、图纸、装置技术说明书、装置使用说明书及相关校验规程等。

(6) 按照相关安全工作规程正确填写工作票。

3. 技术要求

(1) 装置上电功能测试。检查自动准同期、手动同期和同期试验 3 种方式下自动同期检定装置的上电功能。

1）自动准同期方式上电测试。打开装置直流、交流电源开关，检查直流、交流电源输入端子的直流、交流电源电压是否正常。监控后台发“自动同期投入”指令或手动短接相应的信号接点，检查自动准同期装置、微机同步表是否正常上电。再利用监控后台发“自动同期退出”指令或手动短接相应的信号接点，检查自动准同期装置、微机同步表应能正确断电。

2）手动同期方式上电测试。打开装置直流、交流电源开关，检查直流、交流电源输入端子的直流、交流电源电压是否正常。将手动同期转换开关置“投入”位，监控后台发“手动同期投入”指令或手动短接相应的信号接点，检查微机同步表是否正常上电。再将手动同期转换开关置“退出”位，检查微机同步表应能正确断电。

3）同期试验方式上电测试。打开装置直流、交流电源开关，检查直流、交流电源输入端子的直流、交流电源电压是否正常。将同期试验转换开关置“投入”位，后台发“同期试验投入”指令或手动短接相应的信号接点，检查自动准同期装置、微机同步表是否正常上电。再将同期试验转换开关转至“退出”位，检查自动同期装置和微机同步表应能正确断电。

（2）调速、调压功能测试。检查自动同期检定装置调试、调压功能，给同期装置输入同相位的待并侧电压和系统侧电压，改变电压的幅值、频率模拟调速、调压功能所需条件，测试调速及调压功能工作情况。

1）加速功能测试。同期装置施加系统侧电压及待并侧电压，使电压幅值、相位满足合闸条件，而待并侧频率低于系统侧频率，差值超过同期允许频差，不满足同期合闸条件。这时进行合闸，检查同期装置是否发增速命令，检查加速信号出口是否正常。

2）减速功能测试。同期装置施加系统侧电压及待并侧电压，使电压幅值、相位满足合闸条件，而待并侧频率高于系统侧频率，差值超过同期允许频差，不满足同期合闸条件。这时进行合闸，检查同期装置是否发增速命令，检查减速信号出口是否正常。

3）升压功能测试。同期装置施加系统侧电压及待并侧电压，使电压相位、频率满足条件，而待并侧电压幅值低于系统侧电压幅值，不满足同期合闸条件。这时进行合闸，同期装置发增磁命令，检查升压信号出口是否正常。

4）降压功能测试。给同期装置施加系统侧电压及待并侧电压，使电压相位、频率满足条件，而待并侧电压幅值高于系统侧电压幅值，不满足同期合闸条件。这时进行合闸，同期装置发减磁命令，检查降压信号出口是否正常。

（3）压差、频差功能测试。

1）压差功能测试。同期装置施加系统侧电压及待并侧电压，使系统侧电压及待并侧电压相位、频率满足条件，固定系统侧电压，调整待并侧电压，使差值不满足合闸压差条件。这时进行合闸，检查自动同期检定装置显示，缓慢调整待并侧电压，记录满足合闸条件时的压差值，检查是否符合定值要求。

2）频差功能测试。同期装置施加系统侧电压及待并侧电压，使系统侧电压及待并侧电压相位、电压幅值满足条件，固定系统侧电压频率，调整待并侧电压频率，使频差不满足合闸条件。这时进行合闸，检查自动同期检定装置显示，缓慢改变待并侧频率，记录满足合闸条件时的频差值，检查是否符合定值要求。

二、考核

1．考核场地

（1）具备上述考核条件的设备和实训场地。

（2）室内温度5～30℃，湿度＜75％。

（3）具备DC 110V/220V电源输出端子。

（4）具备AC 220V/380V电源输出端子。

（5）可靠的室内接地端子。

（6）消防器材。

（7）良好的通风和采光照明。

（8）供考评人员使用的评判桌椅和计时工具。

2．考核时间

（1）考核时间为60min。

（2）许可作业时记录开始时间，现场清理完毕汇报工作终结，记录考核结束时间。

3．考核要点

（1）基本操作。

1）仪器及工器具的选用和准备；

2）准备工作的安全措施执行；

3）完成简要校验记录；

4）报告工作终结，提交试验记录；

5）恢复安全措施，清扫场地。

（2）装置功能校验1。

1）固定为装置上电测试；

2）需指定2种上电方式进行考察。

(3) 装置功能校验 2。

1) 调压、调速功能测试与压差、频差功能测试任选一项进行;

2) 需指定具体的测试内容。

4. 考核要求

(1) 单人操作,衣着规范,精神状态良好。考生就位后,经考评人员许可后方可开始操作。

(2) 校验前及过程中,安全技术措施布置到位。

(3) 仪器及工器具选用及使用正确。

(4) 校验过程接线正确合理。

(5) 校验过程方法正确。

(6) 校验过程记录完整有效。记录内容完整,需包括但不限于校验时间、地点、校验人、校验项目、校验方法、校验仪器、接线方式及校验结论,校验结论需与实际情况一致,并能正确反映校验对象的相关状态。

(7) 校验完毕后,需及时拆除接线,归还仪器及工器具,并清扫现场。

(8) 能够熟练运用办公软件(Microsoft Office、WPS 等)编写电子报告(含表格处理、图形编辑等)。

三、评分参考标准

行业:电力工程　　　　工种:继电保护工　　　　等级:四

编　　号	JB404	行为领域	e	鉴定范围	
考核时间	60min	题　　型	A	加权题分	50
试题名称	自动同期检定装置逻辑功能检验				
考核要点及其要求	(1) 要求单独操作。 (2) 现场(或实训室)操作。 (3) 通过本测试,考察考生对于自动同期检定装置逻辑功能检验的掌握程度。 (4) 按照规范的技能操作完成考评人员规定的操作内容				
工器具、材料、设备	(1) 微机型继电保护测试仪 1 台。 (2) 数字万用表 1 块。 (3) 常用电工工具 1 套。 (4) 函数型计算器 1 块。 (5) 试验线、绝缘胶带。 (6) 自动同期检定装置屏				
备注	以下序号 2~4 项,考试人员只考 2 项,上述选项由考评人员考前确定,确定后不得更改				

续表

评分标准						
序号	作业名称	质量要求	分值	扣分标准	扣分原因	得分
1	基本操作	按照规定完成相关操作	20			
1.1	仪器及工器具的选用和准备	正确	2	选用缺项或不正确扣1分；准备工作不到位扣1分		
1.2	准备工作的安全措施执行	按相关规程执行	10	安全措施未按相关规程执行，酌情扣分		
1.3	完成简要校验记录	内容完整，结论正确	3	内容不完整或结论不正确扣2分		
1.4	报告工作终结，提交试验报告		3	该步缺失扣3分；未按顺序进行扣1分		
1.5	恢复安全措施，清扫场地		2	该步缺失扣2分；未按顺序进行扣1分		
2	装置功能校验1：上电测试（指定2项进行）	安全措施到位、仪器仪表使用正确、操作步骤规范、校验结果符合要求	40			
2.1	自动准同期上电测试	电源检查正确、上电操作正确、功能正确上电	20	上电操作错误扣15分，功能测试结果错误扣10分，检查项目不完整酌情扣分		
2.2	手动同期上电测试	电源检查正确、上电操作正确、功能正确上电	20	上电操作错误扣15分，功能测试结果错误扣10分，检查项目不完整酌情扣分		
2.3	同期试验上电测试	电源检查正确、上电操作正确、功能正确上电	20	上电操作错误扣15分，功能测试结果错误扣10分，检查项目不完整酌情扣分		
3	装置功能校验2：调压、调速功能测试（3.1、3.2指定1项进行，3.3、3.4指定1项进行）	安全措施到位、仪器仪表使用正确、操作步骤规范、校验结果符合要求	40			

续表

评分标准						
序号	作业名称	质量要求	分值	扣分标准	扣分原因	得分
3.1	加速功能测试	施加模拟量正确，操作正确，结果正确	20	加量错误或操作错误扣10分，功能结果错误扣10分		
3.2	减速功能测试	施加模拟量正确，操作正确，结果正确	20	加量错误或操作错误扣10分，功能结果错误扣10分		
3.3	升压功能测试	施加模拟量正确，操作正确，结果正确	20	加量错误或操作错误扣10分，功能结果错误扣10分		
3.4	降压功能测试	施加模拟量正确，操作正确，结果正确	20	加量错误或操作错误扣10分，功能结果错误扣10分		
4	装置功能校验2：压差、频差功能测试	安全措施到位、仪器仪表使用正确、操作步骤规范、校验结果符合要求	40			
4.1	压差功能测试	模拟量施加正确，测量方式正确，定值校验结果符合要求	20	加量错误或操作方式错误扣15分，定值校验结果错误扣10分		
4.2	频差功能测试	模拟量施加正确，测量方式正确，定值校验结果符合要求	20	加量错误或操作方式错误扣15分，定值校验结果错误扣10分		
考试开始时间			考试结束时间		合计	
考生栏	编号：	姓名：	所在岗位：	单位：	日期：	
考评员栏	成绩：	考评员：		考评组长：		

JB405 厂用电切换装置逻辑功能检验

一、操作

（一）工器具、材料、设备

（1）工器具：微机型继电保护测试仪 1 台，绝缘电阻表 500、1000V 各 1 块，数字万用表 1 块，模拟断路器（分相）2 台，常用电工工具 1 套，函数型计算器 1 块。

（2）材料：试验线、绝缘胶带。

（3）设备：厂用电切换屏。

（二）安全要求

（1）防止误入带电间隔。工作前熟悉工作地点、带电设备，相邻运行设备布置运行标识。检查现场安全围栏、警示牌和接地等安全措施。

（2）试验仪器电源使用。必须使用装有漏电保护的电源盘。螺丝刀等工具的金属裸露部分除刀口外都应进行绝缘防护。接（拆）电源，必须在电源开关拉开情况下进行，一人操作，一人监护。临时电源必须使用专用电源，禁止从运行设备上取电源。

（3）直流回路工作。使用具备绝缘防护的工具，试验线严禁裸露，防止误碰金属导体部分。

（4）插拔插件。防止带电或频繁插拔插件。

（5）装置试验电压接入。断开交流二次电压引入回路，并用绝缘胶带对所拆线头实施绝缘包扎。

（6）拆动二次线。及时做好记录，并用绝缘胶带对所拆线头实施绝缘包扎。

（7）校验中误发信号。必要时，断开相关信号采集装置（中央信号、远动信号、故障录波等）正电源，记录切换把手位置。

（8）控制、调节回路误动作。断开断路器合闸及调压调频二次回路，并用绝缘胶带对所拆线头实施绝缘包扎。

（9）不准在保护室内使用无线通信设备，尤其是对讲机。

（10）安全措施执行与恢复。严格按照安全作业规程规定执行。

（三）操作项目

（1）切换方式功能测试；

（2）启动方式功能测试；

（3）切换逻辑功能测试。

（四）操作要求与步骤

1. 操作流程

操作流程如图 JB405－1 所示。

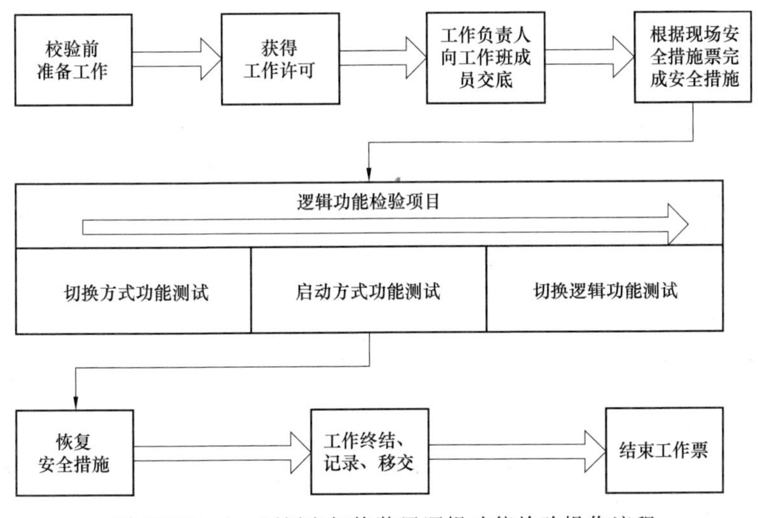

图 JB405－1　厂用电切换装置逻辑功能检验操作流程

2. 准备工作

（1）检查厂用电切换装置状况、反措计划执行情况及设备缺陷统计等，并及时提交相关停役申请。

（2）开工前，及时上报本次工作的材料计划。

（3）根据逻辑功能校验项目，组织作业人员学习作业指导书，使全体作业人员熟悉并明确工作内容、作业标准、工作安排及安全注意事项等。

（4）开工前，准备好作业所需仪器仪表、工器具及相关材料。仪器仪表和工器具应在检验合格期内。

（5）准备主要技术资料，包括最新整定通知单、图纸、装置技术说明书、装置使用说明书及相关校验规程等。

（6）按照相关安全工作规程正确填写工作票。

3. 技术要求

（1）切换方式功能测试。检查厂用电快切装置选择切换方式为并联、串联和同时切换时的工作情况。

1）并联自动切换。切换方式设置为并联。模拟工作母线正常有压，工作进线和备用进线均正常有压，利用模拟断路器使工作进线开关置合位，备用进线开关置分位。利用监控后台或装置手动启动切换测试，检查测试结果是否正常。必要时检查切换条件不满足时，装置工作的情况。

2）串联自动切换。切换方式设置为串联。模拟工作母线正常有压，工作进线和备用进线均正常有压，利用模拟断路器使工作进线开关置合位，备用进线开关置分位。利用监控后台或装置手动启动切换测试，检查测试结果是否正常。必要时检查切换条件不满足时，装置工作的情况。

3）同时自动切换。切换方式设置为同时。模拟工作母线正常有压，工作进线和备用进线均正常有压，利用模拟断路器使工作进线开关置合位，备用进线开关置分位。利用监控后台或装置手动启动切换测试，检查测试结果是否正常。必要时检查切换条件不满足时，装置工作的情况。

（2）启动方式功能测试。检查厂用电快切装置启动方式为手动、异常工况和事故时的工作情况。

1）手动启动切换方式。切换方式任意设置。模拟工作母线正常有压，工作进线和备用进线均正常有压，利用模拟断路器使工作进线开关置合位，备用进线开关置分位。利用监控后台或装置手动启动切换测试，检查测试结果是否正常。必要时检查切换条件不满足时，装置工作的情况。

2）异常工况启动切换方式。切换方式任意设置。模拟工作母线正常有压，工作进线和备用进线均正常有压，利用模拟断路器使工作进线开关置合位，备用进线开关置分位。分别利用母线低压和工作电源开关偷跳启动切换测试，检查测试结果是否正常。必要时检查切换条件不满足时，装置工作的情况。

3）事故启动切换方式。切换方式任意设置。模拟工作母线正常有压，工作进线和备用进线均正常有压，利用模拟断路器使工作进线开关置合位，备用进线开关置分位。利用保护外部动作信号启动切换测试，检查测试结果是否正常。必要时检查切换条件不满足时，装置工作的情况。

（3）切换逻辑功能测试。

1）快速切换测试。检测母线有压，退出残压切换、同期切换和长延时切换压板，投入快速切换压板，使工作电源和备用电源电压幅值、相位及频差符合快速切换定值，任选一种启动方式进行厂用电切换，检测厂用电切换装置快速切换的逻辑功能。

2）同期切换测试。检测母线有压，退出快速切换、残压切换和长延时切换连接片，投入同期切换连接片，使工作电源和备用电源频差符合同期切换定值，任选一种启动方式进行厂用电切换，检测厂用电切换装置同期切换的逻辑功能。

3）残压切换测试。检测母线有压，退出快速切换、同期切换和长延时切换连接片，投入残压切换连接片，工作、备用电源均正常，通过降低母线 TV 电压低于残压切换定值模拟残压切换，检测厂用电切换装置残压切换的逻辑功能。

4）长延时切换测试。检测母线有压，工作、备用电源均正常，投入快速切换、同期切换、残压切换连接片和长延时切换连接片，使工作、备用电源不满足快速、同期、残压切换条件，任选一种启动方式进行厂用电切换，检测厂用电切换装置长延时切换的逻辑功能。

二、考核

1．考核场地

（1）具备上述考核条件的设备和实训场地。

（2）室内温度 5～30℃，湿度＜75％。

（3）具备 DC 110V/220V 电源输出端子。

（4）具备 AC 220V/380V 电源输出端子。

（5）可靠的室内接地端子。

（6）消防器材。

（7）良好的通风和采光照明。

（8）供考评人员使用的评判桌椅和计时工具。

2．考核时间

（1）考核时间为 60min。

（2）许可作业时记录开始时间，现场清理完毕汇报工作终结，记录考核结束时间。

3．考核要点

（1）基本操作。

1）仪器及工器具的选用和准备；

2）准备工作的安全措施执行；

3）完成简要校验记录；

4）报告工作终结，提交试验记录；

5）恢复安全措施，清扫场地。

（2）装置功能校验 1（完成指定厂用电切换装置的启动方式测试。要求完成异常工况启动切换方式的所有测试内容）。

1）切换方式测试、启动方式测试和切换逻辑测试任选一项进行；

2）需指定具体测试内容。

（3）装置功能校验2（完成指定厂用电切换装置的切换逻辑测试。要求完成同期切换逻辑测试的所有检查）。

1）切换方式测试、启动方式测试和切换逻辑测试任选一项进行；

2）所选择项目需区别于装置功能校验1；

3）需指定具体测试内容。

4．基本要求

（1）单人操作，衣着规范，精神状态良好。考生就位后，经考评人员许可后方可开始操作。

（2）校验前及过程中，安全技术措施布置到位。

（3）仪器及工器具选用及使用正确。

（4）校验过程接线正确合理。

（5）校验过程方法正确。

（6）校验过程记录完整有效。记录内容完整，需包括但不限于校验时间、地点、校验人、校验项目、校验方法、校验仪器、接线方式及校验结论，校验结论需与实际情况一致，并能正确反映校验对象的相关状态。

（7）校验完毕后，需及时拆除接线，归还仪器及工器具，并清扫现场。

（8）能够熟练运用办公软件（Microsoft Office、WPS等）编写电子报告（含表格处理、图形编辑等）。

三、评分参考标准

行业：电力工程　　　　工种：继电保护工　　　　等级：四

编　　号	JB405	行为领域	e	鉴定范围	
考核时间	60min	题　　型	A	加权题分	50
试题名称	厂用电切换装置逻辑功能检验				
考核要点及其要求	（1）要求单独操作。 （2）现场（或实训室）操作。 （3）通过本测试，考察考生对于厂用电切换装置逻辑功能检验的掌握程度。 （4）按照规范的技能操作完成考评人员规定的操作内容				
工器具、材料、设备	（1）微机型继电保护测试仪1台。 （2）模拟断路器1台（分相功能）。 （3）数字万用表1块。 （4）绝缘电阻表500、1000V各1块。 （5）常用电工工具1套。				

续表

工器具、材料、设备	(6) 函数型计算器1块。 (7) 试验线、绝缘胶带。 (8) 厂用电切换装置屏					
备注	以下序号2～4项，考试人员只考2项，上述选项由考评人员考前确定，确定后不得更改					
评分标准						
序号	作业名称	质量要求	分值	扣分标准	扣分原因	得分
1	基本操作	按照规定完成相关操作	20			
1.1	仪器及工器具的选用和准备	正确	2	选用缺项或不正确扣1分；准备工作不到位扣1分		
1.2	准备工作的安全措施执行	按相关规程执行	10	安全措施未按相关规程执行，酌情扣分		
1.3	完成简要校验记录	内容完整，结论正确	3	内容不完整或结论不正确扣2分		
1.4	报告工作终结，提交试验报告		3	该步缺失扣3分；未按顺序进行扣1分		
1.5	恢复安全措施，清扫场地		2	该步缺失扣2分；未按顺序进行扣1分		
2	装置功能校验：切换方式测试（任选一项进行）	安全措施到位、仪器仪表使用正确、操作步骤规范、校验结果符合要求	40			
2.1	并联切换方式测试	工况模拟正确，快切动作结果正确	40	工况模拟不正确扣20分，动作结果不正确扣20分，检查内容不完整酌情扣分		
2.2	串联切换方式测试	工况模拟正确，快切动作结果正确	40	工况模拟不正确扣20分，动作结果不正确扣20分，检查内容不完整酌情扣分		
2.3	同时切换方式测试	工况模拟正确，快切动作结果正确	40	工况模拟不正确扣20分，动作结果不正确扣20分，检查内容不完整酌情扣分		

续表

评分标准						
序号	作业名称	质量要求	分值	扣分标准	扣分原因	得分
3	装置功能校验：启动方式测试（任选一项进行）	安全措施到位、仪器仪表使用正确、操作步骤规范、校验结果符合要求	40			
3.1	手动启动切换方式	工况模拟正确，快切动作结果正确	40	工况模拟不正确扣20分，动作结果不正确扣20分，检查内容不完整酌情扣分		
3.2	异常工况启动切换方式	工况模拟正确，快切动作结果正确	40	工况模拟不正确扣20分，动作结果不正确扣20分，检查内容不完整酌情扣分		
3.3	事故启动切换方式	工况模拟正确，快切动作结果正确	40	工况模拟不正确扣20分，动作结果不正确扣20分，检查内容不完整酌情扣分		
4	装置功能校验：切换逻辑测试（任选一项进行）	安全措施到位、仪器仪表使用正确、操作步骤规范、校验结果符合要求	40			
4.1	快速切换测试	压板正确，接线正确，操作步骤规范、测试结果符合要求	40	压板、接线错误酌情扣分，操作错误扣30分、测试结果错误扣10分		
4.2	同期切换测试	压板正确，接线正确，操作步骤规范、测试结果符合要求	40	压板、接线错误酌情扣分，操作错误扣30分、测试结果错误扣10分		
4.3	残压切换测试	压板正确，接线正确，操作步骤规范、测试结果符合要求	40	压板、接线错误酌情扣分，操作错误扣30分、测试结果错误扣10分		
4.4	长延时切换测	压板正确，接线正确，操作步骤规范、测试结果符合要求	40	压板、接线错误酌情扣分，操作错误扣30分、测试结果错误扣10分		
考试开始时间			考试结束时间		合计	
考生栏	编号： 姓名： 所在岗位： 单位： 日期：					
考评员栏	成绩： 考评员： 考评组长：					

JB406 电压并列切换装置逻辑功能检验

一、操作

（一）工器具、材料、设备

（1）工器具：微机型继电保护测试仪1台，数字万用表1块，常用电工工具1套，函数型计算器1块。

（2）材料：试验线、绝缘胶带。

（3）设备：电压并列切换装置屏。

（二）安全要求

（1）防止误入带电间隔。工作前熟悉工作地点、带电设备，相邻运行设备布置运行标识。检查现场安全围栏、警示牌和接地等安全措施。

（2）试验仪器电源使用。必须使用装有剩余电流保护的电源盘。螺丝刀等工具的金属裸露部分除刀口外都应进行绝缘防护。接（拆）电源，必须在电源开关拉开情况下进行，一人操作，一人监护。临时电源必须使用专用电源，禁止从运行设备上取电源。

（3）防止继电保护“三误”事故。根据现场实际情况，制订相关安全技术措施，严格执行经批准或许可的安全技术措施。

（4）直流回路工作。使用具备绝缘防护的工具，试验线严禁裸露，防止误碰金属导体部分。

（5）插拔插件。防止带电或频繁插拔插件。

（6）装置试验电流接入。短接交流电流外侧电缆，确认可靠短接后，方可断开交流电流连接片。必要时，在端子箱处将相应端子用绝缘胶带实施封闭。

（7）装置试验电压接入。断开交流二次电压引入回路，通过拆线进行隔离的，需并用绝缘胶带对所拆线头实施绝缘包扎。

（8）拆动二次线。及时做好记录，并用绝缘胶带对所拆线头实施绝缘包扎。

（9）校验中不应误发信号。必要时，断开相关信号采集装置（中央信号、远动信号、故障录波等）正电源，记录切换把手位置。

(10) 不准在保护室内使用无线通信设备，尤其是对讲机。

(11) 安全措施执行与恢复。严格按照安全作业规程规定执行与恢复。

(三) 操作项目

(1) 电压切换输出测试；

(2) 母线运行状态输出检查；

(3) TV并列及失压信号检查。

(四) 操作要求与步骤

1. 操作流程

操作流程如图JB406-1所示。

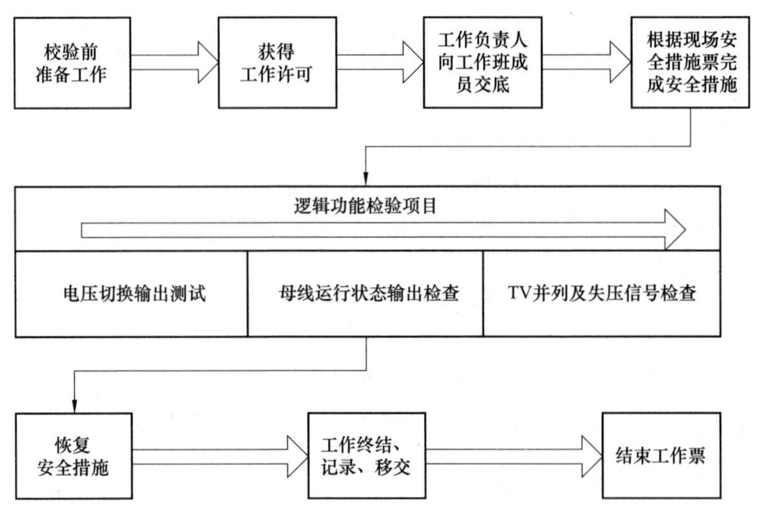

图JB406-1　电压并列切换装置逻辑功能校验操作流程

2. 准备工作

(1) 检查电压并列切换装置状况、反措计划执行情况及设备缺陷统计等，并及时提交相关停役申请。

(2) 开工前，及时上报本次工作的材料计划。

(3) 根据逻辑功能校验项目，组织作业人员学习作业指导书，使全体作业人员熟悉并明确工作内容、作业标准、工作安排及安全注意事项等。

(4) 开工前，准备好作业所需仪器仪表、工器具及相关材料。仪器仪表和工器具应在检验合格期内。

(5) 准备主要技术资料，包括最新整定通知单、图纸、装置技术说明书、装置使用说明书及相关校验规程等。

(6) 按照相关安全工作规程正确填写工作票。

3. 技术要求

常见的电压并列切换装置原理如图 JB406－2 和图 JB406－3 所示。进行逻辑功能测试时，装置需从外部施加母线电压，通过模拟相应隔离开关位置反映母线运行状态。

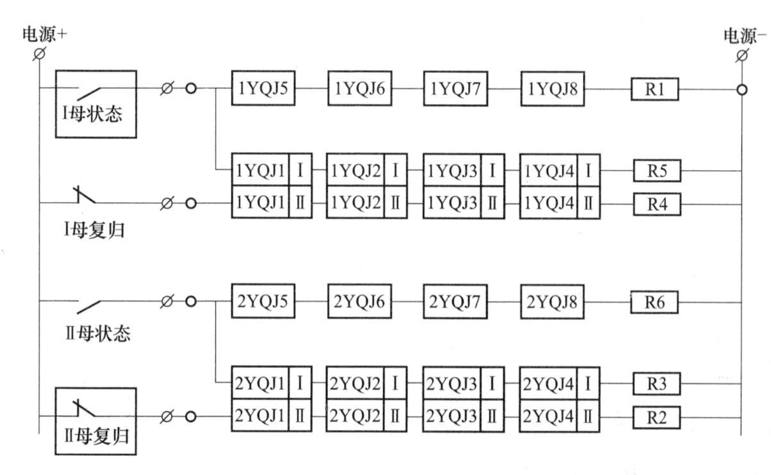

图 JB406－2　电压并列切换装置原理示意图（一）

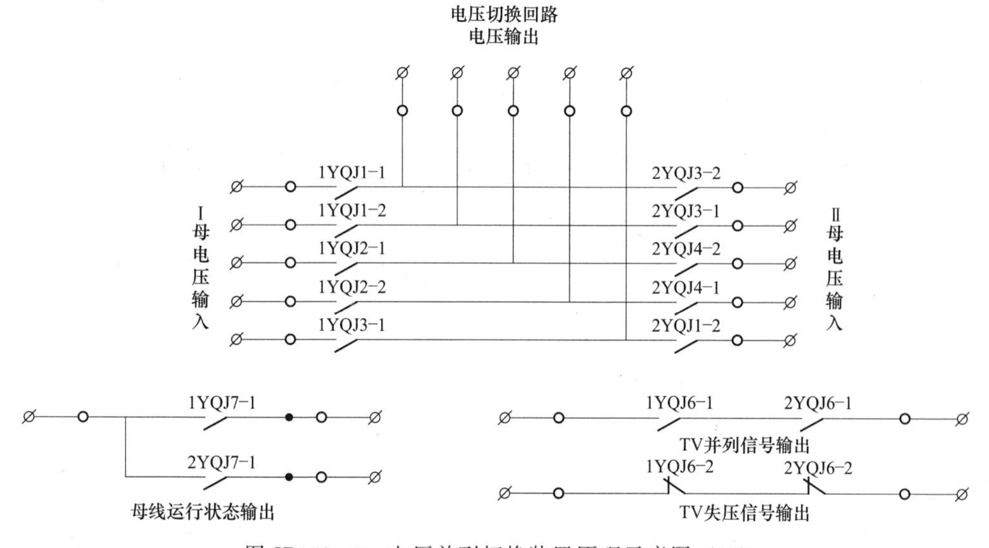

图 JB406－3　电压并列切换装置原理示意图（二）

（1）电压切换输出测试。外部同时施加Ⅰ母、Ⅱ母二次额定电压，分别模拟Ⅰ母和Ⅱ母隔离开关位置输入，检查电压切换回路输出情况。Ⅰ母和Ⅱ母电压切换测试正常后，模拟两条母线并列运行，检查电压切换回路输出情况，应和设计要求一致。

（2）母线运行状态输出检查。分别模拟Ⅰ母和Ⅱ母隔离开关位置输入，检查母线运行状态输出情况。模拟两条母线并列运行，检查母线运行状态输出情况，应和设计要求一致。

（3）TV并列及失压信号检查。分别模拟Ⅰ母和Ⅱ母隔离开关位置输入，检查TV并列及失压信号输出情况。模拟两条母线并列运行，检查TV并列及失压信号输出情况，应和设计要求一致。

二、考核

1. 考核场地

（1）具备上述考核条件的设备和实训场地。

（2）室内温度5～30℃，湿度<75%。

（3）具备DC 110V/220V电源输出端子。

（4）具备AC 220V/380V电源输出端子。

（5）可靠的室内接地端子。

（6）消防器材。

（7）良好的通风和采光照明。

（8）供考评人员使用的评判桌椅和计时工具。

2. 考核时间

（1）考核时间为60min。

（2）许可作业时记录开始时间，现场清理完毕汇报工作终结，记录考核结束时间。

3. 考核要点

（1）基本操作：

1）仪器及工器具的选用和准备；

2）准备工作的安全措施执行；

3）完成简要校验记录；

4）报告工作终结，提交试验报告；

5）恢复安全措施，清扫场地。

（2）装置功能校验1。以下功能测试任选一项进行（完成电压并列切换装置的电压切换输出测试）：

1）电压切换输出测试；

2）母线运行状态输出检查；

3）TV 并列及失压信号检查。

（3）装置功能校验 2。以下功能任选一项进行：要求区别于装置功能校验 1（完成电压并列切换装置的 TV 并列及失压信号检查）：

1）电压切换输出测试；

2）母线运行状态输出检查；

3）TV 并列及失压信号检查。

4. 考核要求

（1）单人操作，衣着规范，精神状态良好。考生就位后，经考评人员许可后方可开始操作。

（2）校验前及过程中，安全技术措施布置到位。

（3）仪器及工器具选用及使用正确。

（4）校验过程接线正确合理。

（5）校验过程方法正确。

（6）校验过程记录完整有效。记录内容完整，需包括但不限于校验时间、地点、校验人、校验项目、校验方法、校验仪器、接线方式及校验结论，校验结论需与实际情况一致，并能正确反映校验对象的相关状态。

（7）校验完毕后，需及时拆除接线，归还仪器及工器具，并清扫现场。

（8）能够熟练运用办公软件（Microsoft Office、WPS 等）编写电子报告（含表格处理、图形编辑等）。

三、评分参考标准

行业：电力工程　　　　工种：继电保护工　　　　等级：四

编　　号	JB406	行为领域	e	鉴定范围	
考核时间	60min	题　　型	A	加权题分	50
试题名称	电压并列切换装置逻辑功能检验				
考核要点及其要求	（1）要求单独操作。 （2）现场（或实训室）操作。 （3）通过本测试，考察考生对于电压并列切换装置逻辑功能检验的掌握程度。 （4）按照规范的技能操作完成考评人员规定的操作内容				
工器具、材料、设备	（1）微机型继电保护测试仪 1 台。 （2）高精度数字万用表 1 块。 （3）常用电工工具 1 套。 （4）试验线、绝缘胶带。 （5）电压并列切换装置				
备注	以下序号 2～4 项，考试人员只考 2 项，上述选项由考评人员考前确定，确定后不得更改				

续表

评分标准						
序号	作业名称	质量要求	分值	扣分标准	扣分原因	得分
1	基本操作	按照规定完成相关操作	20			
1.1	仪器及工器具的选用和准备	正确	2	选用缺项或不正确扣1分；准备工作不到位扣1分		
1.2	准备工作的安全措施执行	按相关规程执行	10	安全措施未按相关规程执行，酌情扣分		
1.3	完成简要校验记录	内容完整，结论正确	3	内容不完整或结论不正确扣2分		
1.4	报告工作终结，提交试验报告		3	该步缺失扣3分；未按顺序进行扣1分		
1.5	恢复安全措施，清扫场地		2	该步缺失扣2分；未按顺序进行扣1分		
2	装置功能校验1：电压切换输出测试	安全措施到位、仪器仪表使用正确、操作步骤规范、校验结果符合要求	40			
2.1	Ⅰ母电压输出测试	模拟量输入正确，隔离开关位置模拟正确，电压输出正确	10	模拟量输入不当酌情扣分，隔离开关位置模拟错误扣5分，电压输出异常扣5分		
2.2	Ⅱ母电压输出测试	模拟量输入正确，隔离开关位置模拟正确，电压输出正确	10	模拟量输入不当酌情扣分，隔离开关位置模拟错误扣5分，电压输出异常扣5分		
2.3	母线并列电压输出测试	模拟量输入正确，隔离开关位置模拟正确，电压输出正确	20	缺少此项扣20分，模拟量输入不当酌情扣分，隔离开关位置模拟错误扣15分，电压输出异常扣10分		
3	装置功能校验2：母线运行状态输出检查	安全措施到位、仪器仪表使用正确、操作步骤规范、校验结果符合要求	40			
3.1	Ⅰ母运行状态输出检查	隔离开关位置模拟正确，状态输出正确	10	隔离开关位置模拟错误扣5分，信号输出异常扣5分		
3.2	Ⅱ母运行状态输出检查	隔离开关位置模拟正确，状态输出正确	10	隔离开关位置模拟错误扣5分，信号输出异常扣5分		

续表

评分标准						
序号	作业名称	质量要求	分值	扣分标准	扣分原因	得分
3.3	母线并列运行输出检查	隔离开关位置模拟正确，状态输出正确	20	缺少此项扣 20 分，隔离开关位置模拟错误扣 10 分，信号输出异常扣 10 分		
4	装置功能校验 3：TV 并列及失压信号检查	安全措施到位、仪器仪表使用正确、操作步骤规范、校验结果符合要求	40			
4.1	Ⅰ母线运行时信号检查	隔离开关位置模拟正确，状态输出正确	10	隔离开关位置模拟错误扣 5 分，信号输出异常扣 5 分		
4.2	Ⅱ母线运行时信号检查	隔离开关位置模拟正确，状态输出正确	10	隔离开关位置模拟错误扣 5 分，信号输出异常扣 5 分		
4.3	母线并列运行时信号检查	隔离开关位置模拟正确，状态输出正确	20	缺少此项扣 20 分，隔离开关位置模拟错误扣 10 分，信号输出异常扣 10 分		
考试开始时间			考试结束时间		合计	
考生栏	编号：	姓名：	所在岗位：	单位：	日期：	
考评员栏	成绩：	考评员：		考评组长：		

JB407 断路器操作装置逻辑功能检验

一、操作

(一) 工器具、材料、设备

(1) 工器具：微机型继电保护测试仪1台，绝缘电阻表500、1000V各1块，数字万用表1块，模拟断路器（分相操作功能）1台，常用电工工具1套。

(2) 材料：试验线、绝缘胶带。

(3) 设备：微机220kV线路保护测控屏（带操作箱）。

(二) 安全要求

(1) 防止误入带电间隔。工作前熟悉工作地点、带电设备，相邻运行设备布置运行标识。检查现场安全围栏、警示牌和接地等安全措施。

(2) 试验仪器电源使用。必须使用装有剩余电流保护的电源盘。螺丝刀等工具的金属裸露部分除刀口外都应进行绝缘防护。接（拆）电源，必须在电源开关拉开情况下进行，一人操作，一人监护。临时电源必须使用专用电源，禁止从运行设备上取电源。

(3) 防止继电保护“三误”事故。根据现场实际情况，制订相关安全技术措施，严格执行批准或许可的安全技术措施。

(4) 直流回路工作。使用具备绝缘防护的工具，试验线严禁裸露，防止误碰金属导体部分。

(5) 插拔插件。防止带电或频繁插拔插件。

(6) 装置试验电流接入。短接交流电流外侧电缆，确认可靠短接后，方可断开交流电流连接片。必要时，在端子箱处将相应端子用绝缘胶带实施封闭。

(7) 装置试验电压接入。断开交流二次电压引入回路，通过拆线进行隔离的，需用绝缘胶带对所拆线头实施绝缘包扎。

(8) 拆动二次线。及时做好记录，并用绝缘胶带对所拆线头实施绝缘包扎。

(9) 校验中误发信号。必要时，断开相关信号采集装置（中央信号、远动信号、故障录波等）正电源，记录切换把手位置。

(10) 不准在保护室内使用无线通信设备，尤其是对讲机。

(11) 安全措施执行与恢复。严格按照安全作业规程规定执行。

(三) 操作项目

(1) 直流电源监视功能检查；

(2) 分合闸功能测试；

(3) 防跳闭锁功能检查；

(4) 压力闭锁功能检查。

(四) 操作要求与步骤

1. 操作流程

操作流程如图 JB407－1 所示。

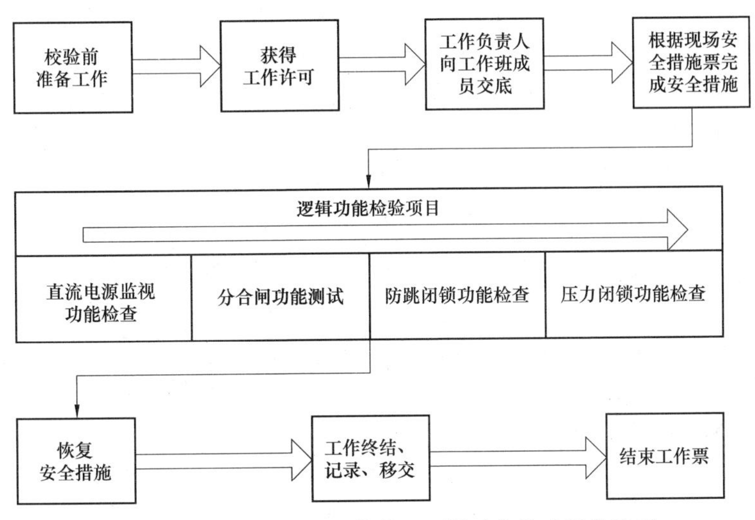

图 JB407－1　断路器操作装置逻辑功能校验操作流程

2. 准备工作

(1) 检查断路器操作装置状况、反措计划执行情况及设备缺陷统计等，并及时提交相关停役申请。

(2) 开工前，及时上报本次工作的材料计划。

(3) 根据逻辑功能检验项目，组织作业人员学习作业指导书，使全体作业人员熟悉并明确工作内容、作业标准、工作安排及安全注意事项等。

(4) 开工前，准备好作业所需仪器仪表、工器具及相关材料。仪器仪表和工器具应在检验合格期内。

(5) 准备主要技术资料，包括最新整定通知单、图纸、装置技术说明书、装置使用说明书及相关校验规程等。

(6) 按照相关安全工作规程正确填写工作票。

3. 技术要求

(1) 直流电源监视功能检查。在直流电源输入端子输入额定工作直流电源，然后送上两回电源开关，装置应正常工作，相应电源指示灯正常显示。

1) 电源断电试验。将装置的工作电源任意停一回，查看另一回是否受到影响，开出量是否有误。稳定运行一段时间后进行另一路电源切换试验。

2) 电源监视检查。电源断电试验时，分别检查两组电源监视功能是否正常，同时检查电源消失信号是否正常，即停掉一回电源相应电源指示灯熄灭。

3) 电源中断自恢复试验。将装置的工作电源全停，2～3min 后加电，查看装置是否能自动开机，并能恢复到停电前的工作状态。

(2) 分合闸功能测试（以分相双跳操作装置为例）：

1) 三相分合闸操作测试。操作装置外接模拟断路器，利用遥控合闸触点导通测试三相合闸功能，利用遥控分闸触点或保护跳闸（三跳）触点测试三相分闸功能。

2) 单相分合闸操作测试。操作装置外接模拟断路器，利用任意合闸触点导通分别测试单相合闸功能，利用任意分闸触点分别测试单相分闸功能。

3) 手合及重合闸功能测试。操作装置外接模拟断路器，利用手合触点导通测试手动合闸功能。模拟外部重合闸信号开入，测试装置重合闸功能。

(3) 防跳闭锁功能检查。操作装置外接模拟断路器，模拟重合到故障线路且合闸脉冲长时间存在情况下，检查断路器分合情况，要求以断路器是否存在多次分合现象判定装置防跳回路的有效性。

(4) 压力闭锁功能检查。操作装置外接模拟断路器，模拟断路器压力闭锁信号开入，利用任意合闸接点导通测试断路器合闸情况，要求以断路器合闸是否受压力闭锁判定装置该功能的有效性。

二、考核

1. 考核场地

(1) 具备上述考核条件的设备和实训场地。

(2) 室内温度 5～30℃，湿度<75%。

(3) 具备 DC 110V/220V 电源输出端子。

(4) 具备 AC 220V/380V 电源输出端子。

(5) 可靠的室内接地端子。

(6) 消防器材。

(7) 良好的通风和采光照明。

（8）供考评人员使用的评判桌椅和计时工具。

2. 考核时间

（1）考核时间为60min。

（2）许可作业时记录开始时间，现场清理完毕汇报工作终结，记录考核结束时间。

3. 考核要点

（1）基本操作。

1）仪器及工器具的选用和准备；

2）准备工作的安全措施执行；

3）完成简要校验记录；

4）报告工作终结，提交试验报告；

5）恢复安全措施，清扫场地。

（2）装置功能校验1（完成断路器操作装置的分合闸功能测试，需自行外接模拟断路器）。

1）固定为分合闸功能测试；

2）需自行外接模拟断路器。

（3）装置功能校验2。以下功能任选一项进行（完成断路器操作装置的直流电源监视功能检查）：

1）直流电源监视功能检查；

2）防跳闭锁功能检查；

3）压力闭锁功能检查。

4. 考核要求

（1）单人操作，衣着规范，精神状态良好。考生就位后，经考评人员许可后方可开始操作。

（2）校验前及过程中，安全技术措施布置到位。

（3）仪器及工器具选用及使用正确。

（4）校验过程接线正确合理。

（5）校验过程方法正确。

（6）校验过程记录完整有效。记录内容完整，需包括但不限于校验时间、地点、校验人、校验项目、校验方法、校验仪器、接线方式及校验结论，校验结论需与实际情况一致，并能正确反映校验对象的相关状态。

（7）校验完毕后，需及时拆除接线，归还仪器及工器具，并清扫现场。

（8）能够熟练运用办公软件（Microsoft Office、WPS等）编写电子报告（含表格处理、图形编辑等）。

三、评分参考标准

行业：电力工程　　　　　　　　工种：继电保护工　　　　　　　　等级：四

编　　号	JB407	行为领域	e	鉴定范围	
考核时间	60min	题　　型	A	加权题分	50
试题名称	断路器操作装置逻辑功能校验				
考核要点及其要求	(1) 要求单独操作。 (2) 现场（或实训室）操作。 (3) 通过本测试，考察考生对于断路器操作装置逻辑功能检验的掌握程度。 (4) 按照规范的技能操作完成考评人员规定的操作内容				
工器具、材料、设备	(1) 微机型继电保护测试仪 1 台。 (2) 模拟断路器 1 台（具备分相操作功能）。 (3) 数字万用表 1 块。 (4) 常用电工工具 1 套。 (5) 试验线、绝缘胶带。 (6) 微机 220kV 线路保护测控屏（带操作箱）				
备注	以下序号 3～5 项，考试人员只考 1 项，上述选项由考评人员考前确定，确定后不得更改				

评分标准

序号	作业名称	质量要求	分值	扣分标准	扣分原因	得分
1	基本操作	按照规定完成相关操作	20			
1.1	仪器及工器具的选用和准备	正确	2	选用缺项或不正确扣 1 分；准备工作不到位扣 1 分		
1.2	准备工作的安全措施执行	按相关规程执行	10	安全措施未按相关规程执行，酌情扣分		
1.3	完成简要校验记录	内容完整，结论正确	3	内容不完整或结论不正确扣 2 分		
1.4	报告工作终结，提交试验记录		3	该步缺失扣 3 分；未按顺序进行扣 1 分		
1.5	恢复安全措施，清扫场地		2	该步缺失扣 2 分；未按顺序进行扣 1 分		

续表

评分标准						
序号	作业名称	质量要求	分值	扣分标准	扣分原因	得分
2	装置功能校验1：分合闸功能测试（2.1为必做，2.2和2.3任选一项进行。其中，2.2任选一种操作进行，2.3任选一相进行）	安全措施到位、仪器仪表使用正确、操作步骤规范、校验结果符合要求	40			
2.1	外接模拟断路器	基本操作规范，外接内容完整，模拟断路器可与操作装置正常配合工作	10	操作不规范酌情扣分，外接内容不完整酌情扣分，模拟断路器与操作装置无法正常配合工作扣10分		
2.2	三相分合闸操作测试	操作正确，检查内容完整	30	操作错误扣30分；检查内容不完整酌情扣分		
2.3	单相分合闸操作测试	操作正确，检查内容完整	30	操作错误扣30分；检查内容不完整酌情扣分		
3	装置功能校验2－1：直流电源监视功能检查	安全措施到位、仪器仪表使用正确、操作步骤规范、校验结果符合要求	40			
3.1	装置上电检查	电源输入值合适，装置上电工作正常	10	未进行电源输入值检查扣8分；装置上电后未进行完整检查酌情扣分		
3.2	电源断电试验	操作正确，检查内容完整	10	操作错误扣8分；检查内容不完整酌情扣分		
3.3	电源监视检查	操作正确，检查内容完整	10	操作错误扣8分；检查内容不完整酌情扣分		
3.4	电源中断自恢复试验	操作正确，检查内容完整	10	操作错误扣8分；检查内容不完整酌情扣分		
4	装置功能校验2－2：防跳闭锁功能检查	安全措施到位、仪器仪表使用正确、操作步骤规范、校验结果符合要求	40			

续表

评分标准						
序号	作业名称	质量要求	分值	扣分标准	扣分原因	得分
4.1	外接模拟断路器	基本操作规范，外接内容完整，模拟断路器可与操作装置正常配合工作	10	操作不规范酌情扣分，外接内容不完整酌情扣分，模拟断路器与操作装置无法正常配合工作扣10分		
4.2	防跳闭锁功能检查	操作正确，检查内容完整	20	操作错误扣20分；检查内容不完整酌情扣分		
4.3	母线并列运行时信号检查	隔离开关位置模拟正确，状态输出正确	10	缺少此项扣10分，隔离开关位置模拟错误扣8分，信号输出异常扣5分		
5	装置功能校验2-3：压力闭锁功能检查	安全措施到位、仪器仪表使用正确、操作步骤规范、校验结果符合要求	40			
5.1	外接模拟断路器	基本操作规范，外接内容完整，模拟断路器可与操作装置正常配合工作	10	操作不规范酌情扣分，外接内容不完整酌情扣分，模拟断路器与操作装置无法正常配合工作扣10分		
5.2	压力闭锁功能检查	操作正确，检查内容完整	30	操作错误扣30分；检查内容不完整酌情扣分		
考试开始时间			考试结束时间		合计	
考生栏	编号： 姓名： 所在岗位： 单位： 日期：					
考评员栏	成绩： 考评员： 考评组长：					

JB408 低频低压减载装置逻辑功能检验

一、操作

（一）工器具、材料、设备

（1）工器具：微机型继电保护测试仪 1 台，绝缘电阻表 500、1000V 各 1 块，数字万用表 1 块，常用电工工具 1 套，函数型计算器 1 块。

（2）材料：试验线、绝缘胶带。

（3）设备：低频低压减载屏。

（二）安全要求

（1）防止误入带电间隔。工作前熟悉工作地点、带电设备，相邻运行设备布置运行标识。检查现场安全围栏、警示牌和接地等安全措施。

（2）试验仪器电源使用。必须使用装有剩余电流保护的电源盘。螺丝刀等工具的金属裸露部分除刀口外都应进行绝缘防护。接（拆）电源，必须在电源开关拉开情况下进行，一人操作，一人监护。临时电源必须使用专用电源，禁止从运行设备上取电源。

（3）防止继电保护“三误”事故。根据现场实际情况，制订相关安全技术措施，严格执行经批准或许可的安全技术措施。

（4）直流回路工作。使用具备绝缘防护的工具，试验线严禁裸露，防止误碰金属导体部分。

（5）插拔插件。防止带电或频繁插拔插件。

（6）装置试验电流接入。短接交流电流外侧电缆，确认可靠短接后，方可断开交流电流连接片。必要时，在端子箱处将相应端子用绝缘胶带实施封闭。

（7）装置试验电压接入。断开交流二次电压引入回路，通过拆线进行隔离的，需并用绝缘胶带对所拆线头实施绝缘包扎。

（8）拆动二次线。及时做好记录，并用绝缘胶带对所拆线头实施绝缘包扎。

（9）失灵启动连接片未断开。检查失灵启动连接片已断开并拆开失灵启动回路线头，用绝缘胶带对所拆线头实施绝缘包扎。

(10) 校验中误发信号。必要时，断开相关信号采集装置（中央信号、远动信号、故障录波等）正电源，记录切换把手位置。

(11) 不准在保护室内使用无线通信设备，尤其是对讲机。

(12) 安全措施执行与恢复。严格按照安全作业规程规定执行。

(三) 操作项目

(1) 校验准备工作；

(2) 逻辑功能测试；

(3) 定值校验。

(四) 操作要求与步骤

1. 操作流程

操作流程如图 JB408－1 所示。

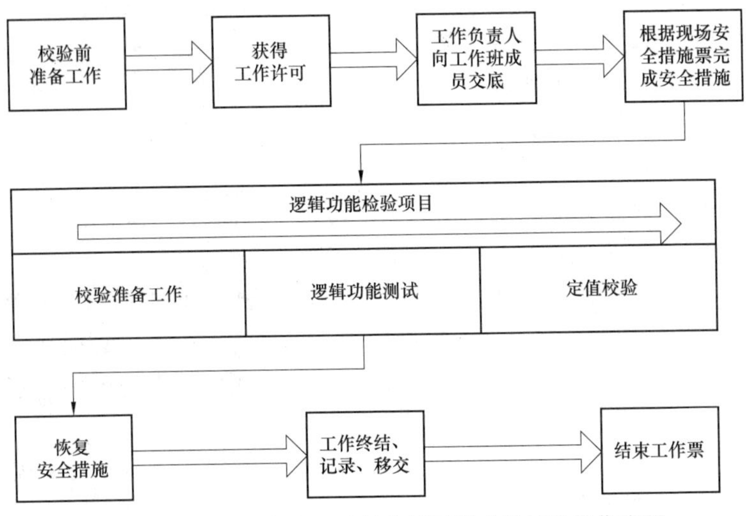

图 JB408－1　低频低压减载装置逻辑功能校验操作流程

2. 准备工作

(1) 检查低频低压减载装置状况、反措计划执行情况及设备缺陷统计等，并及时提交相关停役申请。

(2) 开工前，及时上报本次工作的材料计划。

(3) 根据逻辑功能校验项目，组织作业人员学习作业指导书，使全体作业人员熟悉并明确工作内容、作业标准、工作安排及安全注意事项等。

(4) 开工前，准备好作业所需仪器仪表、工器具及相关材料。仪器仪表和工器具应在检验合格期内。

(5) 准备主要技术资料，包括最新整定通知单、图纸、装置技术说明书、装置

使用说明书及相关校验规程等。

(6) 按照相关安全工作规程正确填写工作票。

3. 技术要求

(1) 校验准备工作。

1) 交流模拟量输入检查：

a. 交流插件配置检查。根据实际设计，对交流插件额定值进行配置检查和确认，并留有记录。

b. 交流模拟量的幅值和相位特性检查。利用实际施加模拟量的方法校核各交流通道采样情况。其中，与标准施加量比较，电流、电压幅值显示值的误差不大于±2%，频率误差不大于±0.02Hz，相位显示误差不大于±2°。

2) 开关量输入输出检查：模拟所有开入和开出量状态，至少变化3次，要求开入状态采集正确，开出信息正确，输出接点正确。

(2) 逻辑功能测试。

1) 低频逻辑测试。对现场投入的低频逻辑功能，根据装置技术资料逐一进行测试。某装置实际投运逻辑测试记录示例见表JB408-1。

表JB408-1　　　　低频逻辑测试记录示例

序号	逻辑描述	逻辑条件	测试结果	备注
1	低频启动	$F\leqslant 49.5\text{Hz}$，$T\geqslant 0.1\text{s}$		
2	低频第一轮动作	$F\leqslant f_{set1}$，$T\geqslant t_{set1}$		
3	低频第二轮动作	$F\leqslant f_{set2}$，$T\geqslant t_{set2}$		
4	低频第三轮动作	$F\leqslant f_{set3}$，$T\geqslant t_{set3}$		
5	低频第四轮动作	$F\leqslant f_{set4}$，$T\geqslant t_{set4}$		
6	低频特殊第一轮动作	$F\leqslant f_{s.set1}$，$T\geqslant t_{s.set1}$		
7	低频特殊第二轮动作	$F\leqslant f_{s.set2}$，$T\geqslant t_{s.set2}$		
8	切第一轮，加速切第二轮	$\text{d}f_1\leqslant -\frac{\text{d}f}{\text{d}t}\leqslant \text{d}f_3$ $T\geqslant t_{set.a2}$		
9	切第一轮，加速切第二、三轮	$\text{d}f_2\leqslant -\frac{\text{d}f}{\text{d}t}\leqslant \text{d}f_3$ $T\geqslant t_{set.a23}$		

注　F为测量频率；T为时间；$f_{set.n}$为低频第n轮定值（n为1～4）；$t_{set.n}$为低频第n轮时间定值；$f_{s.set1}$为低频特殊第一轮定值；$t_{s.set1}$为低频特殊第一轮时间定值；$f_{s.set2}$为低频特殊第二轮定值；$t_{s.set2}$为低频特殊第二轮时间定值；$\text{d}f_n$为频率滑差闭锁n定值（n为1～3）；$\frac{\text{d}f}{\text{d}t}$为频率的变化量；$t_{set.a2}$为加速切第二轮时间定值；$t_{set.a23}$为加速切第二、三轮时间定值。

2）低压逻辑测试。对现场投入的低压逻辑功能，根据装置技术资料逐一进行测试。某装置实际投运逻辑测试记录示例见表 JB408－2。

表 JB408－2　某装置实际投运逻辑测试记录示例逻辑测试记录示例

序号	逻辑描述	逻辑条件	测试结果	备注
1	低压启动	$U \leqslant U_{set1}+0.03U_n$ $T \geqslant 0.1s$		
2	低压第一轮动作	$U \leqslant U_{set1}$，$T \geqslant t_{set1}$		
3	低压第二轮动作	$U \leqslant U_{set2}$，$T \geqslant t_{set2}$		
4	低压第三轮动作	$U \leqslant U_{set3}$，$T \geqslant t_{set3}$		
5	低压第四轮动作	$U \leqslant U_{set4}$，$T \geqslant t_{set4}$		
6	低压特殊第一轮动作	$U \leqslant U_{s.set1}$，$T \geqslant t_{s.set1}$		
7	低压特殊第二轮动作	$U \leqslant U_{s.set2}$，$T \geqslant t_{s.set2}$		
8	切第一轮，加速切第二轮	$dU_1 \leqslant -\frac{dU}{dt} \leqslant dU_3$ $T \geqslant t_{set.a2}$		
9	切第一轮，加速切第二、三轮	$dU_2 \leqslant -\frac{dU}{dt} \leqslant dU_3$ $T \geqslant t_{set.a23}$		

注　U 为电压；T 为时间；$U_{set.n}$ 为低压第 n 轮定值（n 为 1～4）；$t_{set.n}$ 为低压第 n 轮时间定值（n 为 1～4）；$U_{s.set1}$ 为低压特殊第一轮定值；$t_{s.set1}$ 为低压特殊第一轮时间定值；$U_{s.set2}$ 为低压特殊第二轮定值；$t_{s.set2}$ 为低压特殊第二轮时间定值；dU_n 为电压滑差闭锁 n 定值（n 为 1～3）；$\frac{dU}{dt}$ 为电压的变化量；$t_{set.a2}$ 为加速切第二轮时间定值；$t_{set.a23}$ 为加速切第二、三轮时间定值。

（3）定值校验。根据装置技术资料分别测试低频减载、低压减载在 0.95 倍和 1.05 倍整定值下的装置动作情况，定值误差应满足技术要求，一般不大于 1%。

二、考核

1. 考核场地

（1）具备上述考核条件的设备和实训场地。

（2）室内温度 5～30℃，湿度＜75%。

（3）具备 DC 110V/220V 电源输出端子。

（4）具备 AC 220V/380V 电源输出端子。

（5）可靠的室内接地端子。

（6）消防器材。

（7）良好的通风和采光照明。

（8）供考评人员使用的评判桌椅和计时工具。

2. 考核时间

（1）考核时间为60min。

（2）许可作业时记录开始时间，现场清理完毕汇报工作终结，记录考核结束时间。

3. 考核要点

（1）基本操作。

1）仪器及工器具的选用和准备；

2）准备工作的安全措施执行；

3）完成简要校验记录；

4）报告工作终结，提交试验报告；

5）恢复安全措施，清扫场地。

（2）装置功能校验（完成指定低频低压减载装置的低压逻辑测试和低频逻辑测试）：

1）低压逻辑测试与低频逻辑测试任选一项进行；

2）需明确相关的逻辑条件。

（3）定值校验。

1）固定为定值校验；

2）需指定2项定值校验内容。

4. 考核要求

（1）单人操作，衣着规范，精神状态良好。考生就位后，经考评人员许可后方可开始操作。

（2）校验前及过程中，安全技术措施布置到位。

（3）仪器及工器具选用及使用正确。

（4）校验过程接线正确合理。

（5）校验过程方法正确。

（6）校验过程记录完整有效。记录内容完整，需包括但不限于校验时间、地点、校验人、校验项目、校验方法、校验仪器、接线方式及校验结论，校验结论需与实际情况一致，并能正确反映校验对象的相关状态。

（7）校验完毕后，需及时拆除接线，归还仪器及工器具，并清扫现场。

（8）能够熟练运用办公软件（Microsoft Office、WPS等）编写电子报告（含表格处理、图形编辑等）。

三、评分参考标准

行业：电力工程　　　　　　　　工种：继电保护工　　　　　　　　等级：四

编　号	JB408	行为领域	e	鉴定范围	
考核时间	60min	题　型	A	加权题分	50
试题名称	低频低压减载装置逻辑功能校验				
考核要点及其要求	(1) 要求单独操作。 (2) 现场（或实训室）操作。 (3) 通过本测试，考察考生对于低频低压减载装置逻辑功能校验的掌握程度。 (4) 按照规范的技能操作完成考评人员规定的操作内容				
工器具、材料、设备	(1) 微机型继电保护测试仪1台。 (2) 数字万用表1块。 (3) 绝缘电阻表500、1000V各1块。 (4) 常用电工工具1套。 (5) 函数型计算器1块。 (6) 试验线、绝缘胶带。 (7) 低频低压减载屏				
备注	以下序号2～4项，考试人员只考2项，上述选项由考评人员考前确定，确定后不得更改				

评分标准

序号	作业名称	质量要求	分值	扣分标准	扣分原因	得分
1	基本操作	按照规定完成相关操作	20			
1.1	仪器及工器具的选用和准备	正确	2	选用缺项或不正确扣1分；准备工作不到位扣1分		
1.2	准备工作的安全措施执行	按相关规程执行	10	安全措施未按相关规程执行，酌情扣分		
1.3	完成简要校验记录	内容完整，结论正确	3	内容不完整或结论不正确扣2分		
1.4	报告工作终结，提交试验报告		3	该步缺失扣3分；未按顺序进行扣1分		
1.5	恢复安全措施，清扫场地		2	该步缺失扣2分；未按顺序进行扣1分		
2	装置功能校验1：低频逻辑测试	安全措施到位、仪器仪表使用正确、操作步骤规范、校验结果符合要求	40			

续表

评分标准						
序号	作业名称	质量要求	分值	扣分标准	扣分原因	得分
2.1	测试方法正确	基本操作规范，测试方法正确	20	操作不规范酌情扣分，测试方法不正确扣20分		
2.2	测试内容完整	操作正确，检查内容完整	15	测试内容不完整，缺1项扣5分		
2.3	测试结果正确	操作正确，检查内容完整	5	测试结果错误扣5分		
3	装置功能校验2：低压逻辑测试	安全措施到位、仪器仪表使用正确、操作步骤规范、校验结果符合要求	40			
3.1	测试方法正确	基本操作规范，测试方法正确	20	操作不规范酌情扣分，测试方法不正确扣20分		
3.2	测试内容完整	操作正确，检查内容完整	15	测试内容不完整，缺1项扣5分		
3.3	测试结果正确	操作正确，检查内容完整	5	测试结果错误扣5分		
4	定值校验	安全措施到位、仪器仪表使用正确、操作步骤规范、校验结果符合要求	40			
4.1	低频减载定值校验	装置动作正确，定值校验正确	20	装置动作不正确扣20分，定值校验不正确扣15分，校验方法不合理酌情扣分		
4.2	低压减载定值校验	装置动作正确，定值校验正确	20	装置动作不正确扣20分，定值校验不正确扣15分，校验方法不合理酌情扣分		
考试开始时间			考试结束时间		合计	
考生栏	编号： 姓名： 所在岗位： 单位： 日期：					
考评员栏	成绩： 考评员： 考评组长：					

JB409 (JB302) 二次回路检验

一、操作

(一) 工器具、材料、设备

(1) 工器具：微机型继电保护测试仪1台，绝缘电阻表500、1000V各1块，数字万用表1块，常用电工工具1套。

(2) 材料：试验线、绝缘胶带。

(3) 设备：综自变电站（具有线路保护屏或变压器保护屏）。

(二) 安全要求

(1) 防止误入带电间隔。工作前熟悉工作地点、带电设备，相邻运行设备布置运行标识。检查现场安全围栏、警示牌和接地等安全措施。

(2) 试验仪器电源使用。必须使用装有剩余电流保护的电源盘。螺丝刀等工具的金属裸露部分除刀口外都应进行绝缘防护。接（拆）电源，必须在电源开关拉开情况下进行，一人操作，一人监护。临时电源必须使用专用电源，禁止从运行设备上取电源。

(3) 防止继电保护“三误”事故。根据现场实际情况，制订相关安全技术措施，严格执行经批准或许可的安全技术措施。

(4) 直流回路工作。使用具备绝缘防护的工具，试验线严禁裸露，防止误碰金属导体部分。

(5) 插拔插件。防止带电或频繁插拔插件。

(6) 二次回路试验电流接入。短接交流电流外侧电缆，确认可靠短接后，方可断开交流电流连接片。必要时，在端子箱处将相应端子用绝缘胶带实施封闭。

(7) 二次回路试验电压接入。断开交流二次电压引入回路，通过拆线进行隔离的，需并用绝缘胶带对所拆线头实施绝缘包扎。

(8) 拆动二次线。及时做好记录，并用绝缘胶带对所拆线头实施绝缘包扎。

(9) 失灵启动压板未退出。检查失灵启动压板应退出。

(10) 校验中误发信号。必要时，断开相关信号采集装置（中央信号、远动信号、故障录波等）正电源，记录切换把手位置。

（11）不准在保护室内使用无线通信设备，尤其是对讲机。

（12）安全措施执行与恢复。严格按照安全作业规程规定执行。

（三）操作项目

（1）绝缘检查（中级工考核项目）；

（2）模拟量采集回路检验（中级工考核项目）；

（3）开关量输入回路检验（中级工考核项目）；

（4）二次通流加压试验（高级工考核项目）；

（5）整组测试；

（6）利用一次电流和工作电压检验（高级工考核项目）。

（四）操作要求与步骤

1. 操作流程

操作流程如图 JB409－1 所示。

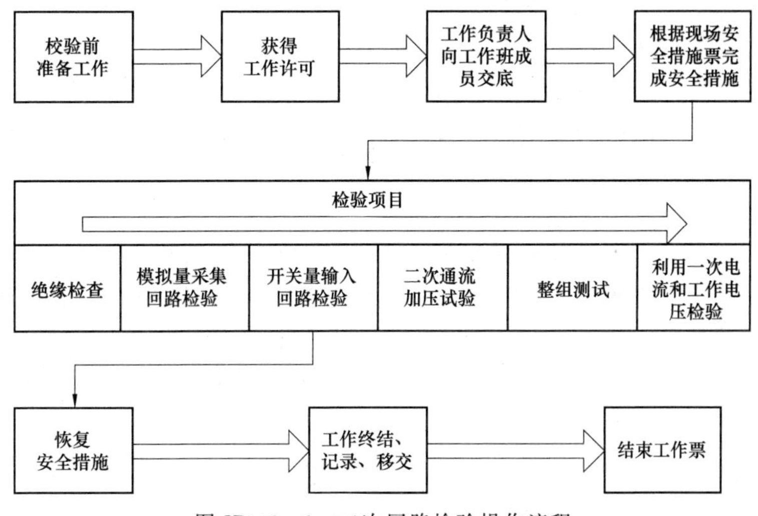

图 JB409－1　二次回路检验操作流程

2. 准备工作

（1）检查待查二次回路状况、反措计划执行情况及设备缺陷统计等，并及时提交相关停役申请。

（2）开工前，及时上报本次工作的材料计划。

（3）根据基本校验项目，组织作业人员学习作业指导书，使全体作业人员熟悉并明确工作内容、作业标准、工作安排及安全注意事项等。

（4）开工前，准备好作业所需仪器仪表、工器具及相关材料。仪器仪表和工器具应在检验合格期内。

(5) 准备主要技术资料，包括：最新整定通知单、图纸、装置技术说明书、装置使用说明书及相关校验规程等。

(6) 按照相关安全工作规程正确填写工作票。

3. 技术要求

(1) 绝缘检查。绝缘检查前，需确认待检回路所连的断路器、电流互感器全部停电，交流电压回路已在电压切换处或分接屏柜处与其他装置的回路断开，并隔离完好。进行绝缘测试时，试验线需连接紧固，每进行一项试验后需将试验回路对地放电。对母线差动保护、断路器失灵保护及电网安全自动装置，若不具备所有相关设备同时停电条件时，二次回路绝缘检验可分段进行。

1) 结合装置检验，对相关电流、电压、直流控制和信号回路一并进行绝缘试验。试验要求利用1000V绝缘电阻表测量各回路对地及各回路间绝缘电阻，阻值均应大于1MΩ。

2) 使用触点输出的信号回路，需利用1000V绝缘电阻表测量电缆每芯对地及对其他各芯间的绝缘电阻，阻值均应大于1MΩ。

(2) 模拟量采集回路检验。检验前，待检回路所连的断路器、电流互感器全部停电，交流电压回路已在电压切换处或分接屏柜处与其他装置的回路断开，并隔离完好。

1) 电流互感器二次回路检验。检验时需逐一检查电流互感器二次绕组所有二次接线的正确性及端子排螺丝压接的可靠性。同时，还需检查电流二次回路的接地点与接地状况。检验要求电流互感器的二次回路必须分别且只能有一点接地，公用电流互感器二次绕组二次回路应在相关保护柜屏内一点接地。独立的、与其他电流互感器的二次回路没有电气联系的二次回路应在就地一点接地。由几组电流互感器二次组合的电流回路，应在有直接电气连接处一点接地。

2) 电压互感器二次回路检验。检验时需逐一检查电压互感器二、三次绕组所有二次接线的正确性及端子排螺丝压接的可靠性。同时，还需检查电压二次回路的接地点与接地状况。经控制室中性线小母线（N600）连通的电压互感器二次回路，仅应在控制室将N600一点接地，并断开就地（开关场）接地点。各电压互感器的中性线不得接有可能断开的开关或熔断器等。独立的、与其他互感器二次回路无直接电气联系的二次回路应在开关场一点接地。进行电压互感器二次回路检查时，还应测量回路自互感器引出端子至配电屏电压母线的每相直流电阻，并计算电压互感器在额定容量下的压降，其值不应超过额定电压的3%。

(3) 开关量输入回路检验。需确认待检回路所连的断路器、电流互感器全部停电，交流电压回路已在电压切换处或分接屏柜处与其他装置的回路断开，并隔离离完好。分别接通、断开连接片及转动把手，检查开入量变位正确。外接设备接点开入可通过在相应端子短接、断开回路的方法检查本装置开入量变为正确。有条件时，需通过改变取用接点的状态进行检查。

(4) 二次通流加压试验。需确认待检回路所连的断路器、电流互感器全部停电，交流电压回路已在电压切换处或分接屏柜处与其他装置的回路断开，并隔离完好。

1) 自电流互感器各二次绕组就地端子箱通入额定电流，逐一利用装置显示或钳形电流表测量，检查各二次回路电流相别、数值正确性。同时，还需进行回路直流电阻测量和通过测量二次回路压降，计算其二次负载，满足互感器使用要求。

2) 自电压互感器各二次绕组就地端子箱施加额定电压，逐一利用装置显示或数字万用表测量，检查各二次回路电压相别、数值正确性。

(5) 整组测试。该项测试可结合各继电保护及安全自动装置整组测试一并进行。整组测试中针对二次回路需着重检查以下内容：

1) 各套保护间的电压、电流回路的相别及极性。

2) 有 2 个线圈以上的直流继电器的极性连接。

3) 二次回路闭锁关系。

4) 所有运行中需由运行值班员操作的把手及连接片的连线、名称和位置标号。

5) 中央信号装置的动作及有关光字、音响信号指示。

6) 各套保护在直流电源正常及异常状态下的寄生回路排除。

7) 断路器跳、合闸回路的可靠性，其中装设单相重合闸的线路，验证电压、电流、断路器回路相别的一致性及与断路器跳合闸回路所连的所有信号指示回路的正确性。对于有双跳闸线圈的断路器，应检查两跳闸线圈接线极性的一致性。

(6) 利用一次电流和工作电压检验。

1) 测量电压、电流的相位关系。对使用电压互感器三次电压或零序电流互感器的装置，需利用一次电流与工作电压向装置中的相应元件通入模拟的故障量或改变待查元件的试验接线方式，以判明装置接线的正确性。

2) 测量电流差动保护各组电流互感器的相位及差动回路中的差电流（或差电压），以判明差动回路接线的正确性及电流变比补偿回路的正确性。所有差动保护在正式投运前，除测定相回路和差回路外，还需测量各中性线的不平衡电流、电压，以保证装置和二次回路接线的正确性。

3) 相序滤过器不平衡输出。针对高频相差保护、短引线保护，需进行所在线路两侧电流电压相别、相位一致性的检验。对于短引线保护，需以一次负荷电流判定短引线极性连接的正确性。对于发电机差动保护，需在发电机短路试验时测量差动回路差流，以判别电流回路极性的正确性。

4）零序方向元件的电流及电压回路连接正确性检验。

二、考核

1. 考核场地

（1）具备上述考核条件的设备和实训场地。

（2）室内温度5～30℃，湿度<75%。

（3）具备DC 110V/220V电源输出端子。

（4）具备AC 220V/380V电源输出端子。

（5）可靠的室内接地端子。

（6）消防器材。

（7）良好的通风和采光照明。

（8）供考评人员使用的评判桌椅和计时工具。

2. 考核时间

（1）考核时间为60min。

（2）许可作业时记录开始时间，现场清理完毕汇报工作终结，记录考核结束时间。

3. 考核要点

中级工对应项目：

（1）基本操作。

1）仪器及工器具的选用和准备；

2）准备工作的安全措施执行；

3）完成简要校验记录；

4）报告工作终结，提交试验报告；

5）恢复安全措施，清扫场地。

（2）二次回路校验1（通过试验完成线路保护指定的电压和电流采集二次回路基本校验）。

以下项目任选其一：

1）绝缘检查（现场根据设计资料指定2条二次回路，包括模拟量采集回路1条，触点信号输出回路1条）；

2）模拟量采集回路检验（现场根据设计资料指定2条二次回路，包括交流电流回路1条，交流电压回路1条）；

3）开入量输入回路检验（现场根据设计资料指定5条二次回路，包括按钮、连接片、把手、触点等）。

（3）二次回路检验2（通过试验完成变压器保护指定的开入量输入二次回路基

本校验）。

以下项目任选其一（区别于二次回路校验 1 所选择项目）：

1）绝缘检查（现场根据设计资料指定 2 条二次回路，包括模拟量采集回路 1 条，触点信号输出回路 1 条）；

2）模拟量采集回路检验（现场根据设计资料指定 2 条二次回路，包括交流电流回路 1 条，交流电压回路 1 条）；

3）开入量输入回路检验（现场根据设计资料指定 5 条二次回路，包括按钮、连接片、把手、触点等）。

高级工对应项目：

（1）基本操作。

1）仪器及工器具的选用和准备；

2）准备工作的安全措施执行；

3）完成简要校验记录；

4）报告工作终结，提交试验记录；

（2）二次回路校验 1（通过试验完成变压器保护指定二次回路的绝缘检查）：

绝缘检查（现场根据设计资料指定 2 条二次回路，包括模拟量采集回路 1 条，触点信号输出回路 1 条）。

（3）二次回路校验 2（通过试验完成线路保护指定电压和电流采集二次回路基本校验）：

以下项目任选其一：

1）模拟量采集回路检验（现场根据设计资料指定 2 条二次回路，包括交流电流回路 1 条，交流电压回路 1 条）；

2）开入量输入回路检验（现场根据设计资料指定 5 条二次回路，包括按钮、连接片、把手、触点等）。

（4）二次回路校验 3（通过试验完成指定的电压和电流二次回路通流加压试验）：

二次通流加压试验（现场根据设计资料指定 2 条二次回路，包括交流电流回路 1 组，交流电压回路 1 组）。

4. 考核要求

（1）单人操作，衣着规范，精神状态良好。考生就位后，经考评人员许可后方可开始操作。

（2）校验前及过程中，安全技术措施布置到位。

（3）仪器及工器具选用及使用正确。

（4）校验过程接线正确合理。

（5）校验过程方法正确。

（6）校验过程记录完整有效。记录内容完整，需包括但不限于校验时间、地点、校验人、校验项目、校验方法、校验仪器、接线方式及校验结论，校验结论需与实际情况一致，并能正确反映校验对象的相关状态。

（7）校验完毕后，需及时拆除接线，归还仪器及工器具，并清扫现场。

（8）能够熟练运用办公软件（Microsoft Office、WPS 等）编写电子报告（含表格处理、图形编辑等）。

三、评分参考标准

行业：电力工程　　　　　　　　工种：继电保护工　　　　　　　　等级：四

<table>
<tr><td>编　　号</td><td>JB409</td><td>行为领域</td><td>e</td><td>鉴定范围</td><td></td></tr>
<tr><td>考核时间</td><td>60min</td><td>题　　型</td><td>A</td><td>含权题分</td><td>50</td></tr>
<tr><td>试题名称</td><td colspan="5">二次回路检验</td></tr>
<tr><td>考核要点
及其要求</td><td colspan="5">（1）单独操作。
（2）现场（或实训室）操作。
（3）通过本测试，考察考生对于二次回路检验的掌握程度。
（4）按照规范的技能操作完成考评人员规定的内容</td></tr>
<tr><td>工器具、材料、
设备</td><td colspan="5">（1）微机型继电保护测试仪 1 台。
（2）绝缘电阻表 500、1000V 规格各 1 块。
（3）数字万用表 1 块。
（4）常用电工工具 1 套。
（5）试验线、绝缘胶带。
（6）综自变电站（具有线路保护屏或变压器保护屏）</td></tr>
<tr><td>备注</td><td colspan="5">“线路保护指定的电压和电流采集二次回路”和“变压器保护指定的输入量输入二次回路”分别布置以下序号 2、3、4 项，两种保护装置考试人员各考一项，上述选项由考评人员考前确定，确定后不得更改</td></tr>
<tr><td colspan="6">评分标准</td></tr>
</table>

序号	作业名称	质量要求	分值	扣分标准	扣分原因	得分
1	基本操作	按照规定完成相关操作	20			
1.1	仪器及工器具的选用和准备	正确	2	选用缺项或不正确扣 1 分；准备工作不到位扣 1 分		
1.2	准备工作的安全措施执行	按相关规程执行	10	安全措施未按相关规程执行，酌情扣分		
1.3	完成简要校验记录	内容完整，结论正确	3	内容不完整或结论不正确扣 2 分		

续表

评分标准						
序号	作业名称	质量要求	分值	扣分标准	扣分原因	得分
1.4	报告工作终结，提交试验记录		3	该步缺失扣3分；未按顺序进行扣1分		
1.5	恢复安全措施，清扫场地		2	该步缺失扣2分；未按顺序进行扣1分		
2	二次回路校验1：绝缘检查	安全措施到位、仪器仪表使用正确、操作步骤规范、校验结果符合要求	40			
2.1	准备工作	检查内容完整，处理措施得当	10	检查内容缺失，酌情扣分；处理措施不规范，酌情扣分		
2.2	模拟量采集回路绝缘检查	检查方法正确，检查内容完整，检查结果符合要求	15	检查方法错误扣10分；检查内容不完整，酌情扣分；检查结果不正确扣5分		
2.3	触点信号输出回路绝缘检查	检查方法正确，检查内容完整，检查结果符合要求	15	检查方法错误扣10分；检查内容不完整，酌情扣分；检查结果不正确扣5分		
3	二次回路校验2：绝缘检查模拟量采集回路检验	安全措施到位、仪器仪表使用正确、操作步骤规范、校验结果符合要求	40			
3.1	准备工作	检查内容完整，处理措施得当	5	检查内容缺失，酌情扣分；处理措施不规范，酌情扣分		
3.2	正确性核对	方法正确，结果正确	15	每条回路检查方法错误扣6分；结果错误扣5分；检查方法不规范，酌情扣分		
3.3	一点接地检查	符合相关技术要求	15	每条回路检查方法错误扣6分；结果错误扣5分；检查方法不规范，酌情扣分		
3.4	电压回路压降检查	测量方法正确，测量内容完整，测量及计算结果正确	5	测量方法错误扣5分；测量内容不完整，酌情扣分；测量结果不正确扣5分		
4	二次回路校验3：绝缘检查开入量输入回路检验	安全措施到位、仪器仪表使用正确、操作步骤规范、校验结果符合要求	40			

续表

评分标准						
序号	作业名称	质量要求	分值	扣分标准	扣分原因	得分
4.1	准备工作	检查内容完整，处理措施得当	10	检查内容缺失，酌情扣分；处理措施不规范，酌情扣分		
4.2	正确性核对	方法正确，结果正确	15	每条回路检查方法错误扣3分；结果错误扣2分；检查方法不规范，酌情扣分		
4.3	状态变化检查	符合相关技术要求	15	每条回路检查方法错误扣3分；结果错误扣2分；检查方法不规范，酌情扣分		
考试开始时间			考试结束时间		合计	
考生栏	编号：	姓名：	所在岗位：	单位：	日期：	
考评员栏	成绩：	考评员：		考评组长：		

行业：电力工程　　　　工种：继电保护工　　　　等级：三

编　　号	JB302	行为领域	e	鉴定范围	
考核时间	60min	题　　型	A	含权题分	50
试题名称	二次回路检验				
考核要点及其要求	(1) 单独操作。 (2) 现场（或实训室）操作。 (3) 通过本测试，考察考生对于二次回路检验的掌握程度。 (4) 按照规范的技能操作完成考评人员规定的内容				
工器具、材料、设备	(1) 微机型继电保护测试仪1台。 (2) 绝缘电阻表500、1000V规格各1只。 (3) 常用电工工具1套。 (4) 数字万用表1块。 (5) 试验线、绝缘胶带。 (6) 综自变电站（具有线路保护屏或变压器保护屏）				
备注	以下序号3、4项，考试人员只考1项，上述选项由考评人员考前确定，确定后不得更改				

评分标准						
序号	作业名称	质量要求	分值	扣分标准	扣分原因	得分
1	基本操作	按照规定完成相关操作	20			

续表

评分标准						
序号	作业名称	质量要求	分值	扣分标准	扣分原因	得分
1.1	仪器及工器具的选用和准备	正确	2	选用缺项或不正确扣1分；准备工作不到位扣1分		
1.2	准备工作的安全措施执行	按相关规程执行	10	安全措施未按相关规程执行，酌情扣分		
1.3	完成简要校验记录	内容完整，结论正确	3	内容不完整或结论不正确扣2分		
1.4	报告工作终结，提交试验报告		3	该步缺失扣3分；未按顺序进行扣1分		
1.5	恢复安全措施，清扫场地		2	该步缺失扣2分；未按顺序进行扣1分		
2	二次回路校验1：绝缘检查	安全措施到位、仪器仪表使用正确、操作步骤规范、校验结果符合要求	30			
2.1	准备工作	检查内容完整，处理措施得当	5	检查内容缺失，酌情扣分；处理措施不规范，酌情扣分		
2.2	模拟量采集回路绝缘检查	检查方法正确，检查内容完整，检查结果符合要求	15	检查方法错误扣10分；检查内容不完整，酌情扣分；检查结果不正确扣5分		
2.3	触点信号输出回路绝缘检查	检查方法正确，检查内容完整，检查结果符合要求	10	检查方法错误扣8分；检查内容不完整，酌情扣分；检查结果不正确扣5分		
3	二次回路校验2-1：模拟量采集回路检验	安全措施到位、仪器仪表使用正确、操作步骤规范、校验结果符合要求	30			
3.1	准备工作	检查内容完整，处理措施得当	5	检查内容缺失，酌情扣分；处理措施不规范，酌情扣分		
3.2	正确性核对	方法正确，结果正确	10	每条回路检查方法错误扣5分；结果错误扣3分；检查方法不规范，酌情扣分		

续表

评分标准						
序号	作业名称	质量要求	分值	扣分标准	扣分原因	得分
3.3	一点接地检查	符合相关技术要求	10	每条回路检查方法错误扣5分；结果错误扣3分；检查方法不规范，酌情扣分		
3.4	电压回路压降检查	测量方法正确，测量内容完整，测量及计算结果正确	5	测量方法错误扣5分；测量内容不完整，酌情扣分；测量结果不正确扣5分		
4	二次回路校验2－1：开入量输入回路检验	安全措施到位、仪器仪表使用正确、操作步骤规范、校验结果符合要求	30			
4.1	准备工作	检查内容完整，处理措施得当	5	检查内容缺失，酌情扣分；处理措施不规范，酌情扣分		
4.2	正确性核对	方法正确，结果正确	15	每条回路检查方法错误扣3分；结果错误扣2分；检查方法不规范，酌情扣分		
4.3	状态变化检查	符合相关技术要求	10	每条回路检查方法错误扣3分；结果错误扣2分；检查方法不规范，酌情扣分		
5	二次通流加压试验	安全措施到位、仪器仪表使用正确、操作步骤规范、校验结果符合要求	20			
5.1	准备工作	检查内容完整，处理措施得当	5	检查内容缺失，酌情扣分；处理措施不规范，酌情扣分		
5.2	二次通流试验	试验方法正确，试验内容完整，试验及计算结果正确	5	试验方法错误扣5分；试验内容缺失，酌情扣分；试验及计算结果错误扣5分		
5.3	电流二次回路负载检验	测量方法正确，测量内容完整，测量及计算结果正确	3	测量方法错误扣3分；测量内容缺失，酌情扣分；测量及计算结果错误扣3分		
5.4	电流二次回路直阻测量	测量方法正确，测量内容完整，测量及计算结果正确	2	测量方法错误扣2分；测量内容缺失，酌情扣分；测量及计算结果错误扣2分		

续表

评分标准						
序号	作业名称	质量要求	分值	扣分标准	扣分原因	得分
5.5	二次加压试验	测量方法正确，测量内容完整，测量及计算结果正确	5	试验方法错误扣5分；试验内容缺失，酌情扣分；试验及计算结果错误扣5分		
考试开始时间			考试结束时间		合计	
考生栏	编号：	姓名：	所在岗位：	单位：	日期：	
考评员栏	成绩：	考评员：		考评组长：		

JB410 (JB303) 变压器保护装置功能校验

一、操作

（一）工器具、材料、设备

（1）工器具：微机型继电保护测试仪1台，绝缘电阻表500、1000V各1块，数字万用表（6路电压、6路电流输出）1块，常用电工工具1套，函数型计算器1块。

（2）材料：试验线、绝缘胶带。

（3）设备：微机变压器保护屏。

（二）安全要求

（1）防止误入带电间隔。工作前熟悉工作地点、带电设备，相邻运行设备布置运行标识。检查现场安全围栏、警示牌和接地等安全措施。

（2）试验仪器电源使用。必须使用装有剩余电流保护的电源盘。螺丝刀等工具的金属裸露部分除刀口外都应进行绝缘防护。接（拆）电源，必须在电源开关拉开情况下进行，一人操作，一人监护。临时电源必须使用专用电源，禁止从运行设备上取电源。

（3）防止继电保护“三误”事故。根据现场实际情况，制订相关安全技术措施，严格执行经批准或许可的安全技术措施。

（4）直流回路工作。使用具备绝缘防护的工具，试验线严禁裸露，防止误碰金属导体部分。

（5）插拔插件。防止带电或频繁插拔插件。

（6）装置试验电流接入。短接交流电流外侧电缆，确认可靠短接后，方可断开交流电流连接片。必要时，在端子箱处将相应端子用绝缘胶带实施封闭。

（7）装置试验电压接入。断开交流二次电压引入回路，通过拆线进行隔离的，需用绝缘胶带对所拆线头实施绝缘包扎。

（8）拆动二次线。及时做好记录，并用绝缘胶带对所拆线头实施绝缘包扎。

（9）误跳各侧母联（分段）、旁路断路器。检查并断开对应的出口连接片，解开对应线头并逐个实施绝缘包扎。

(10) 失灵启动连接片未断开。检查失灵启动连接片需断开并拆开失灵启动回路线头，用绝缘胶带对所拆线头实施绝缘包扎。

(11) 校验中误发信号。必要时，断开相关信号采集装置（中央信号、远动信号、故障录波等）正电源，记录切换把手位置。

(12) 不准在保护室内使用无线通信设备，尤其是对讲机。

(13) 安全措施执行与恢复。严格按照安全作业规程规定执行。

(三) 操作项目

(1) 差动保护校验；

(2) 复合电压闭锁（方向）过电流保护校验；

(3) 零序过电流（方向）保护校验；

(4) 中性点间隙保护校验。

(四) 操作要求与步骤

1. 操作流程

操作流程如图 JB410－1 所示。

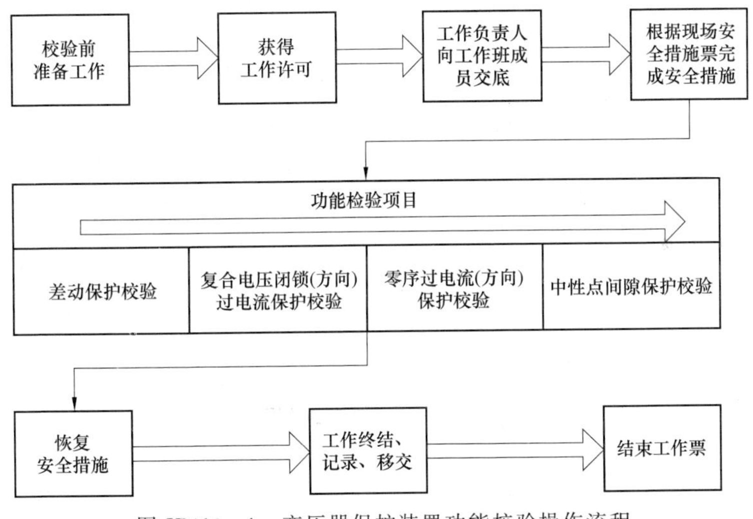

图 JB410－1　变压器保护装置功能校验操作流程

2. 准备工作

(1) 检查待验变压器保护装置状况、反措计划执行情况及设备缺陷统计等，并及时提交相关停役申请。

(2) 开工前，及时上报本次工作的材料计划。

(3) 根据功能校验项目，组织作业人员学习作业指导书，使全体作业人员熟悉并明确工作内容、作业标准、工作安排及安全注意事项等。

(4) 开工前，准备好作业所需仪器仪表、工器具及相关材料。仪器仪表和工器具应在检验合格期内。

(5) 准备主要技术资料，包括最新整定通知单、图纸、装置技术说明书、装置使用说明书及相关校验规程等。

(6) 按照相关安全工作规程正确填写工作票。

3. 技术要求

(1) 差动保护校验。校验前要求正确投入保护功能，定值核对正确，连接片投退正确。主要校验内容包括：各侧差动电流整定值（含动作时间）、比率制动动作特性、二次谐波制动系数和各侧差动速断电流定值（含动作时间）。

1) 各侧差动电流整定值（含动作时间）校验。测试侧施加单相故障电流（此处的单相故障电流特指经补偿后的装置显示电流，即进行某相差动定值校验时需排除其他相别差动电流干扰和零序电流干扰）。模拟故障量为0.95倍定值时，保护应可靠不动作；故障量为1.05倍定值时，保护应可靠动作；需在故障量为1.2倍定值时测量保护的动作时间。检查装置显示的动作信息是否正确、指示灯告警是否正确、动作时间是否满足技术要求。试验要求实测动作时间应不大于30ms，显示或打印出的保护动作时间与测试时间相比误差不大于±5ms。保护动作测量接点不宜取用信号量。

2) 比率制动动作特性测试。

a. 以高低压侧为例，确定制动电流数值，据此计算高压侧实际施加电流幅值。

b. 根据高压侧电流值及装置设计比率特性计算出差流理论值及低压侧施加电流理论值。

c. 高、低压侧分别施加电流值，其中高压侧电流为计算值，低压侧电流略大于计算值。同时观察装置制动电流与差动电流显示，应能体现制动特性。

d. 选择合适步长，逐渐减小低压侧电流，直至差动保护动作，记录相关数据。

e. 重复以上步骤，测试多点，直至满足制动特性曲线绘制要求。将实测特性曲线与设计值比较，误差应小于±10%。

3) 二次谐波制动系数试验。测试侧施加单相故障电流使差动保护可靠动作（此处的单相故障电流特指经补偿后的装置显示电流，即进行某相差动定值校验时需排除其他相别差动电流干扰和零序电流干扰）。利用谐波源在测试相别同时注入大于制动系数的二次谐波，差动保护可靠闭锁。选择合适步长，逐渐减小谐波电流，直至差动保护动作，记录相关数据，定值误差应小于±5%。

4) 差动速断电流定值（含动作时间）校验。测试侧施加单相故障电流（此处的单相故障电流特指经补偿后的装置显示电流，即进行某相差动定值校验时需排除其他相别差动电流干扰和零序电流干扰）。模拟故障量为0.95倍定值时，保护应可靠不动作；故障量为1.05倍定值时，保护应可靠动作；需在故障量为1.2倍定值时测量保护的动作时间。检查装置显示的动作信息是否正确、指示灯告警是否正确、动作时间是否满足技术要求。试验要求实测动作时间应不大于30ms，显示或打印出的保护动作时间与测试时间相比误差不大于±5ms。保护动作测量接点不宜取用信号量。

(2) 复合电压闭锁（方向）过电流保护校验。校验前要求正确投入保护功能，定值核对正确，连接片投退正确。主要校验内容包括：各段相电流启动定值（含动作时间)、相间低电压定值、负序电压定值、方向动作区及灵敏角。

1) 相电流启动定值（含动作时间）校验。退出过电流保护经方向闭锁，仅施加故障电流，模拟相间故障。模拟故障量为0.95倍定值时，保护应可靠不动作；故障量为1.05倍定值时，保护应可靠动作；需在故障量为1.2倍定值时测量保护的动作时间。检查装置显示的动作信息是否正确、指示灯告警是否正确、动作时间是否满足技术要求。试验要求实测动作时间与设置定值误差应不大于30ms，显示或打印出的保护动作时间与测试时间相比误差不大于±5ms。保护动作测量接点不宜取用信号量。

2) 相间低电压定值校验。测试侧加入三相对称额定电压，经一定延时后TV断线信号返回。施加单相故障电流，监视装置动作状态。选择合适步长，逐渐减小三相电压幅值，直至保护动作，记录动作电压值，要求与设置定值比较误差不大于±5%。

3) 负序电压定值校验。测试侧加入三相对称额定电压，经一定延时后TV断线信号返回。施加单相故障电流，监视装置动作状态。选择合适步长，逐渐减小某相电压幅值，直至保护动作，记录动作电压值，并计算此时的负序电压幅值，要求与设置定值比较误差不大于±5%。

4) 方向动作区及灵敏角校验。测试侧加入三相对称额定电压，经一定延时后TV断线信号返回。施加单相故障电流，监视装置动作状态。以某相电压作为参考，降低三相电压低于低电压定值。设置该相电流相位不在动作区，选择合适步长，逐渐改变该相相位，直至保护动作，记录动作的边界角度，并根据两侧边界角计算灵敏角。试验要求方向动作区正确，边界角和灵敏角与设置值误差不大于±5°。

(3) 零序过电流（方向）保护校验。校验前要求正确投入保护功能，定值核对正确，连接片投退正确。主要校验内容包括：各段零序电流启动定值（含动作时间)、零序电压闭锁定值、零序功率方向动作区及灵敏角。

1) 零序电流启动定值（含动作时间）校验。试验前应注意确认方向元件所采用的零序电流采集方式（自产或外接）。退出过电流保护经方向闭锁，仅施加故障电流，模拟单相接地故障。模拟故障量为0.95倍定值时，保护应可靠不动作；故障量为1.05倍定值时，保护应可靠动作；需在故障量为1.2倍定值时测量保护的动作时间。检查装置显示的动作信息是否正确、指示灯告警是否正确、动作时间是否满足技术要求。试验要求实测动作时间与设置定值误差应不大于30ms，显示或打印出的保护动作时间与测试时间相比误差不大于±5ms。保护动作测量接点不宜取用信号量。

2）零序电压闭锁定值校验。测试侧加入三相对称额定电压，经一定延时后TV断线信号返回。施加单相故障电流，监视装置动作状态。选择合适步长，逐渐减小某相电压幅值，直至保护动作，记录动作电压值，并计算此时的零序电压幅值，要求与设置定值比较误差不大于±5%。

3）零序功率方向动作区及灵敏角校验。测试侧加入三相对称额定电压，经一定延时后TV断线信号返回。施加单相故障电流，监视装置动作状态。以某相电压作为参考，降低该相电压低于零序电压闭锁定值。设置该相电流相位不在动作区，选择合适步长，逐渐改变该相相位，直至保护动作，记录相关数据。根据相电压、电流与零序电压、电流的关系计算两侧边界角及灵敏角。试验要求方向动作区正确，边界角和灵敏角与设置值误差不大于±5°。

（4）中性点间隙保护校验。校验前要求正确投入保护功能，定值核对正确，连接片投退正确。主要校验内容包括：中性点间隙过电流保护定值（含动作时间）和中性点间隙过电压保护定值（含动作时间）。

1）中性点间隙过电流保护定值（含动作时间）校验。选择装置中性点间隙电流通道，仅施加故障电流，模拟接地故障。模拟故障量为0.95倍定值时，保护应可靠不动作；故障量为1.05倍定值时，保护应可靠动作；需在故障量为1.2倍定值时测量保护的动作时间。检查装置显示的动作信息是否正确、指示灯告警是否正确、动作时间是否满足技术要求。试验要求实测动作时间与设置定值误差应不大于30ms，显示或打印出的保护动作时间与测试时间相比误差不大于±5ms。保护动作测量接点不宜取用信号量。

2）中性点间隙过电压保护定值（含动作时间）校验。选择装置中性点间隙电压通道，仅施加故障电压，模拟接地故障。必要时，可采取两相电压串接方式向装置注入电压，即选择测试仪一组电压通道的任意两相，设置幅值相等，相位相差180°测试量注入装置的电压通道。模拟故障量为0.95倍定值时，保护应可靠不动作；故障量为1.05倍定值时，保护应可靠动作；需在故障量为1.2倍定值时测量保护的动作时间。检查装置显示的动作信息是否正确、指示灯告警是否正确、动作时间是否满足技术要求。试验要求实测动作时间与设置定值误差应不大于30ms，显示或打印出的保护动作时间与测试时间相比误差不大于±5ms。保护动作测量接点不宜取用信号量。

二、考核

1．考核场地

（1）具备上述考核条件的设备和实训场地。

（2）室内温度 5～30℃，湿度＜75％。

（3）具备 DC 110V/220V 电源输出端子。

（4）具备 AC 220V/380V 电源输出端子。

（5）可靠的室内接地端子。

（6）消防器材。

（7）良好的通风和采光照明。

（8）供考评人员使用的评判桌椅和计时工具。

2．考核时间

（1）考核时间为 60min。

（2）许可作业时记录开始时间，现场清理完毕汇报工作终结，记录考核结束时间。

3．考核要点

中级工对应项目：

（1）基本操作。

1）仪器及工器具的选用和准备；

2）准备工作的安全措施执行；

3）完成简要校验记录；

4）报告工作终结，提交试验报告；

5）恢复安全措施，清扫场地。

（2）装置功能校验 1（高压侧 U 相复合电压闭锁过电流保护Ⅰ段功能的定值与动作时间校验。不考虑方向性校验内容）：

1）固定为复合电压闭锁过电流保护；

2）指定具体保护功能段别；

3）指定具体校验相别；

4）不考虑方向性校验。

（3）装置功能校验 2（中压侧 V 相零序过电流保护Ⅰ段功能的定值与动作时间校验。不考虑方向性校验内容）：

1）固定为零序电流保护；

2）指定具体保护功能段别；

3）指定具体校验相别；

4）不考虑方向性校验。

高级工对应项目：

（1）基本操作。

1）仪器及工器具的选用和准备；

2）准备工作的安全措施执行；

3）完成简要校验记录；

4）报告工作终结，提交试验报告。

（2）装置功能校验1（高压侧U相复合电压闭锁过电流保护Ⅰ段功能的定值与动作时间校验。考虑方向性校验内容）：

1）固定为复合电压闭锁过电流保护；

2）指定具体保护功能段别；

3）指定具体校验相别；

4）不考虑方向性校验。

（3）装置功能校验2（中压侧V相零序过电流保护Ⅰ段功能的定值与动作时间校验。考虑方向性校验内容）：

1）固定为零序过电流保护；

2）指定具体保护功能段别；

3）指定具体校验相别；

（4）不考虑方向性校验。

4. *考核要求*

（1）单人操作，衣着规范，精神状态良好。考生就位后，经考评人员许可后方可开始操作。

（2）校验前及过程中，安全技术措施布置到位。

（3）仪器及工器具选用及使用正确。

（4）校验过程接线正确合理。

（5）校验过程方法正确。

（6）校验过程记录完整有效。记录内容完整，需包括但不限于校验时间、地点、校验人、校验项目、校验方法、校验仪器、接线方式及校验结论，校验结论需与实际情况一致，并能正确反映校验对象的相关状态。

（7）校验完毕后，需及时拆除接线，归还仪器及工器具，并清扫现场。

（8）能够熟练运用办公软件（Microsoft Office、WPS等）编写电子报告（含表格处理、图形编辑等）。

三、评分参考标准

行业：电力工程　　　　　　　　　工种：继电保护工　　　　　　　　　等级：四

编　号	JB410	行为领域	e	鉴定范围	
考核时间	60min	题　型	A	含权题分	50
试题名称	变压器保护装置功能校验				
考核要点及其要求	(1) 要求单独操作。 (2) 现场（或实训室）操作。 (3) 通过本测试，考察考生对于变压器保护装置功能校验的掌握程度。 (4) 按照规范的技能操作完成考评人员规定的操作内容				
工器具、材料、设备	(1) 微机型继电保护测试仪1台。 (2) 绝缘电阻表500、1000V规格各1块。 (3) 数字万用表（6路电压、6路电流输出）1块。 (4) 常用电工工具1套。 (5) 函数型计算器1块。 (6) 试验线、绝缘胶带。 (7) 微机变压器保护屏				
备注					

评分标准

序号	作业名称	质量要求	分值	扣分标准	扣分原因	得分
1	基本操作	按照规定完成相关操作	20			
1.1	仪器及工器具的选用和准备	正确	2	选用缺项或不正确扣1分；准备工作不到位扣1分		
1.2	准备工作的安全措施执行	按相关规程执行	10	安全措施未按相关规程执行，酌情扣分		
1.3	完成简要校验记录	内容完整，结论正确	3	内容不完整或结论不正确扣2分		
1.4	报告工作终结，提交试验报告		3	该步缺失扣3分；未按顺序进行扣1分		
1.5	恢复安全措施，清扫场地		2	该步缺失扣2分；未按顺序进行扣1分		

续表

评分标准						
序号	作业名称	质量要求	分值	扣分标准	扣分原因	得分
2	装置功能校验1：复合电压闭锁过电流保护Ⅰ段保护功能校验（不考虑方向性校验内容）	安全措施到位、仪器仪表使用正确、操作步骤规范、校验结果符合要求	40			
2.1	定值、控制字及压板设置	按保护的校验需要正确设置	10	漏项或错误，每项扣5分		
2.2	动作特性校验	故障模拟正确，状态信息检查正确，特性校验内容完整	15	故障模拟不正确扣10分；状态信息检查不完整酌情扣分；特性校验内容不完整酌情扣分		
2.3	动作时间校验	测试方法正确，测试接点取用规范，测试内容完整	15	测试方法不正确扣10分；测试接点取用不规范扣8分；测试内容缺一项扣8分		
3	装置功能校验2：零序电流保护Ⅰ段保护功能校验（不考虑方向性校验内容）	安全措施到位、仪器仪表使用正确、操作步骤规范、校验结果符合要求	40			
3.1	定值、控制字及压板设置	按保护的校验需要正确设置	10	漏项或错误，每项扣5分		
3.2	动作特性校验	故障模拟正确，状态信息检查正确，特性校验内容完整	15	故障模拟不正确扣10分；状态信息检查不完整酌情扣分；特性校验内容不完整酌情扣分		
3.3	动作时间校验	测试方法正确，测试接点取用规范，测试内容完整	15	测试方法不正确扣10分；测试接点取用不规范扣8分；测试内容缺一项扣8分		
考试开始时间			考试结束时间		合计	
考生栏	编号：	姓名：	所在岗位：	单位：	日期：	
考评员栏	成绩：	考评员：		考评组长：		

编　号	JB303	行为领域	e	鉴定范围	
考核时间	60min	题　型	A	含权题分	50
试题名称	变压器保护装置功能校验				
考核要点及其要求	(1) 要求单独操作。 (2) 现场（或实训室）操作。 (3) 通过本测试，考察考生对于变压器保护装置功能校验的掌握程度。 (4) 按照规范的技能操作完成考评人员规定的操作内容				
工器具、材料、设备	(1) 微机型继电保护测试仪1台。 (2) 绝缘电阻表500、1000V规格各1块。 (3) 数字万用表（6路电压、6路电流输出）1块。 (4) 常用电工工具1套。 (5) 函数型计算器1块。 (6) 试验线、绝缘胶带。 (7) 微机变压器保护屏				
备注					

评分标准

序号	作业名称	质量要求	分值	扣分标准	扣分原因	得分
1	基本操作	按照规定完成相关操作	20			
1.1	仪器及工器具的选用和准备	正确	2	选用缺项或不正确扣1分；准备工作不到位扣1分		
1.2	准备工作的安全措施执行	按相关规程执行	10	安全措施未按相关规程执行，酌情扣分		
1.3	完成简要校验记录	内容完整，结论正确	3	内容不完整或结论不正确扣2分		
1.4	报告工作终结，提交试验报告		3	该步缺失扣3分；未按顺序进行扣1分		
1.5	恢复安全措施，清扫场地		2	该步缺失扣2分；未按顺序进行扣1分		
2	装置功能校验1：复合电压闭锁过电流保护Ⅰ段保护功能校验（考虑方向性校验内容）	安全措施到位、仪器仪表使用正确、操作步骤规范、校验结果符合要求	40			

续表

评分标准						
序号	作业名称	质量要求	分值	扣分标准	扣分原因	得分
2.1	控制字及压板设置正确	按保护的动作需要整定正确	5	漏项或错误扣5分		
2.2	相电流定值校验正确	故障模拟正确，状态信息检查正确，定值校验内容完整	5	故障模拟不正确扣4分；状态信息检查不完整酌情扣分；定值校验内容不完整酌情扣分		
2.3	低电压定值校验正确	故障模拟正确，状态信息检查正确，定值校验内容完整	5	故障模拟不正确扣4分；状态信息检查不完整酌情扣分；定值校验内容不完整酌情扣分		
2.4	负序电压定值校验正确	故障模拟正确，状态信息检查正确，定值校验内容完整	5	故障模拟不正确扣4分；状态信息检查不完整酌情扣分；定值校验内容不完整酌情扣分		
2.5	动作方向区及灵敏角校验	故障模拟正确，状态信息检查正确，定值校验内容完整	10	故障模拟不正确扣8分；状态信息检查不完整酌情扣分；定值校验内容不完整酌情扣分		
2.6	动作时间校验	测试方法正确，测试接点取用规范，测试内容完整	10	测试方法不正确扣8分；测试接点取用不规范扣5分；测试内容缺一项扣5分		
3	装置功能校验2：零序电流保护Ⅰ段保护功能校验（考虑方向性校验内容）	安全措施到位、仪器仪表使用正确、操作步骤规范、校验结果符合要求	40			
3.1	控制字及压板投退正确	按保护的动作需要整定正确	5	漏项或错误扣5分		
3.2	零序电流定值校验正确	故障模拟正确，状态信息检查正确，定值校验内容完整	10	故障模拟不正确扣8分；状态信息检查不完整酌情扣分；定值校验内容不完整酌情扣分		
3.3	零序电压闭锁定值校验正确	故障模拟正确，状态信息检查正确，定值校验内容完整	5	故障模拟不正确扣5分；状态信息检查不完整酌情扣分；定值校验内容不完整酌情扣分		
3.4	动作方向区及灵敏角校验	故障模拟正确，状态信息检查正确，定值校验内容完整	10	故障模拟不正确扣10分；状态信息检查不完整酌情扣分；定值校验内容不完整酌情扣分		

续表

评分标准						
序号	作业名称	质量要求	分值	扣分标准	扣分原因	得分
3.5	动作时间校验	测试方法正确，测试接点取用规范，测试内容完整	10	测试方法不正确扣10分；测试接点取用不规范扣5分；测试内容缺一项扣2分		
考试开始时间			考试结束时间		合计	
考生栏	编号： 姓名： 所在岗位： 单位： 日期：					
考评员栏	成绩： 考评员： 考评组长：					

JB411 (JB304) 线路保护装置功能校验

一、操作

(一) 工器具、材料、设备

(1) 工器具：微机型继电保护测试仪 1 台，绝缘电阻表 500、1000V 各 1 块，数字万用表 1 块，常用电工工具 1 套，函数型计算器 1 块。

(2) 材料：试验线、绝缘胶带。

(3) 设备：微机线路保护屏。

(二) 安全要求

(1) 防止误入带电间隔。工作前熟悉工作地点、带电设备，相邻运行设备布置运行标识。检查现场安全围栏、警示牌和接地等安全措施。

(2) 试验仪器电源使用。必须使用装有剩余电流保护的电源盘。螺丝刀等工具的金属裸露部分除刀口外都应进行绝缘防护。接（拆）电源，必须在电源开关拉开情况下进行，一人操作，一人监护。临时电源必须使用专用电源，禁止从运行设备上取电源。

(3) 防止继电保护“三误”事故。根据现场实际情况，制订相关安全技术措施，严格执行经批准或许可的安全技术措施。

(4) 直流回路工作。使用具备绝缘防护的工具，试验线严禁裸露，防止误碰金属导体部分。

(5) 插拔插件。防止带电或频繁插拔插件。

(6) 装置试验电流接入。短接交流电流外侧电缆，确认可靠短接后，方可打开交流电流连接片。必要时，在端子箱处将相应端子用绝缘胶带实施封闭。

(7) 装置试验电压接入。断开交流二次电压引入回路，对拆线进行隔离的，需并用绝缘胶带对所拆线头实施绝缘包扎。

(8) 拆动二次线。及时做好记录，并用绝缘胶带对所拆线头实施绝缘包扎。

(9) 失灵启动连接片未断开。检查失灵启动连接片应断开并拆开失灵启动回路线头，用绝缘胶带对所拆线头实施绝缘包扎。

(10) 校验中误发信号。必要时，断开相关信号采集装置（中央信号、远动信号、故障录波等）正电源，记录切换把手位置。

(11) 不准在保护室内使用无线通信设备，尤其是对讲机。

(12) 安全措施执行与恢复。严格按照安全作业规程规定执行。

(三) 操作项目

(1) 纵联闭锁式保护校验；

(2) 工频变化量距离保护校验；

(3) 距离保护校验；

(4) 零序过电流保护校验；

(5) TV 断线时相电流保护校验；

(6) 合闸于故障线路零序电流保护校验。

(四) 作业要求与步骤

1. 操作流程

操作流程如图 JB411－1 所示。

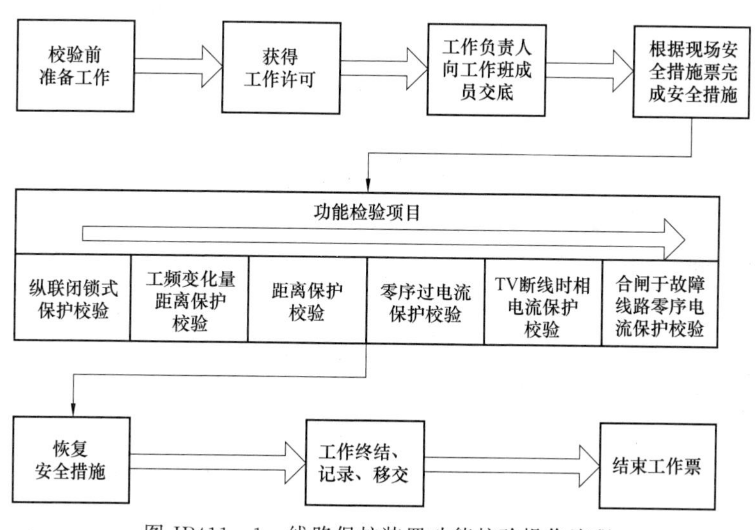

图 JB411－1　线路保护装置功能校验操作流程

2. 准备工作

(1) 检查待验线路保护装置状况、反措计划执行情况及设备缺陷统计等，并及时提交相关停役申请。

(2) 开工前，及时上报本次工作的材料计划。

(3) 根据功能校验项目，组织作业人员学习作业指导书，使全体作业人员熟悉并明确工作内容、作业标准、工作安排及安全注意事项等。开工前，准备好作业所需仪器仪表、工器具及相关材料。仪器仪表和工器具应在检验合格期内。

（4）准备主要技术资料，包括：最新整定通知单、图纸、装置技术说明书、装置使用说明书及相关校验规程等。

（5）按照相关安全工作规程正确填写工作票。

3. 技术要求

（1）注意事项：

1）“内重合把手有效”退出。

2）投入“主保护”“距离保护”“零序保护”等相关功能压板。

3）退出“三跳闭重”功能。重合方式选择为“单重”。

4）分合断路器，务必确认保护装置接收状态。

5）为确保故障选相及测距的有效性，试验时确保测试仪在收到保护跳闸命令20ms后再切除故障电流。

（2）纵联闭锁式保护校验。

1）通道方式设置。使用高频通道的，将收发信机整定于“负荷”位置，或将本装置的发信输出接至收信输入构成自发自收；使用光纤通道的，则需将光纤传输装置的尾纤自环。

2）纵联变化量方向保护校验：

a. 仅投主保护功能压板，重合把手选择“单重”方式；投入“纵联变化量方向”、投入“投重合闸”、投入“重合闸不检”、退出“允许式通道”，观察保护充电状态。

b. 加入正确的故障电流、电压及灵敏角，分别模拟单相接地、两相、三相正方向瞬时故障进行正方向校验。检查装置显示的动作信息是否正确、指示灯告警是否正确、动作时间是否满足技术要求（15～20ms）。

c. 模拟上述故障的反方向状态，纵联变化量方向保护应可靠不动作。

3）纵联零序方向保护检验：

a. 投入主保护和零序保护功能压板，重合把手选择“单重”方式；投入“投重合闸”、投入“重合闸不检”、退出“纵联变化量方向”、退出“允许式通道”，观察保护充电状态。

b. 加入正确的故障电流、电压及灵敏角，分别模拟三相各相单相接地瞬时故障，模拟故障时间为100～150ms。模拟故障电流为1.05倍零序方向比较过电流定值时，保护应可靠动作；电流小于0.95倍零序方向比较过电流定值时，保护应可靠不动作；需在故障电流为1.2倍零序方向比较过电流定值时测量零序方向保护的动作时间。

c. 检查装置显示的动作信息是否正确、指示灯告警是否正确、动作时间是否满足技术要求（15～20ms）。

d. 模拟相关故障的反方向状态，纵联零序方向保护应可靠不动作。

4）纵联距离保护检验：

a. 投入主保护和零序保护功能压板，重合把手选择“单重”方式；投入“投重合闸”、投入“重合闸不检”、退出“纵联变化量方向”、退出“允许式通道”，观察保护充电状态。

b. 正方向校验：加入正确的故障电流、电压及相角，分别模拟单相接地、两相、三相正方向瞬时故障，模拟故障时间为100～150ms。模拟故障量为0.95倍定值时，保护应可靠动作；故障量为1.05倍定值时，保护应可靠不动作；需在故障量为0.7倍定值时测量保护的动作时间。

c. 检查装置显示的动作信息是否正确、指示灯告警是否正确、动作时间是否满足技术要求（不大于40ms）。

d. 模拟相关故障的反方向状态，纵联距离保护应可靠不动作。

（3）工频变化量距离保护校验（例如RCS-901）。

1）投入距离保护功能压板、重合把手选择“单重”方式、投入“投重合闸”、投入“重合闸不检”、退出距离保护其他段，观察保护充电状态。

2）加入正确的故障电流、电压及相角，分别模拟三相各相单相接地、各相间瞬时故障，模拟故障时间为100～150ms。模拟故障量为1.1倍定值（工频变化量系数m）时，保护应可靠动作；故障量为0.9倍定值时，保护应可靠不动作；需在故障量为1.2倍定值时测量保护的动作时间。

3）检查装置显示的动作信息是否正确、指示灯告警是否正确、动作时间是否满足技术要求（不大于40ms）。

（4）距离保护校验：

1）投入相关距离保护功能，选择合适重合闸方式及设置，观察保护充电状态。

2）距离Ⅰ段保护校验。加入正确的故障电流、电压及相角，分别模拟三相单相接地、各相间瞬时故障，模拟故障时间为100～150ms。距离Ⅰ段保护在0.95倍定值时，应可靠动作；在1.05倍定值时，应可靠不动作；需在0.7倍定值时，测量距离保护Ⅰ段的动作时间。检查装置显示的动作信息是否正确、指示灯告警是否正确、动作时间是否满足技术要求（不大于40ms）。

3）距离Ⅱ段保护校验。加入正确的故障电流、电压及相角，分别模拟三相单相接地、各相间瞬时故障，模拟故障时间为大于距离Ⅱ段的动作时间定值。距离Ⅱ段保护在0.95倍定值时，应可靠动作；在1.05倍定值时，应可靠不动作；需在0.7倍定值时，测量距离保护Ⅱ段的动作时间。检查装置显示的动作信息是否正确、指示灯告警是否正确、动作时间是否满足技术要求（大于距离Ⅱ段动作时间定值)。

4)距离Ⅲ段保护校验。加入正确的故障电流、电压及相角,分别模拟三相单相接地、各相间瞬时故障,模拟故障时间大于距离Ⅲ段动作时间定值。距离Ⅲ段保护在0.95倍定值时,应可靠动作;在1.05倍定值时,应可靠不动作;需在0.7倍定值时,测量距离保护Ⅲ段的动作时间。检查装置显示的动作信息是否正确、指示灯告警是否正确、动作时间是否满足技术要求(与动作时间定值误差小于±30ms)。

(5)零序过电流方向保护校验(假定仅使用Ⅱ段、Ⅲ段,其中Ⅱ段带方向)。

1)投入相关零序过电流保护功能,选择合适重合闸方式及设置,观察保护充电状态。

2)加入正确的故障电流、电压及相角,分别模拟三相单相接地瞬时故障。模拟故障时间应大于零序过电流Ⅱ段(或Ⅲ段)保护的动作时间。模拟故障电流为1.05倍零序过电流保护动作定值时,应可靠动作;在0.95倍定值时,应可靠不动作;需在1.2倍定值时,测量零序过电流保护的动作时间。检查装置显示的动作信息是否正确、指示灯告警是否正确、动作时间是否满足技术要求(与时间定值误差小于±30ms)。

3)投入定值中所有零序段方向方式字,给定相应段1.2倍的零序过电流保护定值,做三相单相反方向接地故障。零序保护应可靠不动作。

(6)TV断线时相电流保护定值校验。

1)投入相关零序电流和距离保护功能,选择合适重合闸方式及设置,观察保护充电状态。

2)模拟故障电压量为零,模拟故障时间应大于交流电压回路断线时过电流延时定值。模拟相间或三相短路故障时,故障电流为交流电压回路断线时过电流定值;模拟单相接地故障时,故障电流为交流电压回路断线时零序过电流定值。

3)在交流电压回路断线后,加模拟故障电流,过电流保护和零序过电流保护在1.05倍定值时应可靠动作,在0.95倍定值时应可靠不动作,需在1.2倍定值下测量保护动作时间。

4)检查装置显示的动作信息是否正确、指示灯告警是否正确、动作时间是否满足技术要求(与时间定值误差小于±30ms)。

(7)合闸于故障线路零序电流保护校验。

1)投入相关零序电流和距离保护功能,选择合适重合闸方式及设置,观察保护充电状态。

2)模拟手合单相接地故障,模拟故障前,给上“跳闸位置”开关量。模拟故障时间为300ms,模拟合适的故障电压,相角为灵敏角,模拟故障电流分别为

0.95、1.05、1.2 倍合闸于故障线路零序电流保护定值。

3）合闸于故障线路零序电流保护在 1.05 倍定值时可靠动作，0.95 倍定值时可靠不动作，并测量 1.2 倍定值时的保护动作时间。

4）检查装置显示的动作信息是否正确、指示灯告警是否正确、动作时间是否满足技术要求（与动作时间定值误差小于±30ms）。

二、考核

1. 考核场地

（1）具备上述考核条件的设备和实训场地。

（2）室内温度 5～30℃，湿度＜75％。

（3）具备 DC 110V/220V 电源输出端子。

（4）具备 AC 220V/380V 电源输出端子。

（5）可靠的室内接地端子。

（6）消防器材。

（7）良好的通风和采光照明。

（8）供考评人员使用的评判桌椅和计时工具。

2. 考核时间

（1）考核时间为 60min。

（2）许可作业时记录开始时间，现场清理完毕汇报工作终结，记录考核结束时间。

3. 考核要点

中级工对应项目：

（1）基本操作。

1）仪器及工器具的选用和准备；

2）准备工作的安全措施执行；

3）完成简要校验记录；

4）报告工作终结，提交试验记录；

5）恢复安全措施，清扫场地。

（2）装置基本校验 1（距离保护Ⅱ段功能校验。要求模拟 VW 相间故障，通过试验完成距离保护Ⅱ段功能校验，重合闸停用）。

1）指定保护功能（具体到段别）；

2）指定模拟故障类型（具体到相别）；

3）不考虑方向性校验；

4）重合闸停用。

(3) 装置基本校验 2（零序电流保护Ⅱ段功能校验。要求模拟 U 相接地故障，通过试验完成零序电流保护Ⅱ段功能校验。重合闸停用）。

1）指定保护功能（具体到段别）；

2）指定模拟故障类型（具体到相别）；

3）不考虑方向性校验；

4）重合闸停用；

5）保护功能区别于装置功能校验 1；

6）完成交流电压或电流回路校验。

高级工对应项目：

(1) 基本操作。

1）仪器及工器具的选用和准备；

2）准备工作的安全措施执行；

3）完成简要校验记录；

4）报告工作终结，提交试验记录；

5）恢复安全措施，清扫场地。

(2) 装置基本校验 1（距离保护Ⅱ段功能校验。要求模拟 VW 相间故障，通过试验完成距离保护Ⅱ段功能校验，投入单相重合闸）。

1）指定保护功能（具体到段别）；

2）指定模拟故障类型（具体到相别）；

3）指定重合闸投入方式。

(3) 装置基本校验 2（零序电流保护Ⅱ段功能校验。要求模拟 U 相接地故障，通过试验完成零序电流保护Ⅱ段功能校验，投入单相重合闸）。

1）指定保护功能（具体到段别）；

2）指定模拟故障类型（具体到相别）；

3）指定重合闸投入方式；

4）保护功能区别于其他项目。

(4) 装置基本校验 3（纵联差动保护功能校验。要求模拟 U 相故障，通过试验完成纵联差动保护功能校验，重合闸停用）。

1）指定保护功能（具体到段别）；

2）指定模拟故障类型（具体到相别）；

3）重合闸停用。

4. 考核要求

(1) 单人操作，衣着规范，精神状态良好。考生就位后，经考评人员许可后方可开始操作。

(2) 校验前及过程中，安全技术措施布置到位。

(3) 仪器及工器具选用及使用正确。

(4) 校验过程接线正确合理。

(5) 校验过程方法正确。

(6) 校验过程记录完整有效。记录内容完整，需包括但不限于校验时间、地点、校验人、校验项目、校验方法、校验仪器、接线方式及校验结论，校验结论需与实际情况一致，并能正确反映校验对象的相关状态。

(7) 校验完毕后，需及时拆除接线，归还仪器及工器具，并清扫现场。

(8) 能够熟练运用办公软件（Microsoft Office、WPS 等）编写电子报告（含表格处理、图形编辑等）。

三、评分参考标准

行业：电力工程　　　　工种：继电保护工　　　　等级：四

编　　号	JB411	行为领域	e	鉴定范围	
考核时间	60min	题　　型	A	含权题分	50
试题名称	线路保护装置功能校验				
考核要点及其要求	(1) 要求单独操作。 (2) 现场（或实训室）操作。 (3) 通过本测试，考察考生对于线路保护装置功能校验的掌握程度。 (4) 按照规范的技能操作完成考评人员规定的操作内容				
工器具、材料、设备	(1) 微机型继电保护测试仪 1 台。 (2) 绝缘电阻表 500、1000V 规格各 1 块。 (3) 数字万用表 1 块。 (4) 常用电工工具 1 套。 (5) 函数型计算器 1 块。 (6) 试验线、绝缘胶带。 (7) 微机线路保护屏				
备注	以下序号 2～6 项，考试人员只考 1 项，由考评人员考前确定，确定后不得更改				

评分标准

序号	作业名称	质量要求	分值	扣分标准	扣分原因	得分
1	基本操作	按照规定完成相关操作	20			
1.1	仪器及工器具的选用和准备	正确	2	选用缺项或不正确扣 1 分；准备工作不到位扣 1 分		
1.2	准备工作的安全措施执行	按相关规程执行	10	安全措施未按相关规程执行，酌情扣分		

续表

评分标准						
序号	作业名称	质量要求	分值	扣分标准	扣分原因	得分
1.3	完成简要校验记录	内容完整，结论正确	3	内容不完整或结论不正确扣2分		
1.4	报告工作终结，提交试验记录		3	该步缺失扣3分；未按顺序进行扣1分		
1.5	恢复安全措施，清扫场地		2	该步缺失扣2分；未按顺序进行扣1分		
2	功能校验1：纵联闭锁式保护（2.3和2.4任选一项）	安全措施到位、仪器仪表使用正确、操作步骤规范、校验结果符合要求	80			
2.1	通道设置	正确	20	设置不正确扣20分		
2.2	纵联变化量方向保护校验（指定一种故障状态，不进行方向校验）	定值、压板及重合闸方式选择正确，故障模拟正确，状态信息检查正确，时间校验正确	30	定值、压板及重合闸方式选择错误扣10分，故障模拟错误扣20分，状态信息检查错误扣5分，时间校验错误扣10分		
2.3	纵联零序方向保护检验（指定一种故障状态，不进行方向校验）	定值、压板及重合闸方式选择正确，故障模拟正确，状态信息检查正确，时间校验正确	30	定值、压板及重合闸方式选择错误扣10分，故障模拟错误扣20分，状态信息检查错误扣5分，时间校验错误扣10分		
2.4	纵联距离保护检验（指定一种故障状态，不进行方向校验）	定值、压板及重合闸方式选择正确，故障模拟正确，状态信息检查正确，时间校验正确	30	定值、压板及重合闸方式选择错误扣10分，故障模拟错误扣20分，状态信息检查错误扣5分，时间校验错误扣10分		
3	功能校验2：工频变化量距离保护检验	安全措施到位、仪器仪表使用正确、操作步骤规范、校验结果符合要求	80			
3.1	控制字整定正确	按保护动作的需要整定正确	10	整定漏项或错误扣10分		
3.2	软硬压板投运正确	按保护动作的需要整定正确	10	压板投退漏项或错误扣10分		

续表

评分标准						
序号	作业名称	质量要求	分值	扣分标准	扣分原因	得分
3.3	保护动作校验	故障模拟正确，状态信息检查正确	40	故障模拟错误扣30分，状态信息检查错误扣10分		
3.4	动作时间校验	正确	20	时间校验错误扣20分		
4	功能校验3：距离保护校验（任选一段保护校验，指定一种故障状态）	安全措施到位、仪器仪表使用正确、操作步骤规范、校验结果符合要求	80			
4.1	定值、压板及重合闸方式选择	按保护动作的需要设置	10	选择漏项或错误扣10分		
4.2	保护动作校验	故障模拟正确，状态信息检查正确	50	故障模拟错误扣40分，状态信息检查错误扣10分，未按要求加入故障量校验扣20分		
4.3	动作时间校验	正确	20	时间校验错误扣20分，未按要求加入故障量扣10分		
5	功能校验4：零序过电流保护校验（任选一段不带方向保护校验，指定一种故障状态）	安全措施到位、仪器仪表使用正确、操作步骤规范、校验结果符合要求	80			
5.1	定值、压板及重合闸方式选择	按保护动作的需要设置	10	选择漏项或错误扣10分		
5.2	保护动作校验	故障模拟正确，状态信息检查正确	50	故障模拟错误扣40分，状态信息检查错误扣10分，未按要求加入故障量校验扣20分		
5.3	动作时间校验	正确	20	时间校验错误扣20分，未按要求加入故障量扣10分		

续表

评分标准						
序号	作业名称	质量要求	分值	扣分标准	扣分原因	得分
6	功能校验5：TV断线时相电流保护定值校验（指定一种故障状态）	安全措施到位、仪器仪表使用正确、操作步骤规范、校验结果符合要求	80			
6.1	定值、压板及重合闸方式选择	按保护动作的需要设置	10	选择漏项或错误扣10分		
6.2	保护动作校验	故障模拟正确，状态信息检查正确	50	故障模拟错误扣40分，状态信息检查错误扣10分，未按要求加入故障量校验扣20分		
6.3	动作时间校验	正确	20	时间校验错误扣20分，未按要求加入故障量扣10分		
考试开始时间			考试结束时间		合计	
考生栏	编号：	姓名：	所在岗位：	单位：	日期：	
考评员栏	成绩：	考评员：		考评组长：		

行业：电力工程　　　　　　工种：继电保护工　　　　　　等级：三

编　　号	JB304	行为领域	e	鉴定范围	
考核时间	60min	题　　型	A	含权题分	50
试题名称	线路保护装置功能校验				
考核要点及其要求	(1) 要求单独操作。 (2) 现场（或实训室）操作。 (3) 通过本测试，考察考生对于线路保护装置功能校验的掌握程度。 (4) 按照规范的技能操作完成考评人员规定的操作内容				
工器具、材料、设备	(1) 微机型继电保护测试仪1台。 (2) 绝缘电阻表500、1000V规格各1块。 (3) 数字万用表1块。 (4) 常用电工工具1套。 (5) 函数型计算器1块。 (6) 试验线、绝缘胶带。 (7) 微机线路保护屏				
备注	以下序号2～7项，考试人员只考2项，由考评人员考前确定，确定后不得更改				

续表

评分标准						
序号	作业名称	质量要求	分值	扣分标准	扣分原因	得分
1	基本操作	按照规定完成相关操作	20			
1.1	仪器及工器具的选用和准备	正确	2	选用缺项或不正确扣1分；准备工作不到位扣1分		
1.2	准备工作的安全措施执行	按相关规程执行	10	安全措施未按相关规程执行，酌情扣分		
1.3	完成简要校验记录	内容完整，结论正确	3	内容不完整或结论不正确扣2分		
1.4	报告工作终结，提交试验记录		3	该步缺失扣3分；未按顺序进行扣1分		
1.5	恢复安全措施，清扫场地		2	该步缺失扣2分；未按顺序进行扣1分		
2	功能校验6：纵联闭锁式保护（2.3和2.4任选一项）	安全措施到位、仪器仪表使用正确、操作步骤规范、校验结果符合要求	40			
2.1	通道设置	正确	10	设置不正确此场景不得分		
2.2	纵联变化量方向保护校验（指定一种故障状态）	定值、压板及重合闸方式选择正确，故障模拟正确，状态信息检查正确，时间校验正确，反方向校验正确	15	定值、压板及重合闸方式选择错误扣5分；故障模拟错误扣10分；状态信息检查错误扣5分；时间校验错误扣5分；反方向校验错误扣5分		
2.3	纵联零序方向保护检验（指定一种故障状态）	定值、压板及重合闸方式选择正确，故障模拟正确，状态信息检查正确，时间校验正确，反方向校验正确	15	定值、压板及重合闸方式选择错误扣5分；故障模拟错误扣10分；状态信息检查错误扣5分；时间校验错误扣5分；反方向校验错误扣5分		
2.4	纵联距离保护检验（指定一种故障状态）	定值、压板及重合闸方式选择正确，故障模拟正确，状态信息检查正确，时间校验正确，反方向校验正确	15	定值、压板及重合闸方式选择错误扣5分；故障模拟错误扣10分；状态信息检查错误扣5分；时间校验错误扣5分；反方向校验错误扣5分		
3	功能校验7：工频变化量距离保护检验	安全措施到位、仪器仪表使用正确、操作步骤规范、校验结果符合要求	40			

续表

评分标准						
序号	作业名称	质量要求	分值	扣分标准	扣分原因	得分
3.1	控制字整定正确	按保护动作的需要整定正确	5	整定漏项或错误扣5分		
3.2	软硬压板投运正确	按保护动作的需要整定正确	5	压板投退漏项或错误扣5分		
3.3	保护动作校验	故障模拟正确，状态信息检查正确	25	故障模拟错误扣20分；状态信息检查错误扣5分		
3.4	动作时间校验	正确	5	时间校验错误扣5分		
4	功能校验8：距离保护校验（任选一段保护校验，指定一种故障状态）	安全措施到位、仪器仪表使用正确、操作步骤规范、校验结果符合要求	40			
4.1	定值、压板及重合闸方式选择	按保护动作的需要设置	5	选择漏项或错误扣5分		
4.2	保护动作校验	故障模拟正确，状态信息检查正确	25	故障模拟错误扣20分；状态信息检查错误扣5分；未按要求加入故障量校验扣10分		
4.3	动作时间校验	正确	10	时间校验错误扣10分；未按要求加入故障量扣5分		
5	功能校验9：零序过电流保护校验（任选一段保护校验，指定一种故障状态）	安全措施到位、仪器仪表使用正确、操作步骤规范、校验结果符合要求	40			
5.1	定值、压板及重合闸方式选择	按保护动作的需要设置	5	选择漏项或错误扣5分		
5.2	保护动作校验	故障模拟正确，状态信息检查正确	15	故障模拟错误扣10分；状态信息检查错误扣5分；未按要求加入故障量校验扣5分		
5.3	动作时间校验	正确	10	时间校验错误扣10分；未按要求加入故障量扣5分		

续表

评分标准						
序号	作业名称	质量要求	分值	扣分标准	扣分原因	得分
5.4	反方向校验	故障模拟正确，状态信息检查正确	10	故障模拟错误扣 10 分；状态信息检查错误扣 5 分		
6	功能校验 10：TV 断线时相电流保护定值校验（指定一种故障状态）	安全措施到位、仪器仪表使用正确、操作步骤规范、校验结果符合要求	40			
6.1	定值、压板及重合闸方式选择	按保护动作的需要设置	5	选择漏项或错误扣 5 分		
6.2	保护动作校验	故障模拟正确，状态信息检查正确	25	故障模拟错误扣 20 分；状态信息检查错误扣 5 分；未按要求加入故障量校验扣 10 分		
6.3	动作时间校验	正确	10	时间校验错误扣 10 分；未按要求加入故障量扣 5 分		
7	功能校验 11：合闸于故障线路零序电流保护校验	校验结果符合要求	40			
7.1	定值、压板及重合闸方式选择	按保护动作的需要设置	5	选择漏项或错误扣 5 分		
7.2	保护动作校验	故障模拟正确，状态信息检查正确	25	故障模拟错误扣 20 分；状态信息检查错误扣 5 分；未按要求加入故障量校验扣 10 分		
7.3	动作时间校验	正确	10	时间校验错误扣 10 分；未按要求加入故障量扣 5 分		
考试开始时间			考试结束时间		合计	

考生栏	编号： 姓名： 所在岗位： 单位： 日期：
考评员栏	成绩： 考评员： 考评组长：

JB305　三相功率测量

一、操作

（一）工器具、材料、设备

（1）工器具：单相功率表（500V、10A）3块，数字万用表1块，钳形相位表（与待测设备匹配）1块，常用电工工具1套。

（2）材料：试验线、绝缘胶带。

（3）设备：计量屏。

（二）安全要求

（1）防止误入带电间隔。工作前熟悉工作地点、带电设备，相邻运行设备布置运行标识。检查现场安全围栏、警示牌和接地等安全措施。

（2）试验仪器电源使用。必须使用装有剩余电流保护的电源盘。螺丝刀等工具的金属裸露部分除刀口外都应进行绝缘防护。接（拆）电源，必须在电源开关拉开情况下进行，一人操作，一人监护。临时电源必须使用专用电源，禁止从运行设备上取电源。

（3）防止继电保护“三误”事故。根据现场实际情况，制订相关安全技术措施，严格执行经批准或许可的安全技术措施。

（4）直流回路工作。使用具备绝缘防护的工具，试验线严禁裸露，防止误碰金属导体部分。

（5）插拔插件。防止带电或频繁插拔插件。

（6）装置试验电流接入。短接交流电流外侧电缆，确认可靠短接后，方可断开交流电流连接片。必要时，在端子箱处将相应端子用绝缘胶带实施封闭。

（7）装置试验电压接入。断开交流二次电压引入回路，通过拆线进行隔离的，须用绝缘胶带对所拆线头实施绝缘包扎。

（8）拆动二次线。及时做好记录，并用绝缘胶带对所拆线头实施绝缘包扎。

（9）不准在保护室内使用无线通信设备，尤其是对讲机。

（10）严格按照安全作业规程规定安全措施的执行并恢复。

(三) 操作项目

(1) 有功功率测量;

(2) 无功功率测量。

(四) 操作要求与步骤

1. 操作流程

操作流程如图 JB305 - 1 所示。

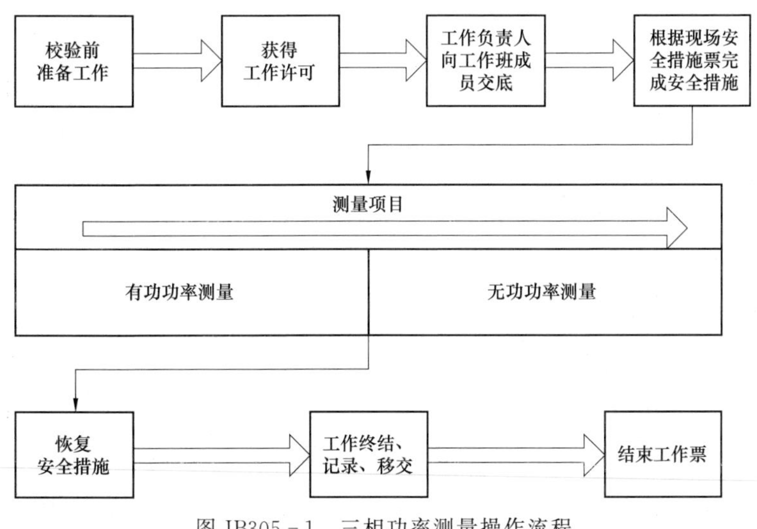

图 JB305 - 1　三相功率测量操作流程

2. 准备工作

(1) 检查待测系统状况、反措计划执行情况及设备缺陷统计等，并及时提交相关停役申请。

(2) 开工前，及时上报本次工作的材料计划。

(3) 根据基本校验项目，组织作业人员学习作业指导书，使全体作业人员熟悉并明确工作内容、作业标准、工作安排及安全注意事项等。

(4) 开工前，准备好作业所需仪器仪表、工器具及相关材料。仪器仪表和工器具应在检验合格期内。

(5) 准备主要技术资料，包括最新整定通知单、图纸、装置技术说明书、装置使用说明书及相关校验规程等。

(6) 按照相关安全工作规程正确填写工作票。

3. 技术要求

(1) 有功功率测量。进行三相有功功率测量时，对于三相四线制电路采用“三表法”(若三相电流、电压完全平衡，也可采用“一表法”)；对于三相三线制电路则可采用“两表法”。

1)“三表法”测量有功功率。此方法利用3块单相功率表分别测出各相功率，三相功率之和即为三相有功功率。

2)“两表法”测量有功功率。采用此方法时，第一块功率表的电流回路串接入U相，电压回路则并接于U、V相间，且其发电机端需接于U相；第二块功率表的电流回路串接入W相，电压回路则并接于W、V相间，且其发电机端需接于W相。两只功率表读数之和即为三相有功功率。

(2) 无功功率测量。进行三相无功功率测量时，可采用“三表跨相法”“两表跨相法”或“两表人工中点法”。其中，两表跨相法仅适用于电压和负载均对称的电路中，另两种方法适用于电压对称而负载不一定对称的电路中。

1)“三表跨相法”测量无功功率。采用此方法时，利用每块功率表的电流回路串接入一相电路，而电压回路则将发电机端并接于电流回路所接相别按正相序排列的下一相，另一端并接于再下一相。三块功率表读数之和为三相无功功率的$\sqrt{3}$倍。

2)“两表跨相法”测量无功功率。采用此方法的接线方式类似“三表跨相法”，但仅需两块功率表跨相接线即可。两块功率表读数之和为三相无功功率的$\sqrt{3}/2$倍。

3)“两表人工中点法”测量无功功率。采用此方法时，两块功率表内阻及人工中点电阻需完全相同。人工中点电阻并接于某相，两块功率表电流回路则接于另外两相，电压回路则需与电流交叉相接，并且按照电流的正相序，前一相加正向相电压，后一相加反向相电压。两块功率表读数之和为三相无功功率的$\sqrt{3}/2$倍。

二、考核

1. 考核场地

(1) 具备上述考核条件的设备和实训场地。

(2) 室内温度5～30℃，湿度<75%。

(3) 具备DC 110V/220V电源输出端子。

(4) 具备AC 220V/380V电源输出端子。

(5) 可靠的室内接地端子。

(6) 消防器材。

(7) 良好的通风和采光照明。

(8) 供考评人员使用的评判桌椅和计时工具。

2. 考核时间

(1) 考核时间为30min。

(2) 许可作业时记录开始时间，现场清理完毕汇报工作终结，记录考核结束时间。

3. 考核要点

(1) 基本操作。

1) 仪器及工器具的选用和准备;

2) 准备工作的安全措施执行;

3) 完成简要校验记录;

4) 报告工作终结，提交试验报告;

5) 恢复安全措施，清扫场地。

(2) 有功功率测量

1) 指定测量功率相别。

2) 指定测量方法。

(3) 无功功率测量。

1) 指定测量功率相别;

2) 指定测量方法。

4. 考核要求

(1) 单人操作，衣着规范，精神状态良好。考生就位后，经考评人员许可后方可开始操作。

(2) 校验前及过程中，安全技术措施布置到位。

(3) 仪器及工器具选用及使用正确。

(4) 校验过程接线正确合理。

(5) 校验过程方法正确。

(6) 校验过程记录完整有效。记录内容完整，需包括但不限于校验时间、地点、校验人、校验项目、校验方法、校验仪器、接线方式及校验结论，校验结论需与实际情况一致，并能正确反映校验对象的相关状态。

(7) 校验完毕后，需及时拆除接线，归还仪器及工器具，并清扫现场。

(8) 能够熟练运用办公软件（Microsoft Office、WPS 等）编写电子报告（含表格处理、图形编辑等）。

三、评分参考标准

行业：电力工程　　　　工种：继电保护工　　　　等级：三

编　　号	JB305	行为领域	e	鉴定范围	
考核时间	30min	题　　型	A	含权题分	20
试题名称	三相功率测量				

续表

考核要点及其要求	(1) 要求单独操作。 (2) 现场（或实训室）操作。 (3) 通过本测试，考察考生对于三相功率测量的掌握程度。 (4) 按照规范的技能操作完成考评人员规定的操作内容
工器具、材料、设备	(1) 单相功率表（500V、10A）3块。 (2) 钳形相位表（与待测设备匹配）1块。 (3) 数字万用表1块。 (4) 常用电工工具1套。 (5) 试验线、绝缘胶带。 (6) 计量屏
备注	

评分标准

序号	作业名称	质量要求	分值	扣分标准	扣分原因	得分
1	基本操作	按照规定完成相关操作	20			
1.1	仪器及工器具的选用和准备	正确	2	选用缺项或不正确扣1分；准备工作不到位扣1分		
1.2	准备工作的安全措施执行	按相关规程执行	10	安全措施未按相关规程执行，酌情扣分		
1.3	完成简要校验记录	内容完整，结论正确	3	内容不完整或结论不正确扣2分		
1.4	报告工作终结，提交试验记录		3	该步缺失扣3分；未按顺序进行扣1分		
1.5	恢复安全措施，清扫场地		2	该步缺失扣2分；未按顺序进行扣1分		
2	有功功率测量（考虑分别使用“三表法”和“两表法”）	安全措施到位、仪器仪表使用正确、操作步骤规范、校验结果符合要求	40			
2.1	“三表法”试验接线	正确	5	试验接线错误扣5分；接线不规范，酌情扣分		
2.2	“三表法”试验方法	正确	10	试验方法错误扣10分		

续表

评分标准						
序号	作业名称	质量要求	分值	扣分标准	扣分原因	得分
2.3	“三表法”试验结果	正确	5	试验结果错误扣5分		
2.4	“两表法”试验接线	正确	5	试验接线错误扣5分；接线不规范，酌情扣分		
2.5	“两表法”试验方法	正确	10	试验方法错误扣10分		
2.6	“两表法”试验结果	正确	5	试验结果错误扣5分		
3	无功功率测量	安全措施到位、仪器仪表使用正确、操作步骤规范、校验结果符合要求	40			
3.1	试验接线	正确	10	试验接线错误扣10分；接线不规范，酌情扣分		
3.2	试验方法	正确	20	试验方法错误扣20分		
3.3	试验结果	正确	10	试验结果错误扣10分		
考试开始时间			考试结束时间		合计	
考生栏	编号：	姓名：	所在岗位：	单位：	日期：	
考评员栏	成绩：	考评员：		考评组长：		

JB306 线路保护通道检查

一、操作

（一）工器具、材料、设备

（1）工器具：光功率计（与待测设备匹配）1块，高频振荡器（不小于30W）1台，选频电平表（1～600kHz）1块，频率计（0～6MHz）1台，常用电工工具1套。

（2）材料：试验线。

（3）设备：微机线路保护屏（具通道设备）。

（二）安全要求

（1）防止误入带电间隔。工作前熟悉工作地点、带电设备，相邻运行设备布置运行标识。检查现场安全围栏、警示牌和接地等安全措施。

（2）试验仪器电源使用。必须使用装有剩余电流保护的电源盘。螺丝刀等工具的金属裸露部分除刀口外都应进行绝缘防护。接（拆）电源，必须在电源开关拉开情况下进行，一人操作，一人监护。临时电源必须使用专用电源，禁止从运行设备上取电源。

（3）防止继电保护“三误”事故。根据现场实际情况，制订相关安全技术措施，严格执行经批准或许可的安全技术措施。

（4）直流回路工作。使用具备绝缘防护的工具，试验线严禁裸露，防止误碰金属导体部分。

（5）插拔插件。防止带电或频繁插拔插件。

（6）装置试验电流接入。短接交流电流外侧电缆，确认可靠短接后，方可断开交流电流连接片。必要时，在端子箱处将相应端子用绝缘胶带实施封闭。

（7）装置试验电压接入。断开交流二次电压引入回路，通过拆线进行隔离的，须用绝缘胶带对所拆线头实施绝缘包扎。

（8）拆动二次线。及时做好记录，并用绝缘胶带对所拆线头实施绝缘包扎。

（9）应断开失灵启动连接片。检查失灵启动连接片须断开并拆开失灵启动回路

线头，用绝缘胶带对所拆线头实施绝缘包扎。

（10）校验中不应误发信号。必要时，断开相关信号采集装置（中央信号、远动信号、故障录波等）正电源，记录切换把手位置。

（11）不准在保护室内使用无线通信设备，尤其是对讲机。

（12）严格按照安全作业规程规定安全措施的执行并恢复。

（三）操作项目

（1）光纤通道检查；

（2）收发信机检查；

（3）高频载波通道检查。

（四）操作要求与步骤

1．操作流程

操作流程如图 JB306－1 所示。

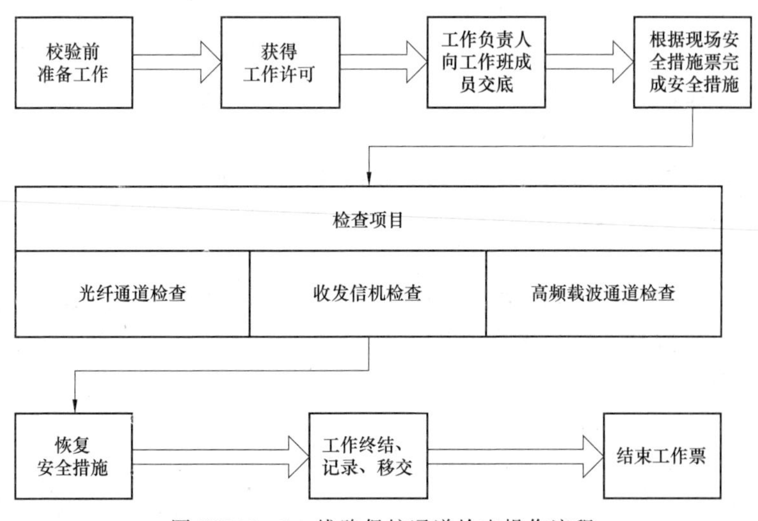

图 JB306－1　线路保护通道检查操作流程

2．准备工作

（1）检查线路保护通道及相关装置状况、反措计划执行情况及设备缺陷统计等，并及时提交相关停役申请。

（2）开工前，及时上报本次工作的材料计划。

（3）根据通道检查项目，组织作业人员学习作业指导书，使全体作业人员熟悉并明确工作内容、作业标准、工作安排及安全注意事项等。

（4）开工前，准备好作业所需仪器仪表、工器具及相关材料。仪器仪表和工器具应在检验合格期内。

(5) 准备主要技术资料，包括最新整定通知单、图纸、装置技术说明书、装置使用说明书及相关校验规程等。

(6) 按照相关安全工作规程正确填写工作票。

3. 技术要求

(1) 光纤通道检查（以“点对点”专用光纤通道为例）。检查内容包括：发送/接收电平测量、通信指标检查、通道告警检查。检查前，需查看保护装置定值，确定整定为“专用光纤”控制，校核线路两侧保护装置“主机方式”，仅投入一侧即可。保护装置接入光纤通道无异常告警。

1）发送/接收电平测量。利用光功率计分别测量相应保护装置发送功率与接收功率，并计算通道损耗（对侧发送功率—本侧接收功率）。测量时需注意光功率计的波长选择与保护装置整定一致，检查要求收信功率裕度不小于 6dBm，以大于 10dBm 为宜。

2）通信指标检查。利用尾纤分别将两侧保护装置光收发通道自环，“专用光纤”控制投入、“通道自环试验”投入。运行一段时间，确认两侧装置均无通道告警后，进入装置监视菜单检查通道误码率。相关通信指标“失步次数”“误码总数”“报文异常总数”“报文超时”等应为固定值。

3）通道告警检查。线路通道两侧分别拔出光纤通道收发光纤，相应告警功能应动作，两侧保护装置通道告警指示灯亮，联调试验中，监控后台中央信号应动作。

(2) 收发信机检查（以数字式收发信机为例）。主要检查内容包括：发信回路测试、收信回路测试、接口逻辑功能及信号检查、通道裕度（收信裕度）测试、3dB 告警回路校验等。

1）发信回路测试。测试前需用专用连接销短接“本机”和“负载”插孔，同时短接“启动发信”端子。测试时利用选频电平表测试线及频率计测试线跨接于“负载”和“公共”测试孔上，测量发信输出电平及发信频率。以 LFX-912 型数字收发信机为例，发信输出为＋40dBm/75Ω 左右，电平表读数为＋11dBm±1dB，频率表读数为 $f_0 \pm 5$Hz（f_0 为频率表初始读数）。

2）收信回路测试。该测试需分别检验分流衰耗、回波衰耗和收信回路工作的正确性。其中，收信回路工作的正确性主要检查项目为：收信灵敏启动电平整定、收信裕度指示灯调整、通道连接后收信回路调整、3dB 告警回路调整及远方启动功能检查等。

a. 分流衰耗检验。检验前，根据收发信机设计资料正确接入高频振荡器和电平表，并根据振荡器输出电阻（0Ω 或 75Ω）选择相应设置。检验开始时，确认背板专用连接销已拔出，固定振荡器输出为（f_0＋14）kHz，输出电平调至使电平表指零处。利用背板专用连接销短接“本机”与“通道”插孔，收发信机接入测试回路，读取电平表数值，即为（f_0+14）kHz下收发信机的分流衰耗。使用同样的方法继续测定（f_0-14）kHz下收发信机的分流衰耗。检验要求，收发信机在（$f_0\pm14$）kHz下的分流衰耗不小于－1dB。

b. 回波衰耗检验。检验前，根据收发信机设计资料正确接入高频振荡器、电平表及相关电阻器。检验开始时，确认背板专用连接销已拔出，固定振荡器输出频率为f_0，输出电平调至使电平表指零处。利用背板专用连接销短接“本机”与“通道”插孔，收发信机接入测试回路，读取电平表数值，即为收发信机的回波衰耗，检验要求其值小于－10dB。

c. 收信回路工作的正确性检验。检验前，根据收发信机设计资料正确接入高频振荡器、电平表及频率计等仪表，振荡器频率阻抗设置为0Ω，调整输出频率为f_0。

a）收信灵敏启动电平整定。按照收发信机设计资料完成测试接线，施加高频信号（$f=f_0$），逐渐增大振荡器的输出电平值，直至“收信启动”动作，记下选频表读数，即为灵敏启动电平。然后，再逐渐减小振荡器的输出电平值，直至“接收信号”返回，记下选频表读数，即为返回电平。整定要求启动电平为（－5±0.5）dB，启动电平与返回电平的回差小于1dB。整定过程中，线路保护必须处于停用状态。

b）收信裕度指示灯调整。按照收发信机设计资料完成测试接线，振荡器输出电平为＋1dB，适当调整收发信机，使收信裕度“6dB”指示灯亮。采用同样的方式，分别设置振荡器输出电平为＋4、＋7、＋10、＋13dB，校正收信裕度指示灯9、12、15、18dB。

c）通道连接后收信回路调整。两侧的收发信机及通道测试完毕后，在具备交换信号的条件下，使对侧相应的高频保护改为信号状态，分别进行收信入口处电平测试和“收信”衰耗值设置。

d）3dB告警回路调整。由远方启动对侧发信，本侧装置的收信裕度指示灯全亮，本侧发信时，除“18dB”收信裕度指示灯外，其余收信裕度指示灯全亮。检查完毕后，对收发信机进行相应收信裕度调整即可。

e）远方启动功能检查。两侧收发信机正常投运，相关高频保护改为信号状态。利用本侧发信启动对侧远方发信，观察本侧收发信机相关状态，应符合装置相关技术要求和技术说明。

3）接口逻辑功能及信号检查。主要检查内容包括：指示灯检查（“正常”“启信”“停信”“收信”“3dB告警”“收信启动”等）和信号检查（“装置动作”“装置异常”等）。检查时，需首先模拟正常运行方式，观察相关状态的正确性，而后模拟各异常触发条件，观察相关状态的正确性。

4）通道裕度（收信裕度）测试。测试前应检查相关断路器状态，必要时需考虑接入跳闸位置停信的影响。通道测试结束后立即恢复临时接线，并检查停信回路工作的正确性。测试时，两侧收发信机处于信号位置，在高频电缆和收发信机之间串接一只75Ω的衰耗器，首先将其置零，进行本侧发信，当对侧远方启动时，逐渐增加衰耗值，5s后本侧刚好能启动发信时的衰耗值即为本侧通信裕度。测试要求实测通道裕度为12～15dB。

5）3dB告警回路校验。此项检查需在收信裕度测试正常后进行。测试时，两侧收发信机处于信号位置，在高频电缆和收发信机之间串接一只75Ω的衰耗器，进行本侧发信，收到对侧信号时，加入3～4dB衰耗，此时，“＋3dB告警”灯应亮，小于3dB施加衰耗时，“＋3dB告警”灯应可靠熄灭。

（3）高频载波通道检查。继电保护工所进行的高频载波通道检查主要为结合滤波器和高频电缆相关试验项目，主要包括：结合滤波器的输入阻抗频率特性和衰耗特性试验、高频电缆的特性阻抗测试、高频电缆的输入阻抗及工作衰耗测试。

1）结合滤波器的输入阻抗频率特性和衰耗特性试验。其中，衰耗和阻抗特性试验要求在结合滤波器的整个工作频带内进行测试，频率步长为10kHz，要求工作衰耗单频不大于1.3dB，宽频不大于2dB；输入阻抗误差单频不大于±20%，宽频不大于±25%。特性阻抗测试仅在所用收发信机频率下进行即可。测试方式可选择使用普通选频电平表或自动测试仪进行。试验典型接线方式如图JB306－2所示。

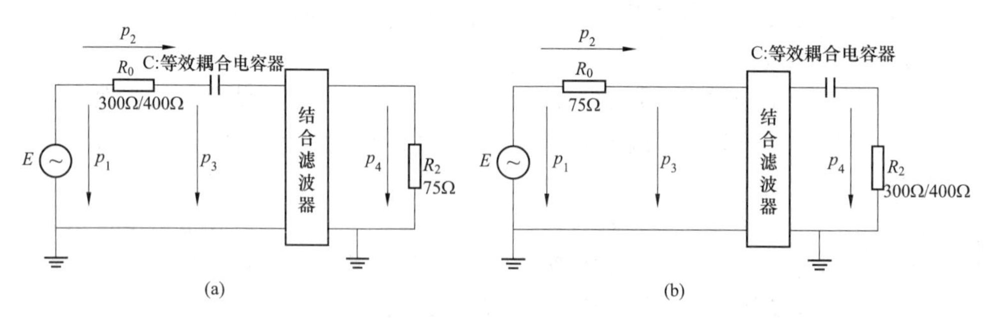

图JB306－2　结合滤波器工作衰耗及输入阻抗测试示意图

（a）线路侧；（b）电源侧

则工作衰耗 $b_p = p_1 - p_4 + \lg\dfrac{R_2}{4R_0}$，输入阻抗 $Z_R = 10^{\frac{p_3 - p_2}{20}} R_0$。

2）高频电缆特性阻抗测试。试验接线如图JB306－3所示，各测点均需采用电平表高阻挡测量。振荡器输出阻抗置于0Ω，p_2 需使用电平表平衡挡测量，p_1、

p_3需用电平表不平衡挡测量。R_1 取 75Ω，当末端开路（K 断开）和短路（K 闭合）时，分别测出工作频率 f_0 下的开路、短路时的输入阻抗 Z_∞ 和 Z_0，记录相关数据，并计算特性阻抗 Z_C $\left(Z_C=\sqrt{\frac{\lg^{-1}\ (p_{3\omega}+p_{30}-p_{2\omega}-p_{20})}{20}}R_1\right)$。

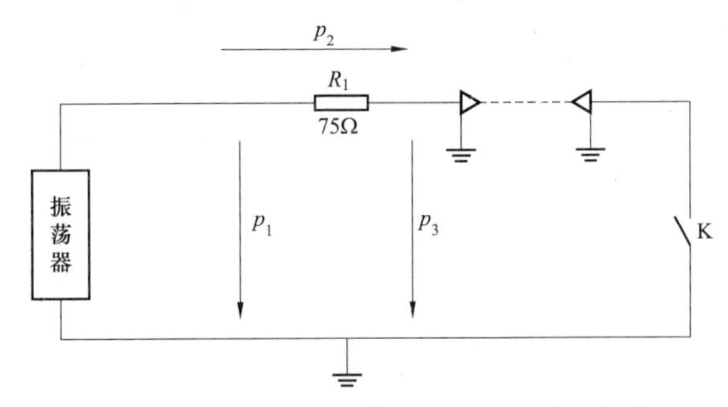

图 JB306－3　高频电缆特性阻抗测试示意图

3）高频电缆输入阻抗测试。试验接线如图 JB306－4 所示，各测点均需采用电平表高阻挡测量。振荡器输出阻抗置于 0Ω，p_2 需使用电平表平衡挡测量，p_1、p_3、p_4 需用电平表不平衡挡测量。R_1 和 R_2 均取 75Ω，记录相关试验数据，并计算工作频率 f_0 下的工作损耗 b_p 和输入阻抗 Z_{in}。

$$b_p=p_1-p_4-6$$

$$Z_{in}=\lg^{-1}\left(\frac{p_3-p_2}{20}\right)\times R_1$$

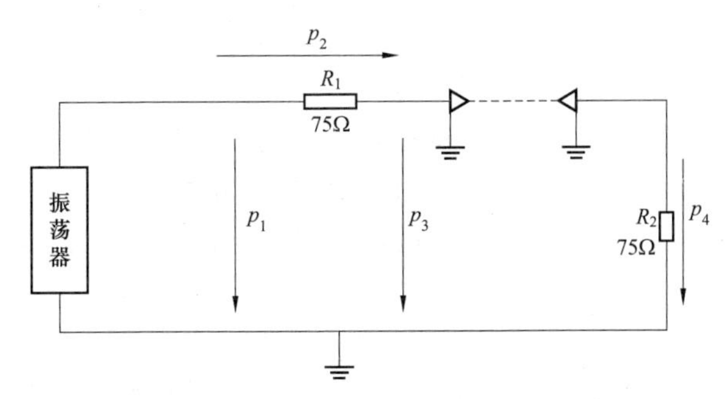

图 JB306－4　高频电缆输入阻抗测试示意图

二、考核

1. 考核场地

（1）具备上述考核条件的设备和实训场地。

（2）室内温度5～30℃，湿度<75%。

（3）具备DC 110V/220V电源输出端子。

（4）具备AC 220V/380V电源输出端子。

（5）可靠的室内接地端子。

（6）消防器材。

（7）良好的通风和采光照明。

（8）供考评人员使用的评判桌椅和计时工具。

2. 考核时间

（1）考核时间为40min。

（2）许可作业时记录开始时间，现场清理完毕汇报工作终结，记录考核结束时间。

3. 考核要点

（1）基本操作。

1）仪器及工器具的选用和准备；

2）准备工作的安全措施执行；

3）完成简要校验记录；

4）报告工作终结，提交试验记录；

（2）光纤通道检查。

1）准备工作；

2）发送/接收电平测量；

3）通信指标检查；

4）通道告警检查。

（3）收发信机检查。

1）发信回路测试与收信回路测试指定一项进行，其中收信回路测试中分流衰耗检验、回波衰耗检验、收信回路工作的正确性检验指定一项进行。

2）接口逻辑功能及信号检查；通道裕度（收信裕度）与3dB告警回路校验指定一项进行。

4. 考核要求

（1）单人操作，衣着规范，精神状态良好。考生就位后，经考评人员许可后方可开始操作。

（2）校验前及过程中，安全技术措施布置到位。

（3）仪器及工器具选用及使用正确。

（4）校验过程接线正确合理。

（5）校验过程方法正确。

(6) 校验过程记录完整有效。记录内容完整，需包括但不限于校验时间、地点、校验人、校验项目、校验方法、校验仪器、接线方式及校验结论，校验结论需与实际情况一致，并能正确反映校验对象的相关状态。

(7) 校验完毕后，需及时拆除接线，归还仪器及工器具，并清扫现场。

(8) 能够熟练运用办公软件（Microsoft Office、WPS 等）编写电子报告（含表格处理、图形编辑等）。

三、评分参考标准

行业：电力工程　　　　工种：继电保护工　　　　等级：三

编　　号	JB306	行为领域	e	鉴定范围	
考核时间	40min	题　　型	A	含权题分	25
试题名称	线路保护通道检查				
考核要点及其要求	(1) 要求单独操作。 (2) 现场（或实训室）操作。 (3) 通过本测试，考察考生对于线路保护通道检查的掌握程度。 (4) 按照规范的技能操作完成考评人员规定的操作内容				
工器具、材料、设备	(1) 高频振荡器（不小于 30W）、选频电平表（10～600kHz）、光功率计（与待测设备匹配）各 1 块。 (2) 频率计（0～6MHz）1 块。 (3) 常用电工工具 1 套。 (4) 试验线若干。 (5) 微机线路保护屏（具通道设备）				
备注	以下序号 3～7 项，考试人员只考 1 项，由考评人员考前确定，确定后不得更改				

评分标准

序号	作业名称	质量要求	分值	扣分标准	扣分原因	得分
1	基本操作	按照规定完成相关操作	20			
1.1	仪器及工器具的选用和准备	正确	2	选用缺项或不正确扣 1 分；准备工作不到位扣 1 分		
1.2	准备工作的安全措施执行	按相关规程执行	10	安全措施未按相关规程执行，酌情扣分		
1.3	完成简要校验记录	内容完整，结论正确	3	内容不完整或结论不正确扣 2 分		
1.4	报告工作终结，提交试验记录		3	该步缺失扣 3 分；未按顺序进行扣 1 分		

续表

评分标准						
序号	作业名称	质量要求	分值	扣分标准	扣分原因	得分
1.5	恢复安全措施，清扫场地		2	该步缺失扣2分；未按顺序进行扣1分		
2	光纤通道检查	安全措施到位、仪器仪表使用正确、操作步骤规范、校验结果符合要求	40			
2.1	准备工作	内容完整，行为规范	5	内容缺项，每项3分；行为不规范酌情扣分		
2.2	发送/接收电平测量	测量方法正确，测量内容完整，测量结果正确	15	测量方法错误扣10分；测量内容不完整酌情扣分；测量结果错误扣8分		
2.3	通信指标检查	检查方法正确，检查内容完整，检查结果正确	10	检查方法错误扣8分；检查内容不完整酌情扣分；检查结果错误扣5分		
2.4	通道告警检查	检查方法正确，检查内容完整，检查结果正确	10	检查方法错误扣8分；检查内容不完整酌情扣分；检查结果错误扣5分		
3	发信回路测试	安全措施到位、仪器仪表使用正确、操作步骤规范、校验结果符合要求	40			
3.1	试验接线	正确	10	试验接线错误扣10分；接线不规范，酌情扣分		
3.2	试验方法	正确	20	试验方法错误扣20分		
3.3	试验结果	正确	10	试验结果错误扣10分		
4	收信回路测试	安全措施到位、仪器仪表使用正确、操作步骤规范、校验结果符合要求	40			
4.1	试验接线	正确	10	试验接线错误扣10分；接线不规范，酌情扣分		
4.2	试验方法	正确	20	试验方法错误扣20分		
4.3	试验结果	正确	10	试验结果错误扣10分		

续表

评分标准						
序号	作业名称	质量要求	分值	扣分标准	扣分原因	得分
5	接口逻辑功能及信号检查	安全措施到位、仪器仪表使用正确、操作步骤规范、校验结果符合要求	40			
5.1	检查方法	正确	10	检查方法错误扣10分；方法不规范，酌情扣分		
5.2	检查内容	正确	20	检查内容不完整，每项扣8分		
5.3	检查结果	正确	10	检查结果错误扣10分		
6	通道裕度（收信裕度）测试	安全措施到位、仪器仪表使用正确、操作步骤规范、校验结果符合要求	40			
6.1	试验接线	正确	10	试验接线错误扣10分；接线不规范，酌情扣分		
6.2	试验方法	正确	20	试验方法错误扣20分		
6.3	试验结果	正确	10	试验结果错误扣10分		
7	3dB告警回路校验	安全措施到位、仪器仪表使用正确、操作步骤规范、校验结果符合要求	40			
7.1	校验接线	正确	10	校验接线错误扣10分；接线不规范，酌情扣分		
7.2	校验方法	正确	20	校验方法错误扣20分		
7.3	校验结果	正确	10	校验结果错误扣10分		
考试开始时间			考试结束时间		合计	
考生栏	编号： 姓名： 所在岗位： 单位： 日期：					
考评员栏	成绩： 考评员： 考评组长：					

JB307 母线保护装置功能校验

一、操作

（一）工器具、材料、设备

（1）工器具：微机型继电保护测试仪（6路电压6路电流输出）1台，绝缘电阻表500、1000V各1块，高精度数字万用表1块，模拟断路器（分相功能，DC 220V/110V，有辅助接点可用），常用电工工具1套。

（2）材料：试验线、绝缘胶带。

（3）设备：微机母线保护屏。

（二）安全要求

（1）防止误入带电间隔。工作前熟悉工作地点、带电设备，相邻运行设备布置运行标识。检查现场安全围栏、警示牌和接地等安全措施。

（2）试验仪器电源使用。必须使用装有剩余电流保护的电源盘。螺丝刀等工具的金属裸露部分除刀口外都应进行绝缘防护。接（拆）电源，必须在电源开关拉开情况下进行，一人操作，一人监护。临时电源必须使用专用电源，禁止从运行设备上取电源。

（3）防止继电保护“三误”事故。根据现场实际情况，制订相关安全技术措施，严格执行经批准或许可的安全技术措施。

（4）直流回路工作。使用具备绝缘防护的工具，试验线严禁裸露，防止误碰金属导体部分。

（5）插拔插件。防止带电或频繁插拔插件。

（6）装置试验电流接入。短接交流电流外侧电缆，确认可靠短接后，方可断开交流电流连接片。必要时，在端子箱处将相应端子用绝缘胶带实施封闭。

（7）装置试验电压接入。断开交流二次电压引入回路，通过拆线进行隔离的，需并用绝缘胶带对所拆线头实施绝缘包扎。

（8）拆动二次线。及时做好记录，并用绝缘胶带对所拆线头实施绝缘包扎。

（9）应断开失灵启动连接片。检查失灵启动连接片须断开并拆开失灵启动回路

线头，用绝缘胶带对所拆线头实施绝缘包扎。

（10）校验中误不应发信号。必要时，断开相关信号采集装置（中央信号、远动信号、故障录波等）正电源，记录切换把手位置。

（11）不准在保护室内使用无线通信设备。

（12）严格按照安全作业规程规定执行。

（三）操作项目

（1）母线差动保护校验；

（2）母联（分段）失灵保护校验；

（3）母联（分段）死区保护校验；

（4）母联（分段）过电流保护校验；

（5）母联（分段）充电保护校验；

（6）断路器失灵保护校验；

（7）电流回路断线校验；

（8）电压回路断线校验。

（四）操作要求与步骤

1. 操作流程

操作流程如图 JB307－1 所示。

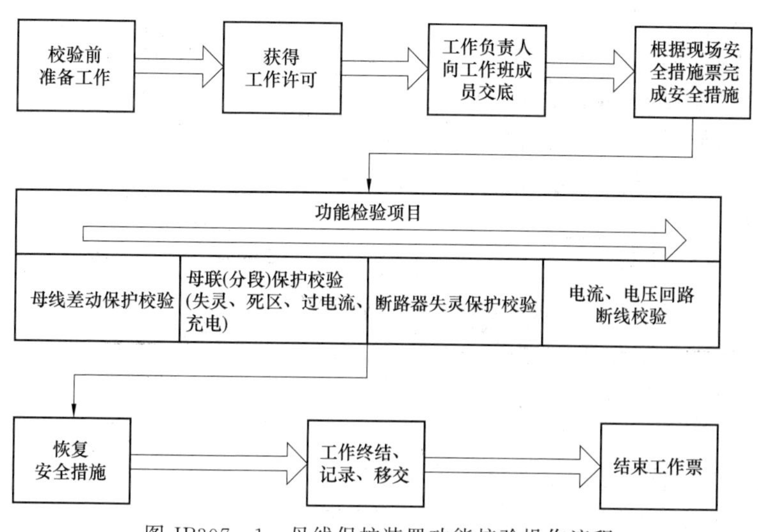

图 JB307－1　母线保护装置功能校验操作流程

2. 准备工作

（1）检查待验母线保护装置状况、反措计划执行情况及设备缺陷统计等，并及时提交相关停役申请。

(2) 开工前，及时上报本次工作的材料计划。

(3) 根据功能校验项目，组织作业人员学习作业指导书，使全体作业人员熟悉并明确工作内容、作业标准、工作安排及安全注意事项等。

(4) 开工前，准备好作业所需仪器仪表、工器具及相关材料。仪器仪表和工器具应在检验合格期内。

(5) 准备主要技术资料，包括：最新整定通知单、图纸、装置技术说明书、装置使用说明书及相关校验规程等。

(6) 按照相关安全工作规程正确填写工作票。

3. 技术要求

(1) 测试准备。合理模拟母线运行方式，将母联（分段）的隔离开关强制置合，模拟两条母线并列运行。通过强制模拟盘隔离开关位置，模拟奇数单元挂Ⅰ母，Ⅱ母自适应；通过强制模拟盘隔离开关位置，模拟偶数单元挂Ⅱ母，Ⅰ母自适应。所有单元的TA变比都为基准变比。

(2) 母线差动保护校验。

1) 模拟母线区外故障。开放母线复压闭锁，任选几条支路（含母联支路），施加合适电气量（电流值应大于差动门槛值），使大差电流和两段母线小差电流均为0，差动保护应可靠不动作。

2) 模拟母线区内故障。

a. 验证差动动作门槛定值。开放母线复压闭锁，在任意一支路的任意一相施加电流，幅值起始值小于差动门槛值，当电流增加到“差动保护”和“该支路所连母线差动保护动作”信号灯亮时，记录幅值，并验证是否满足要求。试验过程中，应避免TA断线闭锁差动保护，同时，不允许长时间加载2倍以上的电流互感器额定电流。

b. 母联断路器合位时，验证大差比率系数高值。在某条母线所连任意两条支路同相施加幅值相等，方向相反的电流。在另一条母线所连任意一条支路同相施加电流，当电流大小增加到“差动保护”、“该母线差动保护动作”信号灯亮时，记录该值。根据记录数据计算实际比率系数，并与设计值比较，误差应不大于±1％。

c. 母联断路器分位时，验证大差比率系数低值。模拟母联断路器位置为分位。实验步骤同b.。由于大差比率系数自动降为低值，动作电流将变小，记录两个动作平衡点计算比率系数，并与设计值比较，误差应不大于±1％。

d. 验证小差比率系数。选择任意一条母线所连的任意两条支路，在支路一的任意一相施加流入母线的电流，在支路二的同相施加流出母线的电流，两个电流幅值相等。固定支路一的电流幅值不变，增加支路二的电流幅值至“差动保护”

和“该母线差动保护动作”信号灯亮时，记录该值。根据记录数据计算实际比率系数，并与设计值比较，误差应不大于±1%。两条母线应分别验证。

3）倒闸过程中的母线区内故障。选择某条母线所连的任意一条支路，模拟其Ⅰ、Ⅱ母隔离开关位置均为合位，即隔离开关双跨，检查装置互联信号。在该支路的任意一相施加幅值大于差动门槛定值的电流，此时Ⅰ母、Ⅱ母差动保护应同时动作。

4）复合电压闭锁逻辑测试。

a. 低电压定值校验。在任意一条母线施加额定电压，选择该母线所连支路电流回路任意一相施加电流（大于差动门槛），差动保护应可靠不动作经延时，报TA断线告警。模拟该母线所连另一支路失灵启动开入，失灵保护应可靠不动作，经延时，报开入异常告警。复归告警信号，降低三相施加电压，至母差保护低电压动作定值，电流保持输出不变，装置“该母线差动开放”、“该母线失灵开放”及“该母线差动动作”信号灯亮。模拟该母线所连另一支路失灵启动开入，失灵保护应可靠动作。记录电压动作值，并与整定值比较，误差应不大于±5%。

b. 负序电压定值校验。任意一条母线所连任意一支路施加差动电流动作值，修改低电压动作定值，使装置“该母线差动开放”、“该母线失灵开放”及“该母线差动动作”信号灯亮。在该母线施加三相负序电压。由0V增加至负序整定值，装置“该母线差动开放”及“失该母线失灵开放”灯灭。记录电压动作值，并与整定值比较，误差应不大于±5%。

c. 零序电压定值校验。任意一条母线所连任意一支路施加差动电流动作值，修改低电压动作定值，使装置“该母线差动开放”、“该母线失灵开放”及“该母线差动动作”信号灯亮。在该母线施加单相零序电压。由0V增加至零序整定值，装置“该母线差动开放”及“失该母线失灵开放”灯灭。记录电压动作值，并与整定值比较，误差应不大于±5%。

5）差动保护时间校验。模拟任意一条母线差动保护动作，测量从模拟故障发生至保护动作出口的时间。试验要求实测动作时间应不大于30ms，显示或打印出的保护动作时间与测试时间相比误差不大于±5ms。保护动作测量接点不宜取用信号量。

（3）母联（分段）失灵保护校验。母联断路器强制合位，模拟任意一条母线故障，差动保护动作，同时在另一条母线施加故障电流值，且保证母联断路器仍为合位且电流大于母联失灵定值。母联（分段）失灵保护启动后，经设置延时，封母联TA，此时Ⅰ母差流大于定值，差动保护应可靠动作。试验要求检验Ⅰ、Ⅱ母差动保护动作出口及延时的正确性和准确性，并根据记录数据验证母联（分段）失灵保护延时，实测值与设置值误差应不大于±5ms。

(4) 母联（分段）死区保护校验。

1) 母联断路器为合位。母联断路器强制合位，模拟任意一条母线故障，差动保护动作，同时在另一条母线施加故障电流值，且保证母联断路器由合至分变位，且母联仍存在故障电流。母联（分段）死区保护启动后，经固定开放时间，封母联 TA，此时Ⅰ母差流大于定值，差动保护应可靠动作。试验要求检验Ⅰ、Ⅱ母差动保护动作出口及延时的正确性和准确性，并根据记录数据验证母联（分段）死区保护延时，实测值与设置值误差应不大于±5ms。

2) 母联断路器为分位。用测试线短接母联动断触点与开入量公共端，母联断路器位置为分位。将测试仪的 A 相电流加在支路一的某相，测试仪的 C 相电流加在支路三的同相，方向均为流进母线。电流幅值均同时大于差动门槛定值，此时Ⅰ母差动应可靠动作。试验要求检验Ⅰ母差动保护动作出口及延时的正确性和准确性，并根据记录数据验证母联（分段）死区保护延时，实测值与设置值误差应不大于±5ms。

(5) 母联（分段）过电流保护校验。

1) 相电流过电流定值校验。不施加母线电压。对装置母联电流采集通道施加三相正序电流，增大电流幅值至“过电流保护”动作信号灯亮，记录相电流过电流定值，并利用 95%的设置定值与 105%的设置定值分别验证其动作的可靠性。若相电流过电流判据仅考虑 A、C 相，应避免使用 B 相进行试验过程。

2) 零序电流过电流定值校验。不施加母线电压，提高相电流过电流定值。对装置母联电流采集通道施加单相零序电流，增大电流幅值至“过电流保护”动作信号灯亮，记录零序电流过电流定值，并利用 95%的设置定值与 105%的设置定值分别验证其动作的可靠性。

3) 母联（分段）保护动作时间校验。测量从模拟故障发生至保护动作出口的时间。试验要求实测动作时间应不大于设置延时±5ms，显示或打印出的保护动作时间与测试时间相比误差不大于±5ms。保护动作测量接点不宜取用信号量。

(6) 母联（分段）充电保护校验。

1) 动作定值校验。正常投入充电保护。模拟母联断路器位置为分位，不施加母线电压。对装置母联电流采集通道施加故障电流值，幅值应大于充电保护定值(若母联 TA 变比不是最大变比，则所加电流需按基准变比折算)。母线充电保护应延时动作，“充电保护”动作信号灯亮。

2) 动作时间校验。测量从模拟故障发生至保护动作出口的时间。试验要求实测动作时间应不大于设置延时±5ms，显示或打印出的保护动作时间与测试时间相比误差不大于±5ms。保护动作测量接点不宜取用信号量。

(7) 断路器失灵保护校验。

1）动作状态检查。正常投入失灵保护，满足失灵复压闭锁开放条件。选择除母联间隔外的任意支路投入失灵启动压板，模拟该支路失灵启动开入，失灵保护应可靠动作。若失灵保护判据包括该支路电流值，则在确认失灵启动信号开入无误后，还应施加大于相应失灵保护电流定值的电流量。失灵保护动作后应经短延时跳母联，经长延时跳故障支路所在母线的所有支路，同时“该母线失灵动作”信号灯亮。

2）动作时间校验。测量从模拟故障发生至保护动作出口的时间。试验要求实测动作时间应不大于设置延时±5ms，显示或打印出的保护动作时间与测试时间相比误差不大于±5ms。保护动作测量接点不宜取用信号量，短延时与长延时应分别校验。

（8）电流回路断线校验。

1）非母联间隔电流回路断线检查。Ⅰ母、Ⅱ母分别施加额定电压，任选一条支路（非母联间隔）施加单相电流，其幅值应略大于 TA 断线定值，小于差动门槛定值。此时差动保护应可靠不动作，经固定延时，“TA 断线告警”信号灯亮。保持施加电流幅值不变，模拟复压闭锁开放，差动保护仍可靠不动作。恢复三相正常电流值后，经固定延时，TA 断线告警自复位，施加故障电流，差动保护可靠动作。

2）母联（分段）间隔电流回路断线。Ⅰ母、Ⅱ母分别施加额定电压，选择母联间隔施加单相电流，其幅值应略大于 TA 断线定值，小于差动门槛定值。此时差动保护应可靠不动作，经固定延时，“母线互联”信号灯亮，母线强制互联。保持施加电流幅值不变，模拟复压闭锁开放，差动保护应可靠动作。恢复三相正常电流值后，“母线互联”信号保持，手动可复位，施加故障电流，差动保护仍可靠动作。

（9）电压回路断线校验。Ⅰ母、Ⅱ母分别施加额定电压。选择某条母线，将任意一相输入电压撤掉，经固定延时，“TV 断线告警”信号灯亮。恢复施加额定电压，经固定延时，“TV 断线告警”信号自复位。

二、考核

1．考核场地

（1）具备上述考核条件的设备和实训场地。

（2）室内温度 5～30℃，湿度＜75％。

（3）具备 DC 110V/220V 电源输出端子。

（4）具备 AC 220V/380V 电源输出端子。

（5）可靠的室内接地端子。

（6）消防器材。

（7）良好的通风和采光照明。

（8）供考评人员使用的评判桌椅和计时工具。

2. 考核时间

(1) 考核时间为40min。

(2) 许可作业时记录开始时间，现场清理完毕汇报工作终结，记录考核结束时间。

3. 考核要点

(1) 基本操作1。

1) 仪器及工器具的选用和准备；

2) 准备工作的安全措施执行；

3) 完成简要校验记录；

4) 报告工作终结，提交试验报告；

5) 恢复安全措施，清扫场地。

(2) 装置功能校验1。

1) 固定为母线差动保护；

2) 指定模拟故障类型（区内/区外）；

3) 仅考虑典型220kV双母接线方式（带母联）。

(3) 装置功能校验2。以下功能任选一项进行：

1) 母联（分段）失灵保护；

2) 母联（分段）死区保护。

(4) 装置功能校验3。以下功能任选一项进行：

1) 母联（分段）过电流保护；

2) 母联（分段）充电保护。

4. 考核要求

(1) 单人操作，衣着规范，精神状态良好。考生就位后，经考评人员许可后方可开始操作。

(2) 校验前及过程中，安全技术措施布置到位。

(3) 仪器及工器具选用及使用正确。

(4) 校验过程接线正确合理。

(5) 校验过程方法正确。

(6) 校验过程记录完整有效。记录内容完整，需包括但不限于校验时间、地点、校验人、校验项目、校验方法、校验仪器、接线方式及校验结论，校验结论需与实际情况一致，并能正确反映校验对象的相关状态。

(7) 校验完毕后，需及时拆除接线，归还仪器及工器具，并清扫现场。

(8) 能够熟练运用办公软件（Microsoft Office、WPS等）编写电子报告（含表格处理、图形编辑等）。

三、评分参考标准

行业：电力工程　　　　　　　　　工种：继电保护工　　　　　　　　　等级：三

<table>
<tr><td>编　　号</td><td>JB307</td><td>行为领域</td><td>e</td><td>鉴定范围</td><td></td></tr>
<tr><td>考核时间</td><td>40min</td><td>题　　型</td><td>A</td><td>含权题分</td><td>25</td></tr>
<tr><td>试题名称</td><td colspan="5">母线保护装置功能校验</td></tr>
<tr><td>考核要点
及其要求</td><td colspan="5">（1）要求单独操作。
（2）现场（或实训室）操作。
（3）通过本测试，考察考生对于母线保护装置功能校验的掌握程度。
（4）按照规范的技能操作完成考评人员规定的操作内容</td></tr>
<tr><td>工器具、材料、
设备</td><td colspan="5">（1）微机型继电保护测试仪（6 路电压、6 路电流输出）1 台。
（2）绝缘电阻表 500、1000V 规格各 1 块。
（3）高精度数字万用表 1 块。
（4）模拟断路器（分相功能、DC 220V/110V、有辅助接点）1 台。
（5）常用电工工具 1 套。
（6）试验线、绝缘胶带。
（7）微机母线保护屏</td></tr>
<tr><td>备注</td><td colspan="5">以下序号 3、4 项，考试人员只考 1 项；序号 5、6 项，考试人员只考 1 项。上述选项由考评人员考前确定，确定后不得更改</td></tr>
</table>

<table>
<tr><td colspan="7">评分标准</td></tr>
<tr><td>序号</td><td>作业名称</td><td>质量要求</td><td>分值</td><td>扣分标准</td><td>扣分原因</td><td>得分</td></tr>
<tr><td>1</td><td>基本操作</td><td>按照规定完成相关操作</td><td>20</td><td></td><td></td><td></td></tr>
<tr><td>1.1</td><td>仪器及工器具的选用和准备</td><td>正确</td><td>2</td><td>选用缺项或不正确扣 1 分；准备工作不到位扣 1 分</td><td></td><td></td></tr>
<tr><td>1.2</td><td>准备工作的安全措施执行</td><td>按相关规程执行</td><td>10</td><td>安全措施未按相关规程执行，酌情扣分</td><td></td><td></td></tr>
<tr><td>1.3</td><td>完成简要校验记录</td><td>内容完整，结论正确</td><td>3</td><td>内容不完整或结论不正确扣 2 分</td><td></td><td></td></tr>
<tr><td>1.4</td><td>报告工作终结，提交试验记录</td><td></td><td>3</td><td>该步缺失扣 3 分；未按顺序进行扣 1 分</td><td></td><td></td></tr>
<tr><td>1.5</td><td>恢复安全措施，清扫场地</td><td></td><td>2</td><td>该步缺失扣 2 分；未按顺序进行扣 1 分</td><td></td><td></td></tr>
<tr><td>2</td><td>母线差动保护功能校验</td><td>安全措施到位、仪器仪表使用正确、操作步骤规范、校验结果符合要求</td><td>30</td><td></td><td></td><td></td></tr>
</table>

续表

评分标准						
序号	作业名称	质量要求	分值	扣分标准	扣分原因	得分
2.1	模拟母线区外故障	故障模拟正确，保护动作方式正确	5	定值、压板方式选择错误扣5分；故障模拟错误扣5分；状态信息检查错误扣5分		
2.2	模拟母线区内故障	故障模拟正确，保护动作方式正确，各比例系数验证正确	10	定值、压板方式选择错误扣5分；故障模拟错误扣10分；状态信息检查错误扣3分；试验内容不完整酌情扣分		
2.3	模拟倒闸过程中母线区内故障	故障模拟正确，保护动作方式正确	5	定值、压板方式选择错误扣2分；故障模拟错误扣5分；状态信息检查错误扣3分		
2.4	复合电压闭锁逻辑测试	故障模拟正确，保护动作方式正确，各定值验证正确	5	定值、压板方式选择错误扣2分；故障模拟错误扣5分；状态信息检查错误扣3分；试验内容不完整酌情扣分		
2.5	差动保护时间校验	时间测量方法正确，内容完整。	5	时间测量方法错误扣5分；时间测量错误扣4分		
3	母联（分段）失灵保护功能校验	安全措施到位、仪器仪表使用正确、操作步骤规范、校验结果符合要求	30			
3.1	保护动作状态检查	故障模拟正确，保护动作方式正确，定值验证正确	15	定值、压板方式选择错误扣10分；故障模拟错误扣10分；状态信息检查错误扣5分；试验内容不完整酌情扣分		
3.2	检验Ⅰ、Ⅱ母出口延时是否正确	出口延时测量结果及方法均正确	10	测量结果不正确扣5分；方法不正确酌情扣分		
3.3	验证母联失灵延时定值	失灵延时测量结果及方法均正确	5	测量结果不正确扣5分；方法不正确酌情扣分		
4	母联（分段）死区保护功能校验	安全措施到位、仪器仪表使用正确、操作步骤规范、校验结果符合要求	30			
4.1	保护动作状态检查	故障模拟正确，保护动作方式正确，定值验证正确	15	定值、压板方式选择错误扣10分；故障模拟错误扣10分；状态信息检查错误扣5分；试验内容不完整酌情扣分		

续表

评分标准						
序号	作业名称	质量要求	分值	扣分标准	扣分原因	得分
4.2	检验Ⅰ、Ⅱ母出口延时是否正确	出口延时测量结果及方法均正确	10	测量结果不正确扣5分；方法不正确酌情扣分		
4.3	验证母联死区延时定值	失灵延时测量结果及方法均正确	5	测量结果不正确扣5分；方法不正确酌情扣分		
5	母联（分段）过电流保护功能校验	安全措施到位、仪器仪表使用正确、操作步骤规范、校验结果符合要求	20			
5.1	定值、压板方式选择	按保护动作的需要设置	5	选择漏项或错误扣5分		
5.2	相电流过电流定值校验	故障模拟正确，定值校验正确	5	故障模拟错误扣3分；定值校验错误扣3分；未按要求加入故障量校验扣3分		
5.3	零序电流定值校验	故障模拟正确，定值校验正确	5	故障模拟错误扣3分；定值校验错误扣3分；未按要求加入故障量校验扣3分		
5.4	动作时间校验	正确	5	时间校验错误扣2分；未按要求加入故障量扣1分		
6	母联（分段）充电保护功能校验	安全措施到位、仪器仪表使用正确、操作步骤规范、校验结果符合要求	20			
6.1	定值、压板方式选择	按保护动作的需要设置	5	选择漏项或错误扣2分		
6.2	保护动作校验	故障模拟正确，状态信息检查正确	10	故障模拟错误扣8分；状态信息检查错误扣5分；未按要求加入故障量校验扣3分		
6.3	动作时间校验	正确	5	时间校验错误扣3分；未按要求加入故障量扣3分		
考试开始时间			考试结束时间		合计	
考生栏	编号：	姓名：	所在岗位：	单位：	日期：	
考评员栏	成绩：	考评员：		考评组长：		

JB308 断路器保护装置功能校验

一、操作

（一）工器具、材料、设备

（1）工器具：微机型继电保护测试仪1台，绝缘电阻表500、1000V各1块，高精度数字万用表1块，常用电工工具1套。

（2）材料：试验线、绝缘胶带。

（3）设备：微机断路器保护屏。

（二）安全要求

（1）防止误入带电间隔。工作前熟悉工作地点、带电设备，相邻运行设备布置运行标识。检查现场安全围栏、警示牌和接地等安全措施。

（2）试验仪器电源使用。必须使用装有剩余电流保护的电源盘。螺丝刀等工具的金属裸露部分除刀口外都应进行绝缘防护。接（拆）电源，必须在电源开关拉开情况下进行，一人操作，一人监护。临时电源必须使用专用电源，禁止从运行设备上取电源。

（3）防止继电保护“三误”事故。根据现场实际情况，制订相关安全技术措施，严格执行经批准或许可的安全技术措施。

（4）直流回路工作。使用具备绝缘防护的工具，试验线严禁裸露，防止误碰金属导体部分。

（5）插拔插件。防止带电或频繁插拔插件。

（6）装置试验电流接入。短接交流电流外侧电缆，确认可靠短接后，方可断开交流电流连接片。必要时，在端子箱处将相应端子用绝缘胶带实施封闭。

（7）装置试验电压接入。断开交流二次电压引入回路，通过拆线进行隔离的，需并用绝缘胶带对所拆线头实施绝缘包扎。

（8）拆动二次线。及时做好记录，并用绝缘胶带对所拆线头实施绝缘包扎。

（9）应断开失灵启动连接片。检查失灵启动连接片须断开并拆开失灵启动回路线头，用绝缘胶带对所拆线头实施绝缘包扎。

(10) 校验中不应误发信号。必要时，断开相关信号采集装置（中央信号、远动信号、故障录波等）正电源，记录切换把手位置。

(11) 不准在保护室内使用无线通信设备。

(12) 严格按照安全作业规程规定安全措施的执行与恢复。

(三) 操作项目

(1) 失灵启动校验；

(2) 不一致保护校验；

(3) 死区保护校验；

(4) 充电保护校验。

(四) 操作要求与步骤

1. 操作流程

操作流程如图 JB308－1 所示。

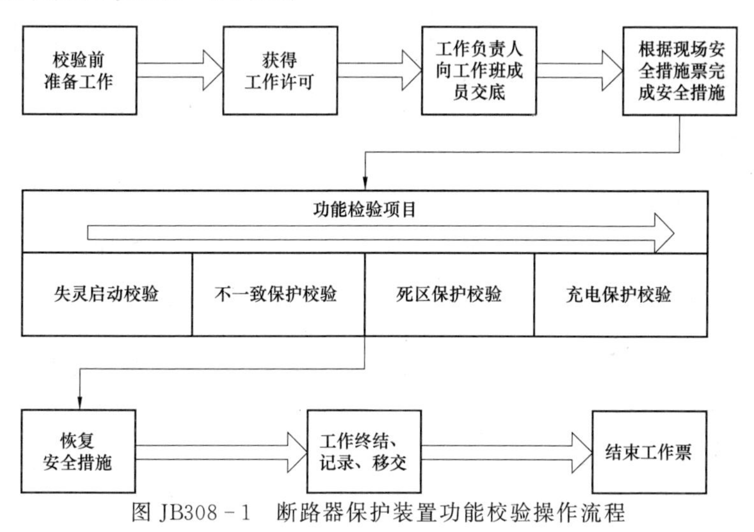

图 JB308－1　断路器保护装置功能校验操作流程

2. 准备工作

(1) 检查待验断路器保护装置状况、反措计划执行情况及设备缺陷统计等，并及时提交相关停役申请。

(2) 开工前，及时上报本次工作的材料计划。

(3) 根据功能校验项目，组织作业人员学习作业指导书，使全体作业人员熟悉并明确工作内容、作业标准、工作安排及安全注意事项等。

(4) 开工前，准备好作业所需仪器仪表、工器具及相关材料。仪器仪表和工器具应在检验合格期内。

(5) 准备主要技术资料，包括最新整定通知单、图纸、装置技术说明书、装置

使用说明书及相关校验规程等。

(6) 按照相关安全工作规程正确填写工作票。

3. 技术要求

(1) 失灵启动检验。

1) 故障相启动失灵。分别模拟 U、V、W 相故障，同时模拟同名相跳闸信号开入。试验要求模拟故障电流大于 1.05 倍失灵启动电流定值时，保护应可靠动作。模拟故障电流小于 0.95 倍失灵启动电流定值时，保护应可靠不动作。施加 1.2 倍失灵启动电流定值时，测量保护出口动作时间（不宜使用信号接点）。“失灵跳本断路器时间”与“失灵动作时间”应分别测量，实测值与设置值误差不应大于±5ms。显示或打印出的保护动作时间与测试时间相比误差不大于±5ms。

2) 线路三跳启动失灵。模拟任意故障，同时模拟线路三跳信号开入。试验要求模拟故障电流大于 1.05 倍失灵启动电流定值时，保护应可靠动作。模拟故障电流小于 0.95 倍失灵启动电流定值时，保护应可靠不动作。施加 1.2 倍失灵启动电流定值时，测量保护出口动作时间（不宜使用信号接点），“失灵跳本断路器时间”与“失灵动作时间”应分别测量，实测值与设置值误差不应大于±5ms。显示或打印出的保护动作时间与测试时间相比误差不大于±5ms。

3) 发电机—变压器组三跳启动失灵。模拟单相故障，同时模拟发电机—变压器组三跳信号开入。试验要求模拟故障电流为大于 1.05 倍失灵启动负序或零序电流定值 $3I_0$ 时，保护应可靠动作。模拟故障电流小于 0.95 倍失灵启动负序或零序电流定值 $3I_0$ 时，保护应可靠不动作。施加 1.2 倍失灵启动负序或零序电流定值时，测量保护出口动作时间（不宜使用信号接点），“失灵跳本断路器时间”与“失灵动作时间”应分别测量，实测值与设置值误差不应大于±5ms。显示或打印出的保护动作时间与测试时间相比误差不大于±5ms。

(2) 不一致保护校验。模拟任意单相故障，施加故障电流后，同时操作该相断路器跳闸，模拟故障电流为大于 1.05 倍不一致电流定值时，保护应可靠动作，联跳非故障相断路器。模拟故障电流小于 0.95 倍不一致电流定值时，保护应可靠不动作。在 1.2 倍不一致电流定值时，测量保护出口动作时间（不宜使用信号接点），实测值与设置值误差不应大于±5ms。显示或打印出的保护动作时间与测试时间相比误差不大于±5ms。断路器三相应分别进行上述试验。

(3) 死区保护检验。模拟断路器三相处于分位，模拟线路三跳或发电机—变压器组三跳信号开入，同时模拟任意相故障。故障电流大于 1.05 倍死区电流定值时，保护应可靠动作。模拟故障电流小于 0.95 倍死区电流定值时，保护应可靠不动作；施加 1.2 倍死区电流定值时，测量保护出口动作时间（不宜使用信号接点），实测值与设置值误差应不大于±5ms。显示或打印出的保护动作时间与测试时间相比误差不大于±5ms。

(4) 充电保护检验。手动操作断路器合闸，同时施加电流模拟任意相故障。模拟故障电流大于1.05倍充电保护电流定值时，保护应可靠动作。模拟故障电流小于0.95倍充电保护电流定值时，保护应可靠不动作。施加1.2倍充电保护电流定值时，测量保护出口动作时间（不宜使用信号接点），实测值与设置值误差不应大于±5ms。显示或打印出的保护动作时间与测试时间相比误差不大于±5ms。

二、考核

1. 考核场地

(1) 具备上述考核条件的设备和实训场地。

(2) 室内温度5～30℃，湿度<75%。

(3) 具备DC 110V/220V电源输出端子。

(4) 具备AC 220V/380V电源输出端子。

(5) 可靠的室内接地端子。

(6) 消防器材。

(7) 良好的通风和采光照明。

(8) 供考评人员使用的评判桌椅和计时工具。

2. 考核时间

(1) 考核时间为40min。

(2) 许可作业时记录开始时间，现场清理完毕汇报工作终结，记录考核结束时间。

3. 考核要点

(1) 基本操作。

1) 仪器及工器具的选用和准备；

2) 准备工作的安全措施执行；

3) 完成简要校验记录；

4) 报告工作终结，提交试验报告；

5) 恢复安全措施，清扫场地。

(2) 断路器保护装置功能校验1。

1) 断路器失灵启动校验；

2) 需指定故障相启动失灵相别；

3) 线路三跳启动失灵与发电机—变压器组三跳启动失灵任选一项进行。

(3) 断路器保护装置功能校验2。

1) 不一致保护校验；

2）需指定模拟故障相别。

（4）断路器保护装置功能校验 3。

1）死区保护校验；

2）需指定模拟故障相别。

（5）断路器保护装置功能校验 4。

1）充电保护校验；

2）需指定模拟故障相别。

4. 考核要求

（1）单人操作，衣着规范，精神状态良好。考生就位后，经考评人员许可后方可开始操作。

（2）校验前及过程中，安全技术措施布置到位。

（3）仪器及工器具选用及使用正确。

（4）校验过程接线正确合理。

（5）校验过程方法正确。

（6）校验过程记录完整有效。记录内容完整，需包括但不限于校验时间、地点、校验人、校验项目、校验方法、校验仪器、接线方式及校验结论，校验结论需与实际情况一致，并能正确反映校验对象的相关状态。

（7）校验完毕后，需及时拆除接线，归还仪器及工器具，并清扫现场。

（8）能够熟练运用办公软件（Microsoft Office、WPS 等）编写电子报告（含表格处理、图形编辑等）。

三、评分参考标准

行业：电力工程　　　　工种：继电保护工　　　　等级：三

编　号	JB308	行为领域	e	鉴定范围	
考核时间	40min	题　型	A	含权题分	25
试题名称	断路器保护装置功能校验				
考核要点及其要求	（1）要求单独操作。 （2）现场（或实训室）操作。 （3）通过本测试，考察考生对于断路器保护装置功能校验的掌握程度。 （4）按照规范的技能操作完成考评人员规定的操作内容				
工器具、材料、设备	（1）微机型继电保护测试仪 1 台。 （2）绝缘电阻表 500、1000V 规格各 1 块。 （3）数字万用表 1 块。 （4）试验线、绝缘胶带。 （5）常用电工工具 1 套。 （6）微机断路器保护屏				

续表

备注						
评分标准						
序号	作业名称	质量要求	分值	扣分标准	扣分原因	得分
1	基本操作	按照规定完成相关操作	20			
1.1	仪器及工器具的选用和准备	正确	2	选用缺项或不正确扣1分；准备工作不到位扣1分		
1.2	准备工作的安全措施执行	按相关规程执行	10	安全措施未按相关规程执行，酌情扣分		
1.3	完成简要校验记录	内容完整，结论正确	3	内容不完整或结论不正确扣2分		
1.4	报告工作终结，提交试验报告		3	该步缺失扣3分；未按顺序进行扣1分		
1.5	恢复安全措施，清扫场地		2	该步缺失扣2分；未按顺序进行扣1分		
2	装置功能校验1：失灵启动保护功能校验	安全措施到位、仪器仪表使用正确、操作步骤规范、校验结果符合要求	20			
2.1	定值、压板方式选择	按保护动作的需要设置	5	选择漏项或错误扣5分；单项操作不符合要求酌情扣分		
2.2	保护动作校验	故障模拟正确，保护出口正确，状态信息检查正确	10	故障模拟错误扣8分；保护出口错误扣5分；状态信息检查错误扣5分；未按要求加入故障量校验扣5分；单项操作不符合要求酌情扣分		
2.3	动作时间校验	正确	5	时间校验错误扣5分；未按要求加入故障量扣3分；单项操作不符合要求酌情扣分		
3	装置功能校验2：不一致保护功能校验	安全措施到位、仪器仪表使用正确、操作步骤规范、校验结果符合要求	20			
3.1	定值、压板方式选择	按保护动作的需要设置	5	选择漏项或错误扣5分		

续表

评分标准						
序号	作业名称	质量要求	分值	扣分标准	扣分原因	得分
3.2	保护动作校验	故障模拟正确，保护出口正确，状态信息检查正确	10	故障模拟错误扣8分；保护出口错误扣5分；状态信息检查错误扣5分；未按要求加入故障量校验扣5分		
3.3	动作时间校验	正确	5	时间校验错误扣5分；未按要求加入故障量扣4分		
4	装置功能校验3：死区保护功能校验	安全措施到位、仪器仪表使用正确、操作步骤规范、校验结果符合要求	20			
4.1	定值、压板方式选择	按保护动作的需要设置	5	选择漏项或错误扣5分		
4.2	保护动作校验	故障模拟正确，保护出口正确，状态信息检查正确	10	故障模拟错误扣8分；保护出口错误扣5分；状态信息检查错误扣5分；未按要求加入故障量校验扣5分		
4.3	动作时间校验	正确	5	时间校验错误扣5分；未按要求加入故障量扣4分		
5	装置功能校验4：充电保护功能校验	安全措施到位、仪器仪表使用正确、操作步骤规范、校验结果符合要求	20			
5.1	定值、压板方式选择	按保护动作的需要设置	5	选择漏项或错误扣5分		
5.2	保护动作校验	故障模拟正确，保护出口正确，状态信息检查正确	10	故障模拟错误扣8分；保护出口错误扣5分；状态信息检查错误扣5分；未按要求加入故障量校验扣5分		
5.3	动作时间校验	正确	5	时间校验错误扣5分；未按要求加入故障量扣4分		
考试开始时间			考试结束时间		合计	
考生栏	编号：	姓名：	所在岗位：	单位：	日期：	
考评员栏	成绩：	考评员：		考评组长：		

JB309 发电机保护装置功能校验

一、操作

(一) 工器具、材料、设备

(1) 工器具：微机型继电保护测试仪1台，数字万用表1块，常用电工工具1套，函数型计算器1块。

(2) 材料：试验线、绝缘胶带。

(3) 设备：微机发电机保护屏。

(二) 安全要求

(1) 防止误入带电间隔。工作前熟悉工作地点、带电设备，相邻运行设备布置运行标识。检查现场安全围栏、警示牌和接地等安全措施。

(2) 试验仪器电源使用。必须使用装有剩余电流保护的电源盘。螺丝刀等工具的金属裸露部分除刀口外都应进行绝缘防护。接（拆）电源，必须在电源开关拉开情况下进行，一人操作，一人监护。临时电源必须使用专用电源，禁止从运行设备上取电源。

(3) 防止继电保护“三误”事故。根据现场实际情况，制订相关安全技术措施，严格执行经批准或许可的安全技术措施。

(4) 直流回路工作。使用具备绝缘防护的工具，试验线严禁裸露，防止误碰金属导体部分。

(5) 插拔插件。防止带电或频繁插拔插件。

(6) 装置试验电流接入。短接交流电流外侧电缆，确认可靠短接后，方可断开交流电流连接片。必要时，在端子箱处将相应端子用绝缘胶带实施封闭。

(7) 装置试验电压接入。断开交流二次电压引入回路，通过拆线进行隔离的，需并用绝缘胶带对所拆线头实施绝缘包扎。

(8) 拆动二次线。及时做好记录，并用绝缘胶带对所拆线头实施绝缘包扎。

(9) 应断开失灵启动连接片。检查失灵启动连接片须断开并拆开失灵启动回路线头，用绝缘胶带对所拆线头实施绝缘包扎。

（10）校验中误发信号。必要时，断开相关信号采集装置（中央信号、远动信号、故障录波等）正电源，记录切换把手位置。

（11）不准在保护室内使用无线通信设备，尤其是对讲机。

（12）严格按照安全作业规程规定安全措施的执行并恢复。

（三）操作项目

实际选定操作项目如下：

（1）定子绕组匝间保护功能校验；

（2）逆功率保护功能校验；

（3）失磁保护功能校验；

（4）失步保护功能校验。

（四）操作要求与步骤

1. 操作流程

操作流程如图 JB309－1 所示。

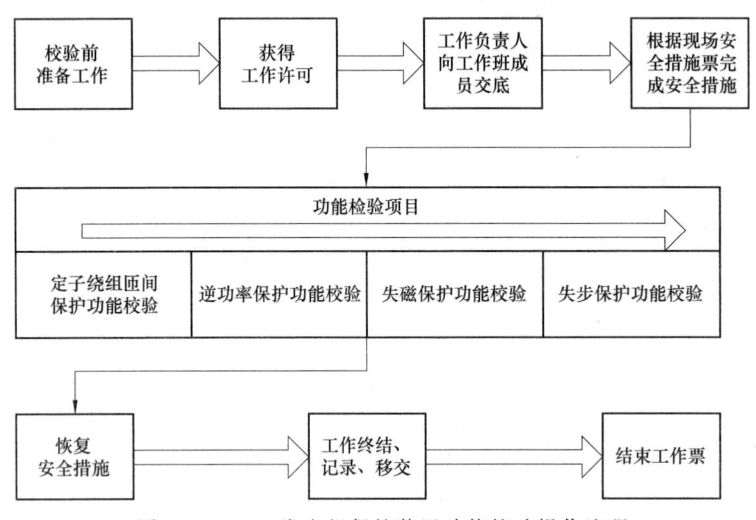

图 JB309－1　发电机保护装置功能校验操作流程

2. 准备工作

（1）检查待验发电机保护装置状况、反措计划执行情况及设备缺陷统计等，并及时提交相关停役申请。

（2）开工前，及时上报本次工作的材料计划。

（3）根据功能校验项目，组织作业人员学习作业指导书，使全体作业人员熟悉并明确工作内容、作业标准、工作安排及安全注意事项等。

（4）开工前，准备好作业所需仪器仪表、工器具及相关材料。仪器仪表和工器具应在检验合格期内。

（5）准备主要技术资料，包括最新整定通知单、图纸、装置技术说明书、装置使用说明书及相关校验规程等。

（6）按照相关安全工作规程正确填写工作票。

3. 技术要求

（1）定子绕组匝间保护功能校验。该保护反映的是发电机纵向零序电压的基波分量，并用其三次谐波增量作为制动量。校验的主要内容包括：动作定值（灵敏段、次灵敏段）测试、次灵敏段动作特性测试和动作时间测试。

1）灵敏段定值测试。在发电机机端 TV 加入三相不平衡电压，机端 TA 加入三相不平衡电流，负序功率的灵敏内角为 90°。调整电压和电流的相位关系，满足负序功率计算值大于零。并接发电机机端 TV 和专用 TV 的三相电压输入，以满足专用 TV 不断线。在发电机专用 TV 开口三角电压端子侧加入基波电压，并缓慢升高，直至灵敏段出口灯亮，记录相关数据，要求实测定值与设置定值误差不超过±5%，必要时需进行 95%定值可靠不动作，105%定值可靠动作测试。

2）次灵敏段定值测试。在发电机机端 TV 加入三相不平衡电压，机端 TA 加入三相不平衡电流，负序功率的灵敏内角为 90°。调整电压和电流的相位关系，满足负序功率计算值大于零。并接发电机机端 TV 和专用 TV 的三相电压输入，以满足专用 TV 不断线。临时修改灵敏段动作电压高于次灵敏段动作电压，在发电机专用 TV 开口三角电压端子侧加入基波电压，并缓慢升高基波电压，直至次灵敏段出口灯亮，记录相关数据，至少测试两个点，要求实测定值与设置定值误差不超过±10%。

3）次灵敏段制动特性测试。在发电机专用 TV 开口三角加入基波电压，且叠加三次谐波分量，使基波零序电压超过灵敏段整定值，缓慢改变三次谐波叠加量，直至定子绕组匝间灵敏段出口灯由亮到熄灭，并记录各电压值，并验证制动特性。

4）动作时间测试。在发电机专用 TV 开口三角电压侧，突然加 1.2 倍定值电压，分别测试灵敏段、次灵敏段的动作时间。试验要求实测动作时间与设置定值误差应不大于 30ms，显示或打印出的保护动作时间与测试时间相比误差不大于±5ms。保护动作测量接点不宜取用信号量。

（2）逆功率保护功能校验。

1）逆功率保护定值测试。外加三相对称电压和三相对称电流，缓慢改变三相电压的相位直至发电机逆功率出口动作，记录相关数据，要求实测定值与设置定值误差不超过±5%，必要时需进行 95%定值可靠不动作，105%定值可靠动作测试。

2）逆功率保护动作时间定值测试。突加三相对称电压和三相对称电流，使发电机逆功率远大于整定值，记录动作时间。试验要求实测动作时间与设置定值误差应不大于 30ms，显示或打印出的保护动作时间与测试时间相比误差不大于±5ms。保护动作测量接点不宜取用信号量。

（3）失磁保护功能校验（以静稳边界圆，三段时限为例）。

1）阻抗边界定值测试。同时输入三相对称电流和三相对称电压，保持电流（电压）幅值不变，两者之间的相位角不变，改变电压（电流）幅值，使第一时限出口灯亮，记录相关数据。要求实测定值与设置定值误差不超过±5%，必要时需进行 95%定值可靠不动作，105%定值可靠动作测试。

2）高压侧低电压定值测试。在满足阻抗条件的同时，在高压侧电压输入端子 CA 相加电压，改变电压幅值，使第三时限出口灯亮。记录相关数据。要求实测定值与设置定值误差不超过±5%，必要时需进行 95%定值可靠动作，105%定值可靠不动作测试。

3）动作时间测试。当突然满足阻抗圆及高压侧低电压，记录动作时间 t_1、t_2 及 t_3。试验要求实测动作时间与设置定值误差应不大于 30ms，显示或打印出的保护动作时间与测试时间相比误差不大于±5ms。保护动作测量接点不宜取用信号量。

4）TV 断线逻辑测试。保护运行在正常态，模拟外部施加阻抗在阻抗圆外，突然撤销一相电压输入，失磁保护不动作，TV 断线信号灯亮；保护运行在正常态，模拟外部施加阻抗在阻抗圆外，突然同时撤销两相电压输入，失磁保护不动作，TV 断线信号灯亮；保护运行在正常态，模拟外部施加阻抗在阻抗圆外，突然同时撤销三相输入电压，失磁保护不动作，TV 断线信号灯亮。

（4）失步保护功能校验。

1）发电机加速失步保护特性测试。外加三相对称电压和三相对称电流，初始电抗小于定值 X_t，初始阻抗大于 R_1，以一定速度改变电压和电流的夹角，使测量电阻由 $+R$ 向 $-R$ 方向，依次通过 0 区－Ⅰ区－Ⅱ区－Ⅲ区－Ⅳ区，发加速失步信号，重复上述过程，如果滑极次数达到整定值，发失步跳闸信号且出口跳闸。

2）发电机减速失步保护特性测试。加三相对称电压和三相对称电流，初始电抗小于定值 X_t，初始阻抗再小于 R_4，以一定速度改变电压和电流的夹角，使测量电阻由 $-R$ 向 $+R$ 方向，依次通过 0 区－Ⅰ区－Ⅱ区－Ⅲ区－Ⅳ区，发减速失步信号，重复上述过程，如果滑极次数达到整定值，发失步跳闸信号且出口跳闸。

二、考核

1. 考核场地

（1）具备上述考核条件的设备和实训场地。

（2）室内温度 5～30℃，湿度＜75%。

（3）具备 DC 110V/220V 电源输出端子。

(4) 具备 AC 220V/380V 电源输出端子。

(5) 可靠的室内接地端子。

(6) 消防器材。

(7) 良好的通风和采光照明。

(8) 供考评人员使用的评判桌椅和计时工具。

2. 考核时间

(1) 考核时间为 40min。

(2) 许可作业时记录开始时间，现场清理完毕汇报工作终结，记录考核结束时间。

3. 考核要点

(1) 基本操作。

1) 仪器及工器具的选用和准备；

2) 准备工作的安全措施执行；

3) 完成简要校验记录；

4) 报告工作终结，提交试验报告；

5) 恢复安全措施，清扫场地。

(2) 装置功能校验 1。

1) 失磁保护与失步保护功能校验任选一项进行；

2) 需指明校验具体内容。

(3) 装置功能校验 2。

1) 若装置功能校验 1 选择失磁保护功能校验，则此处固定为逆功率保护功能校验；

2) 若装置功能校验 1 选择失步保护功能校验，则此处固定为匝间保护功能校验；

3) 需指明校验具体内容。

4. 考核要求

(1) 单人操作，衣着规范，精神状态良好。考生就位后，经考评人员许可后方可开始操作。

(2) 校验前及过程中，安全技术措施布置到位。

(3) 仪器及工器具选用及使用正确。

(4) 校验过程接线正确合理。

(5) 校验过程方法正确。

(6) 校验过程记录完整有效。记录内容完整，需包括但不限于校验时间、地点、校验人、校验项目、校验方法、校验仪器、接线方式及校验结论，校验结论需与实际情况一致，并能正确反映校验对象的相关状态。

（7）校验完毕后，需及时拆除接线，归还仪器及工器具，并清扫现场。

（8）能够熟练运用办公软件（Microsoft Office、WPS 等）编写电子报告（含表格处理、图形编辑等）。

三、评分参考标准

行业：电力工程　　　　　　　　工种：继电保护工　　　　　　　　等级：三

编　号	JB309	行为领域	e	鉴定范围	
考核时间	40min	题　型	A	含权题分	25
试题名称	发电机保护装置功能校验				
考核要点及其要求	（1）要求单独操作。 （2）现场（或实训室）操作。 （3）通过本测试，考察考生对于发电机保护装置功能校验的掌握程度。 （4）按照规范的技能操作完成考评人员规定的操作内容				
工器具、材料、设备	（1）微机型继电保护测试仪 1 台。 （2）数字万用表 1 块。 （3）常用电工工具 1 套。 （4）函数型计算器 1 块。 （5）试验线、绝缘胶带。 （6）微机发电机保护屏				
备注	以下序号 2、3 项，考试人员只考 1 项；序号 4、5 项，考试人员只考 1 项。上述选项由考评人员考前确定，确定后不得更改				

评分标准

序号	作业名称	质量要求	分值	扣分标准	扣分原因	得分
1	基本操作	按照规定完成相关操作	20			
1.1	仪器及工器具的选用和准备	正确	2	选用缺项或不正确扣 1 分；准备工作不到位扣 1 分		
1.2	准备工作的安全措施执行	按相关规程执行	10	安全措施未按相关规程执行，酌情扣分		
1.3	完成简要校验记录	内容完整，结论正确	3	内容不完整或结论不正确扣 2 分		
1.4	报告工作终结，提交试验报告		3	该步缺失扣 3 分；未按顺序进行扣 1 分		

续表

评分标准						
序号	作业名称	质量要求	分值	扣分标准	扣分原因	得分
1.5	恢复安全措施，清扫场地		2	该步缺失扣2分；未按顺序进行扣1分		
2	装置功能校验1：失磁保护功能校验（2.1和2.2指定一项进行）	安全措施到位、仪器仪表使用正确、操作步骤规范、校验结果符合要求	40			
2.1	阻抗边界定值测试	接线正确，保护动作的需要设置正确，功率计算正确，试验方法正确，仪表使用正确，测试结果正确	30	相关定值、保护功能，压板设置错误扣15分；保护动作模拟错误扣20分；测量内容缺项酌情扣分；测量结果未进行判断或判断不完整酌情扣分		
2.2	高压侧低电压定值测试	接线正确，试验方法正确，仪表使用正确，测试结果正确	30	相关定值、保护功能，压板设置错误扣15分；保护动作模拟错误扣20分；测量内容缺项酌情扣分；测量结果未进行判断或判断不完整酌情扣分		
2.3	动作时间测试	试验方法正确，仪表使用正确，测试结果正确	10	相关定值、保护功能，压板设置错误扣5分；保护动作模拟错误扣5分；时间测试方法错误扣8分；测试内容缺项酌情扣分；测试结果未进行判断或判断不完整酌情扣分		
3	装置功能校验1：失步保护功能校验（3.1和3.2全部进行）	安全措施到位、仪器仪表使用正确、操作步骤规范、校验结果符合要求	40			
3.1	发电机加速失步保护特性测试	接线正确，分别从发电机机端二次端子接入电压与电流。试验方法正确，仪表使用正确	20	相关定值、保护功能，压板设置错误扣10分；保护动作模拟错误扣15分；测试内容缺项酌情扣分；测试结果未进行判断或判断不完整酌情扣分		
3.2	发电机减速失步保护特性测试	接线正确，分别从发电机机端二次端子接入电压与电流。试验方法正确，仪表使用正确	20	相关定值、保护功能，压板设置错误扣10分；保护动作模拟错误扣15分；测试内容缺项酌情扣分；测试结果未进行判断或判断不完整酌情扣分		

续表

评分标准						
序号	作业名称	质量要求	分值	扣分标准	扣分原因	得分
4	装置功能校验2：定子绕组匝间保护功能校验（4.1和4.2任选一项进行，4.3、4.4必做）	安全措施到位、仪器仪表使用正确、操作步骤规范、校验结果符合要求	40			
4.1	灵敏段定值测试	相关定值、保护功能，压板设置正确；保护动作模拟正确；定值测量方法正确，内容完整	20	相关定值、保护功能，压板设置错误扣10分；保护动作模拟错误扣15分；测量内容缺项酌情扣分；测量结果未进行判断或判断不完整酌情扣分		
4.2	次灵敏段定值测试	相关定值、保护功能，连接片设置正确；保护动作模拟正确；定值测量方法正确，内容完整	20	相关定值、保护功能，连接片设置错误扣10分；保护动作模拟错误扣15分；测量内容缺项酌情扣分；测量结果未进行判断或判断不完整酌情扣分		
4.3	次灵敏段制动特性测试	相关定值、保护功能，连接片设置正确；保护动作模拟正确；定值测量方法正确，内容完整	10	相关定值、保护功能，连接片设置错误扣5分；保护动作模拟错误扣5分；测量内容缺项酌情扣分；测量结果未进行判断或判断不完整酌情扣分		
4.4	匝间保护动作时间测试	相关定值、保护功能，连接片设置正确；保护动作模拟正确；时间测量方法正确，内容完整	10	相关定值、保护功能，连接片设置错误扣5分；保护动作模拟错误扣8分；时间测试方法错误扣5分；测试内容缺项酌情扣分；测试结果未进行判断或判断不完整酌情扣分		
5	装置功能校验2：逆功率保护功能校验	安全措施到位、仪器仪表使用正确、操作步骤规范、校验结果符合要求	40			
5.1	功率动作值校验	接线正确，保护动作的需要设置正确，功率计算正确，试验方法正确，仪表使用正确	20	相关定值、保护功能，连接片设置错误扣10分；保护动作模拟错误扣10分；测量内容缺项酌情扣分；测量结果未进行判断或判断不完整酌情扣分		

续表

评分标准						
序号	作业名称	质量要求	分值	扣分标准	扣分原因	得分
5.2	动作时间校验	试验方法正确，仪表使用正确，测试结果正确	20	相关定值、保护功能，连接片设置错误扣10分；保护动作模拟错误扣10分；时间测试方法错误扣15分；测试内容缺项酌情扣分；测试结果未进行判断或判断不完整酌情扣分		
考试开始时间			考试结束时间		合计	
考生栏	编号：	姓名：	所在岗位：	单位：	日期：	
考评员栏	成绩：	考评员：		考评组长：		

JB310 备自投装置功能校验及整组测试

一、操作

(一) 工器具、材料、设备

(1) 工器具：微机型继电保护测试仪1台，绝缘电阻表500、1000V各1块，数字万用表1块，模拟断路器（分相）1台，常用电工工具1套，函数型计算机1块。

(2) 材料：试验线、绝缘胶带。

(3) 设备：微机备自投屏。

(二) 安全要求

(1) 防止误入带电间隔。工作前熟悉工作地点、带电设备，相邻运行设备布置运行标识。检查现场安全围栏、警示牌和接地等安全措施。

(2) 试验仪器电源使用。必须使用装有剩余电流保护的电源盘。螺丝刀等工具的金属裸露部分除刀口外都应进行绝缘防护。接（拆）电源，必须在电源开关拉开情况下进行，一人操作，一人监护。临时电源必须使用专用电源，禁止从运行设备上取电源。

(3) 防止继电保护“三误”事故。根据现场实际情况，制订相关安全技术措施，严格执行经批准或许可的安全技术措施。

(4) 直流回路工作。使用具备绝缘防护的工具，试验线严禁裸露，防止误碰金属导体部分。

(5) 插拔插件。防止带电或频繁插拔插件。

(6) 装置试验电流接入。短接交流电流外侧电缆，确认可靠短接后，方可断开交流电流连接片。必要时，在端子箱处将相应端子用绝缘胶带实施封闭。

(7) 装置试验电压接入。断开交流二次电压引入回路，通过拆线进行隔离的，需用绝缘胶带对所拆线头实施绝缘包扎。

(8) 拆动二次线。及时做好记录，并用绝缘胶带对所拆线头实施绝缘包扎。

(9) 防止误跳各侧母联（分段）、旁路断路器。检查并断开对应的出口连接片，解开对应线头并逐个实施绝缘包扎。

（10）应断开失灵启动连接片。检查失灵启动连接片已断开并拆开失灵启动回路线头，用绝缘胶带对所拆线头实施绝缘包扎。

（11）校验中不应误发信号。必要时，断开相关信号采集装置（中央信号、远动信号、故障录波等）正电源，记录切换把手位置。

（12）不准在保护室内使用无线通信设备。

（13）严格按照安全作业规程规定安全措施的执行并恢复。

（三）操作项目

（1）交流模拟校验。

（2）开关量输入/输出试验。

（3）逻辑功能试验。

（4）运行异常报失，电源故障闭锁试验。

（四）操作要求与步骤

1．操作流程

操作流程如图 JB310－1 所示。

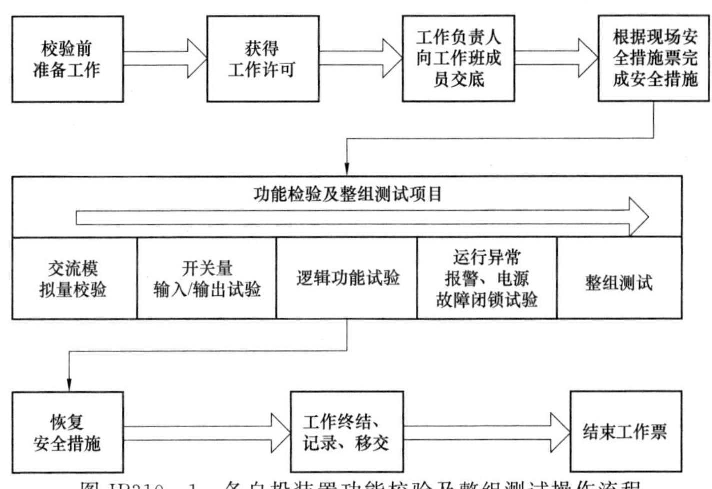

图 JB310－1　备自投装置功能校验及整组测试操作流程

2．准备工作

（1）检查待验备自投装置状况、反措计划执行情况及设备缺陷统计等，并及时提交相关停役申请。

（2）开工前，及时上报本次工作的材料计划。

（3）根据功能校验及整组测试项目，组织作业人员学习作业指导书，使全体作业人员熟悉并明确工作内容、作业标准、工作安排及安全注意事项等。

（4）开工前准备好作业所需仪器仪表、工器具及相关材料。仪器仪表和工器具应在检验合格期内。

(5) 准备主要技术资料，包括最新整定通知单、图纸、装置技术说明书、装置使用说明书及相关校验规程等。

(6) 按照相关安全工作规程正确填写工作票。

3. 技术要求

(1) 交流模拟量校验。检查保护装置零漂，要求无明显零漂出现。在电压回路输入三相正序电压，每相分别为 5、30、50V 和 57.74V，检查装置采样幅值与相位精度，要求误差不大于±3%。在电流回路输入三相正序电流，每相分别为10%、50%、80%和 100%的通道额定电流，检查装置采样幅值与相位精度，要求误差不大于±3%。

(2) 开关量输入/输出试验。

1) 开关量输入试验。模拟所有开入量状态，至少变化 3 次，要求开入状态采集正确。进行此项试验应注意状态保持时间应超过装置软件设置的判别延时。

2) 开关量输出试验。

a. 结合装置逻辑功能试验，检查进线及分段断路器的跳、合闸触点。

b. 分别进行三组遥控跳合闸操作，对应触点应由断开变为闭合。

c. 装置动作跳闸时，装置跳闸信号接点应闭合，信号复归时断开。

d. 装置动作合闸时，装置合闸信号触点应闭合，信号复归时断开。

e. 模拟装置报警，相应触点应闭合，报警事件返回，该接点断开。

f. 模拟装置满足闭锁条件，装置闭锁触点闭合，装置恢复正常运行状态，闭锁触点断开。

(3) 逻辑功能试验。检查软件逻辑功能和输出回路是否正常。具体步骤如下：

1) 进行装置逻辑功能试验前，将对应元件的控制字、软压板、硬压板设置正确，装置整组试验后，检查装置记录的跳闸报告、SOE 事件记录是否正确，对于有通信条件的试验现场可检查后台监控软件记录的事件是否正确。

2) 校验有压定值、无压定值及动作时间，校验动作元件动作的正确性。

3) 设置整定定值，设定备自投装置的“自投方式”。

4) 根据备自投方式，按照备自投装置的投入条件设置相应的开关量、模拟量，确认没有外部闭锁自投开入，经备自投充电延时，面板显示充电标志充满。

5) 根据备自投方式，按照备自投装置的动作逻辑，做相应的模拟试验，备自投装置应正确动作，面板显示相应动作跳闸、合闸等命令。

(4) 运行异常报警、电源故障闭锁试验。进行试验前，将对应元件的控制字、软压板设置正确，试验项完毕后，检查装置记录的跳闸报告、SOE 事件记录是否正确，对于有通信条件的试验现场可检查后台监控软件记录的事件是否正确。

1）频率异常报警。施加母线电压，频率小于装置整定频率定值，经延时报警，报警灯亮，液晶界面显示母线电压低频报警。

2）TV断线报警。自投方式控制字显示，模拟进线有电流，施加母线正序电压小于整定值，经延时报警灯亮，液晶界面显示母线TV断线报警。线路电压检查控制字显示，模拟线路电压小于有压定值，经延时报警灯亮，液晶界面显示线路TV断线报警。

3）跳闸位置继电器TWJ异常报警。模拟分段电流大于无电流定值，分段断路器的TWJ输入为“1”；模拟进线电流大于无电流定值，相应TWJ输入为“1”。经延时报警灯亮，液晶界面显示TWJ异常报警。

4）定值出错闭锁。进入装置“保护定值”菜单，任意修改一个定值为不合理值后按“确认”键，运行灯熄灭，闭锁告警。

5）电源故障闭锁。模拟装置电源发生故障时，闭锁告警。

（5）整组测试。各装置施加相关交流模拟量，同时外接模拟断路器（有条件时可带实际断路器，但应避免短时间频繁分合操作）。模拟装置动作逻辑条件，检查动作情况及实际出口情况。测量从模拟故障发生至装置动作出口的时间。试验要求实测动作时间应不大于设置延时±5ms，显示或打印出的保护动作时间与测试时间相比误差不大于±5ms。保护动作测量接点不宜取用信号量。

二、考核

1. 考核场地

（1）具备上述考核条件的设备和实训场地。

（2）室内温度5～30℃，湿度＜75%。

（3）具备DC 110V/220V电源输出端子。

（4）具备AC 220V/380V电源输出端子。

（5）可靠的室内接地端子。

（6）消防器材。

（7）良好的通风和采光照明。

（8）供考评人员使用的评判桌椅和计时工具。

2. 考核时间

（1）考核时间为40min。

（2）许可作业时记录开始时间，现场清理完毕汇报工作终结，记录考核结束时间。

3. 考核要点

（1）基本操作。

1）仪器及工器具的选用和准备；

2）准备工作的安全措施执行；

3）完成简要校验记录；

4）报告工作终结，提交试验报告；

5）恢复安全措施，清扫场地。

（2）装置基本校验。以下校验内容任选一项进行：

1）交流模拟量校验，指定电压、电流各1组即可；

2）开关量输入/输出试验，指定1～2组开入和开出即可；

3）运行异常报警及闭锁试验，指定具体校验内容。

（3）装置功能校验。固定为逻辑功能试验。

（4）装置整组测试。

1）固定为装置整组测试；

2）必要时，可指定模拟动作逻辑。

4. 考核要求

（1）单人操作，衣着规范，精神状态良好。考生就位后，经考评人员许可后方可开始操作。

（2）校验前及过程中，安全技术措施布置到位。

（3）仪器及工器具选用及使用正确。

（4）校验过程接线正确合理。

（5）校验过程方法正确。

（6）校验过程记录完整有效。记录内容完整，需包括但不限于校验时间、地点、校验人、校验项目、校验方法、校验仪器、接线方式及校验结论，校验结论需与实际情况一致，并能正确反映校验对象的相关状态。

（7）校验完毕后，需及时拆除接线，归还仪器及工器具，并清扫现场。

（8）能够熟练运用办公软件（Microsoft Office、WPS等）编写电子报告（含表格处理、图形编辑等）。

三、评分参考标准

行业：电力工程　　　　工种：继电保护工　　　　等级：三

编　　号	JB310	行为领域	e	鉴定范围	
考核时间	40min	题　　型	A	含权题分	25
试题名称	备自投装置功能校验及整组测试				
考核要点及其要求	（1）要求单独操作。 （2）现场（或实训室）操作。 （3）通过本测试，考察考生对于备自投装置功能校验及整组测试的掌握程度。 （4）按照规范的技能操作完成考评人员规定的操作内容				

续表

工器具、材料、设备	(1) 微机型继电保护测试仪1台。 (2) 绝缘电阻表500、1000V规格各1块。 (3) 数字万用表1块。 (4) 模拟断路器（分相）1台。 (5) 常用电工工具1套。 (6) 函数型计算器1块。 (7) 试验线、绝缘胶带。 (8) 微机备自投屏
备注	以下序号以下2～4项，考试人员只考1项；序号5、6项，考试人员只考1项。上述选项由考评人员考前确定，确定后不得更改

评分标准

序号	作业名称	质量要求	分值	扣分标准	扣分原因	得分
1	基本操作	按照规定完成相关操作	20			
1.1	仪器及工器具的选用和准备	正确	2	选用缺项或不正确扣1分；准备工作不到位扣1分		
1.2	准备工作的安全措施执行	按相关规程执行	10	安全措施未按相关规程执行，酌情扣分		
1.3	完成简要校验记录	内容完整，结论正确	3	内容不完整或结论不正确扣2分		
1.4	报告工作终结，提交试验报告		3	该步缺失扣3分；未按顺序进行扣1分		
1.5	恢复安全措施，清扫场地		2	该步缺失扣2分；未按顺序进行扣1分		
2	装置基本校验：交流模拟量校验	安全措施到位、仪器仪表使用正确、操作步骤规范、校验结果符合要求	20			
2.1	通道零漂检查	位于合适范围内	2	未进行零漂检查扣2分		
2.2	试验交流量输入	接线正确、输入方法正确、测量点有效完整	15	接线错误，酌情扣分；输入方法不当，酌情扣分；测量点错误或缺项，1点扣3分		
2.3	精度校验	结果符合要求，误差不大于±3%	3	未进行精度校验扣3分；校验方法不当，酌情扣分		

续表

评分标准						
序号	作业名称	质量要求	分值	扣分标准	扣分原因	得分
3	装置基本校验：开关量输入/输出试验	安全措施到位、仪器仪表使用正确、操作步骤规范、校验结果符合要求	20			
3.1	开入和开出量状态模拟	至少变化三次	5	模拟方法不当，酌情扣分；变化次数不足扣2分		
3.2	开入状态采集检查	与状态模拟一致	10	检查方法不当，酌情扣分；检查结果错误扣5分		
3.3	开出状态采集检查	与状态模拟一致，输出接点正确	5	检查方法不当，酌情扣分；检查结果错误扣5分		
4	装置基本校验：运行异常报警及闭锁试验（4.2、4.3、4.4任选一项，4.5、4.6任选一项）	安全措施到位、仪器仪表使用正确、操作步骤规范、校验结果符合要求	20			
4.1	定值、压板方式选择	按保护动作的需要设置	5	选择漏项或错误扣5分		
4.2	频率异常报警	报警信号正确	5	报警信号不正确扣5分		
4.3	TV断线报警	报警信号正确	5	报警信号不正确扣5分		
4.4	TWJ异常报警	报警信号正确	5	报警信号不正确扣5分		
4.5	定值出错闭锁	闭锁信号正确	10	闭锁信号不正确扣10分		
4.6	电源故障闭锁	闭锁信号正确	10	闭锁信号不正确扣10分		
5	装置功能校验：逻辑功能试验	安全措施到位、仪器仪表使用正确、操作步骤规范、校验结果符合要求	30			
5.1	定值、压板方式选择	按保护动作的需要设置	2	选择漏项或错误扣2分		
5.2	有压定值校验	定值校验正确	10	检查方法不当，酌情扣分；检查结果错误扣10分		

续表

评分标准						
序号	作业名称	质量要求	分值	扣分标准	扣分原因	得分
5.3	无压定值校验	定值校验正确	10	检查方法不当，酌情扣分；检查结果错误扣10分		
5.4	动作时间校验	时间校验正确	5	检查方法不当，酌情扣分；检查结果错误扣5分		
5.5	装置动作检查	装置动作正确	3	检查方法不当，酌情扣分；检查结果错误扣3分		
6	装置整组测试	安全措施到位、仪器仪表使用正确、操作步骤规范、校验结果符合要求	30			
6.1	定值、压板方式选择	按保护动作的需要设置	5	选择漏项或错误扣5分		
6.2	实际传动状态检查	检查方法及结果正确	15	检查方法不当，酌情扣分；检查结果错误扣10分		
6.3	动作时间校验	时间测量方法正确，内容完整	10	时间测量方法错误扣8分，时间测量错误扣8分		
考试开始时间			考试结束时间		合计	
考生栏	编号： 姓名： 所在岗位： 单位： 日期：					
考评员栏	成绩： 考评员： 考评组长：					

JB311 故障录波装置整组测试

一、操作

（一）工器具、材料、设备

（1）工器具：微机型继电保护测试仪（6路电压、6路电流输出）1台，数字万用表1块，常用电工工具1套。

（2）材料：试验线、绝缘胶带。

（3）设备：微机故障录波屏。

（二）安全要求

（1）防止误入带电间隔。工作前熟悉工作地点、带电设备，相邻运行设备布置运行标识。检查现场安全围栏、警示牌和接地等安全措施。

（2）试验仪器电源使用。必须使用装有剩余电流保护的电源盘。螺丝刀等工具的金属裸露部分除刀口外都应进行绝缘防护。接（拆）电源，必须在电源开关拉开情况下进行，一人操作，一人监护。临时电源必须使用专用电源，禁止从运行设备上取电源。

（3）防止继电保护“三误”事故。根据现场实际情况，制订相关安全技术措施，严格执行经批准或许可的安全技术措施。

（4）直流回路工作。使用具备绝缘防护的工具，试验线严禁裸露，防止误碰金属导体部分。

（5）插拔插件。防止带电或频繁插拔插件。

（6）装置试验电流接入。短接交流电流外侧电缆，确认可靠短接后，方可断开交流电流连接片。必要时，在端子箱处将相应端子用绝缘胶带实施封闭。

（7）装置试验电压接入。断开交流二次电压引入回路，通过拆线进行隔离的，须用绝缘胶带对所拆线头实施绝缘包扎。

（8）拆动二次线。及时做好记录，并用绝缘胶带对所拆线头实施绝缘包扎。

（9）校验中误发信号。必要时，断开相关信号采集装置（中央信号、远动信号、故障录波等）正电源。

(10) 不准在保护室内使用无线通信设备。

(11) 严格按照安全作业规程规定安全措施的执行并恢复。

(三) 操作项目

(1) 故障录波启动测试;

(2) 波形分析及故障报告检查。

(四) 操作要求与步骤

1. 操作流程

操作流程如图 JB311-1 所示。

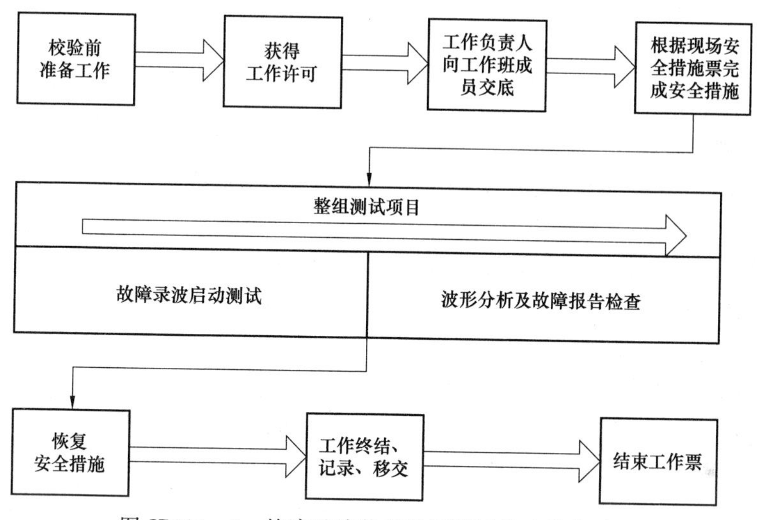

图 JB311-1　故障录波装置整组测试校验操作流程

2. 准备工作

(1) 检查待验故障录波装置状况、反措计划执行情况及设备缺陷统计等，并及时提交相关停役申请。

(2) 开工前，及时上报本次工作的材料计划。

(3) 根据整组测试项目，组织作业人员学习作业指导书，使全体作业人员熟悉并明确工作内容、作业标准、工作安排及安全注意事项等。

(4) 准备好作业所需仪器仪表、工器具及相关材料。仪器仪表和工器具应在检验合格期内。

(5) 准备主要技术资料，包括最新整定通知单、图纸、装置技术说明书、装置使用说明书及相关校验规程等。

(6) 按照相关安全工作规程正确填写工作票。

3. 技术要求

(1) 故障录波启动测试。

1) 定值设置。根据正式或测试用定值通知单输入相应数据，启动定值全部投入，手动启动、开关量启动、稳态量启动及突变量启动全部开放。带线路故障测距功能的录波装置应同时开放相关功能。进行整组测试时可停用自动打印功能。

2) 启动测试。

a. 手动启动测试。选择任意交流量通道（包括电压和电流），外部输入合适的稳态交流量，模拟任意通道开关量开入有效。手动启动录波，波形录制完成后，利用分析软件打开，并与实际输入进行比较其一致性。

b. 开关量输入启动测试。选择任意交流量通道（包括电压和电流），外部输入合适的稳态交流量，模拟任意通道开关量开入有效。模拟开关量状态变化启动录波，波形录制完成后，利用分析软件打开，并与实际输入进行比较其一致性。具备条件时，应实际模拟开关量状态变化，如保护动作、开关分合闸等。

c. 模拟量启动测试。选择任意交流量通道，外部输入幅值为零的稳态交流量，逐步增加输入量直至该通道稳态启动值，观察装置录波启动情况。交流电压和交流电流通道分别进行。稳态启动检查正常后，保持一定稳态量输入，设定大于突变量启动定值变化量，突然施加突变量，观察装置录波启动情况。交流电压和交流电流通道分别进行。

d. 线路故障测距功能测试。检查线路参数与实际一致，模拟线路故障（参数应与装置设置一致），故障类型为单相接地、两相短路、两相接地短路、三相短路，每种故障类型设定故障距离或阻抗值为线路总长的5%、50%、100%。观察装置录波启动情况，装置应能可靠启动，并能正确判别故障类型，能自动进行正确的故障测距，结果误差小于±2%。

e. 录波文件打印功能检查。打开打印机的电源，确保打印机与装置正常连接，有打印纸并安装正确。任意选择一录波文件进行打印测试，打印波形应清晰、完整和准确。

(2) 波形分析及故障报告检查。

1) 装置进行录波后，管理机应能自动从录波器上召唤本次录波，从管理机软件下部的“故障文件”页面可以看到此次录波，以及故障线路、故障相别、故障距离。通过该数据可以查看故障报告，打开波形，并检查波形是否正常。

2) 装置进行录波后，应可以自动打印故障报告和故障波形图。检查报告和波形的内容是否正确。故障报告内容应包含以下内容或部分内容：故障线路名、故障绝对时间、故障相别、故障类型、故障距离、保护动作时间、断路器动作时间、故障前一周波电流电压有效值、故障第一周波电流电压有效值、故障第一周波电流电压峰值、断路器重合时间、再次故障时间、再次跳闸相别、再次保护动作时间、再次跳闸时间。

二、考核

1. 考核场地

(1) 具备上述考核条件的设备和实训场地。

(2) 室内温度5～30℃，湿度<75%。

(3) 具备DC 110V/220V电源输出端子。

(4) 具备AC 220V/380V电源输出端子。

(5) 可靠的室内接地端子。

(6) 消防器材。

(7) 良好的通风和采光照明。

(8) 供考评人员使用的评判桌椅和计时工具。

2. 考核时间

(1) 考核时间为60min。

(2) 许可作业时记录开始时间，现场清理完毕汇报工作终结，记录考核结束时间。

3. 考核要点

(1) 基本操作。

1) 仪器及工器具的选用和准备；

2) 准备工作的安全措施执行；

3) 完成简要校验记录；

4) 报告工作终结，提交试验报告；

5) 恢复安全措施，清扫场地。

(2) 装置整组测试1。

1) 手动启动测试为必做项目，指定1个通道即可，要求模拟实际波形；

2) 开关量输入启动和模拟量启动测试任选一项进行，指定2个通道，要求模拟实际波形。

(3) 装置整组测试2。

固定为波形分析及故障报告检查。

4. 考核要求

(1) 单人操作，衣着规范，精神状态良好。考生就位后，经考评人员许可后方可开始操作。

(2) 校验前及过程中，安全技术措施布置到位。

(3) 仪器及工器具选用及使用正确。

(4) 校验过程接线正确合理。

(5) 校验过程方法正确。

(6) 校验过程记录完整有效。记录内容完整，需包括但不限于校验时间、地点、校验人、校验项目、校验方法、校验仪器、接线方式及校验结论，校验结论需与实际情况一致，并能正确反映校验对象的相关状态。

(7) 校验完毕后，需及时拆除接线，归还仪器及工器具，并清扫现场。

(8) 能够熟练运用办公软件（Microsoft Office、WPS 等）编写电子报告（含表格处理、图形编辑等）。

三、评分参考标准

行业：电力工程　　　　　　　　工种：继电保护工　　　　　　　　等级：三

编　号	JB311	行为领域	e	鉴定范围	
考核时间	60min	题　型	A	含权题分	40
试题名称	故障录波装置整组测试				
考核要点及其要求	(1) 单独操作。 (2) 现场（或实训室）操作。 (3) 通过本测试，考察考生对于故障录波装置整组测试的掌握程度。 (4) 按照规范的技能操作完成考评人员规定的操作内容				
工器具、材料、设备	(1) 微机型继电保护测试仪（6 路电压、6 路电流输出）1 台。 (2) 绝缘电阻表（500、1000V）规格各 1 块。 (3) 数字万用表 1 块。 (4) 常用电工工具 1 套。 (5) 试验线、绝缘胶带。 (6) 微机故障录波屏				
备注					

评分标准

序号	作业名称	质量要求	分值	扣分标准	扣分原因	得分
1	基本操作	按照规定完成相关操作	20			
1.1	仪器及工器具的选用和准备	正确	2	选用缺项或不正确扣 1 分；准备工作不到位扣 1 分		
1.2	准备工作的安全措施执行	按相关规程执行	10	安全措施未按相关规程执行，酌情扣分		

续表

评分标准						
序号	作业名称	质量要求	分值	扣分标准	扣分原因	得分
1.3	完成简要校验记录	内容完整，结论正确	3	内容不完整或结论不正确扣2分		
1.4	报告工作终结，提交试验记录		3	该步缺失扣3分；未按顺序进行扣1分		
1.5	恢复安全措施，清扫场地		2	该步缺失扣2分；未按顺序进行扣1分		
2	装置整组测试1	安全措施到位、仪器仪表使用正确、操作步骤规范、校验结果符合要求	40			
2.1	手动启动测试	外部输入方法正确，装置可靠启动，录波正确	15	外部输入方法错误扣10分；由于输入原因造成装置未可靠启动扣8分；录波异常扣5分		
2.2	开关量输入启动测试	开关量输入模拟正确，装置可靠启动，录波正确	25	外部输入方法错误扣18分；由于输入原因造成装置未可靠启动扣15分；录波异常扣10分		
2.3	模拟量启动测试	模拟量输入正确，装置可靠启动，录波正确	25	模拟量输入错误扣18分；由于输入原因造成装置未可靠启动扣15分；录波异常扣10分		
3	装置整组测试2	安全措施到位、仪器仪表使用正确、操作步骤规范、校验结果符合要求	40			
3.1	根据要求召唤录波，打印故障报告和故障波形图	召唤波形文件正确，与故障报告和波形图对应	10	召唤波形文件不正确扣10分；故障报告和波形图不对应扣10分		
3.2	分析故障报告	故障报告分析不正确	30	故障报告分析不正确酌情扣分；分析内容缺1项，扣10分		
考试开始时间			考试结束时间		合计	
考生栏	编号：	姓名：	所在岗位：	单位：	日期：	
考评员栏	成绩：	考评员：		考评组长：		

JB312 故障信息系统功能校验

一、操作

（一）工器具、材料、设备

（1）工器具：微机型继电保护测试仪（6路电压、6路电流输出）1台，绝缘电阻表500、1000V各1块，数字万用表1块，常用电工工具1套，函数型计算器1块。

（2）材料：试验线、绝缘胶带。

（3）设备：继电保护故障信息管理子站，继电保护装置，故障录波装置，变电站监控系统或继电保护故障信息管理主站。

（二）安全要求

（1）防止误入带电间隔。工作前熟悉工作地点、带电设备，相邻运行设备布置运行标识。检查现场安全围栏、警示牌和接地等安全措施。

（2）试验仪器电源使用。必须使用装有剩余电流保护的电源盘。螺丝刀等工具的金属裸露部分除刀口外都应进行绝缘防护。接（拆）电源，必须在电源开关拉开情况下进行，一人操作，一人监护。临时电源必须使用专用电源，禁止从运行设备上取电源。

（3）防止继电保护“三误”事故。根据现场实际情况，制订相关安全技术措施，严格执行经批准或许可的安全技术措施。

（4）直流回路工作。使用具备绝缘防护的工具，试验线严禁裸露，防止误碰金属导体部分。

（5）插拔插件。防止带电或频繁插拔插件。

（6）拆动二次线。及时做好记录，并用绝缘胶带对所拆线头实施绝缘包扎。

（7）校验中误发信号。必要时，断开相关信号采集装置（中央信号、远动信号、故障录波等）正电源，记录切换把手位置。

（8）不准在保护室内使用无线通信设备，尤其是对讲机。

（9）严格按照安全作业规程规定安全措施的执行并恢复。

（三）操作项目

（1）校验准备工作；

（2）保护装置信息调用测试；

（3）故障录波装置信息调用测试；

（4）与变电站当地监控接口检验；

（5）与主站通道联合测试。

（四）操作要求与步骤

1. 操作流程

操作流程如图 JB312－1 所示。

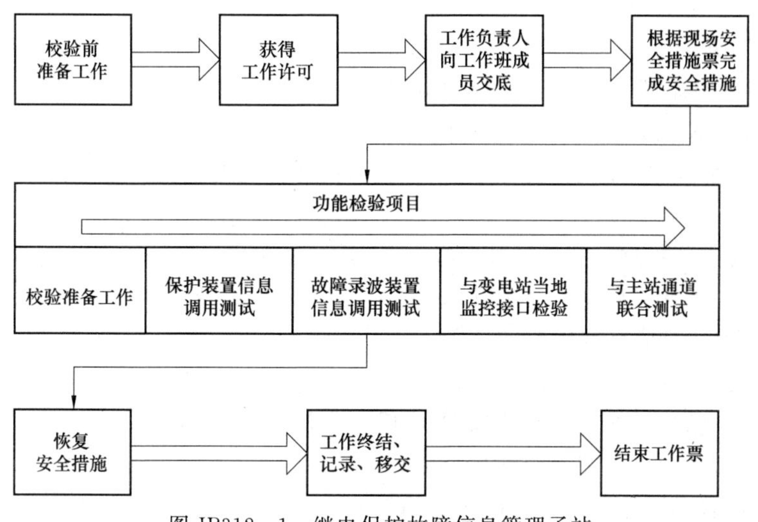

图 JB312－1　继电保护故障信息管理子站

2. 准备工作

（1）检查待验故障信息系统状况、反措计划执行情况及设备缺陷统计等，并及时提交相关停役申请。

（2）开工前，及时上报本次工作的材料计划。

（3）根据功能校验项目，组织作业人员学习作业指导书，使全体作业人员熟悉并明确工作内容、作业标准、工作安排及安全注意事项等。

（4）开工前，准备好作业所需仪器仪表、工器具及相关材料。仪器仪表和工器具应在检验合格期内。

（5）准备主要技术资料，包括最新整定通知单、图纸、装置技术说明书、装置使用说明书及相关校验规程等。

（6）按照相关安全工作规程正确填写工作票。

3. 技术要求

（1）检验准备工作。

1）外观及接线检查。检查子站屏柜外观完好无损；检查设备铭牌、型号与设计图纸应一致；检查实际接线与设计图纸应一致，接线端子接线应无松动现象；屏内设备应清洁无灰尘；检查屏内接地线接地牢固。

2）逆变电源检验。当站内交流和直流同时供电时，屏内装置为开启状态。当切断任意一路电源时，屏内装置均能正常工作。

3）通电检验。

a. 检验屏内装置工作状态。各设备为开启状态，显示器屏幕显示正常，各转换装置电源灯显示为亮。

b. 检验通信连接。利用操作系统相关指令或程序检验与主站通信状态。

c. 检验系统软件。操作系统、数据库软件、系统软件版本符合技术协议要求。已安装操作系统补丁和数据库补丁。已安装防病毒软件，病毒库更新时间显示为近期。

d. 检验系统程序。通信服务器状态显示正常，数据采集器和 GPS 对时程序已启动。

4）站内信息核对。利用“拓扑绘图”软件，核对一次接线图的正确性。并核对在变电站一次接线图上标注的接入设备运行设备名称及设备型号。

（2）保护装置信息调用测试。

1）召唤通信状态。保持保护装置通信状态正常，利用手动召唤检查其与故障信息系统通信情况。确认通信状态正确后，在保护装置侧断开通信，重新召唤其通信状态，观察故障信息系统的状态变化。

2）召唤运行状态。保持保护装置通信状态正常，利用手动召唤检查其运行状态在故障信息系统的反映情况。如具备条件，应使保护装置在运行态和调试态之间进行切换，同时观察故障信息系统上状态显示情况。

3）召唤内部时钟。保持保护装置通信状态正常，利用手动召唤检查故障信息系统相应时间应返回保护装置当前时钟。

4）强制对时。保持保护装置通信状态正常，利用故障信息系统强制对时功能检查其强制对时效果。

5）召唤定值区号。保持保护装置通信状态正常，利用故障信息系统召唤保护装置当前定值区号，并在系统显示中予以检查，确认显示的定值区号与保护装置当前定值区号应一致。

6）召唤定值。保持保护装置通信状态正常，利用故障信息系统召唤保护装置当前定值区定值，并在系统显示中予以检查，逐项核对系统显示定值与保护装置中定值的一致性。

7）召唤开关量。保持保护装置通信状态正常，利用故障信息系统召唤保护装置当前开关量状态，并在系统显示中予以检查。逐项核对系统显示开关量值与保护装置实际状态的一致性。

8）召唤模拟量。保持保护装置通信状态正常，利用故障信息系统召唤保护装置当前模拟量状态，并在系统显示中予以检查。逐项核对系统显示模拟量值与保护装置实际状态的一致性。

9）生成录波简报。保持保护装置通信状态正常，利用故障信息系统生成录波简报功能任意时间点显示相应的录波简报。

10）保护录波自动上送。保持保护装置通信状态正常，利用故障信息系统根据时间选择相应的录波文件。

11）告警信息自动上送。保持保护装置通信状态正常，在保护装置侧模拟告警事件，故障信息系统监视界面应自动弹出告警事件窗口，核对告警信息和保护装置状态的一致性。

12）动作事件自动上送。保持保护装置通信状态正常，在保护装置侧模拟动作事件，故障信息系统监视界面自动弹出动作事件窗口，核对动作信息和保护装置状态的一致性。

（3）故障录波装置信息调用测试。

1）保存录波文件。保持故障录波装置通信状态正常，利用故障信息系统根据时间选择相应的录波文件。

2）生成故障录波简报。保持故障录波装置通信状态正常，利用故障信息系统生成录波简报功能任意时间点显示相应的录波简报。

（4）与变电站当地监控接口检验。

1）上送信息子站与保护装置通信状态。在保护装置侧断开与信息子站通信线，变电站当地监控系统相应状态量应为“开”，恢复通信，状态量应变为“合”。

2）上送信息子站与主站通信状态。断开信息子站与主站通信线，变电站当地监控系统相应状态量应为“开”。恢复通信，状态量应变为“合”。

3）上送信息子站与GPS通信状态。断开GPS与信息子站通信，变电站当地监控系统相应状态量应为“开”。恢复通信，状态量应变为“合”。

4）上送信息子站与故障录波装置通信状态。断开故障录波装置侧与信息子站通信，变电站当地监控系统相应状态量应为“开”。恢复通信，状态量应变为“合”。

5）上送保护装置动作信息。在保护装置侧模拟动作事件，变电站当地监控系统相应状态量应为“开”。动作返回后，状态量应变为“合”。

（5）与主站通道联合测试。

1）核对线路参数。在主站工作站核对各项线路参数。

2）保护装置信息调用。在主站工作站针对测试子站内每种型号的保护装置各一台进行检验。

3）故障录波器信息调用。在主站工作站选择测试子站内任一台故障录波装置进行检验。

二、考核

1．考核场地

（1）具备上述考核条件的设备和实训场地。

（2）室内温度 5～30℃，湿度<75%。

（3）具备 DC 110V/220V 电源输出端子。

（4）具备 AC 220V/380V 电源输出端子。

（5）可靠的室内接地端子。

（6）消防器材。

（7）良好的通风和采光照明。

（8）供考评人员使用的评判桌椅和计时工具。

2．考核时间

（1）考核时间为 60min。

（2）许可作业时记录开始时间，现场清理完毕汇报工作终结，记录考核结束时间。

3．考核要点

（1）基本操作。

1）仪器及工器具的选用和准备；

2）准备工作的安全措施执行；

3）完成简要校验记录；

4）报告工作终结，提交试验报告；

5）恢复安全措施，清扫场地。

（2）系统功能校验 1。

1）固定为保护装置信息调用测试；

2）指定配合测试的保护装置。

（3）系统功能校验 2。

1）固定为故障录波装置信息调用测试；

2）指定配合测试的故障录波装置。

（4）系统功能校验 3。与变电站当地监控接口检验和与主站通道联合测试任选一项中的两个子项进行。

4. 考核要求

(1) 单人操作，衣着规范，精神状态良好。考生就位后，经考评人员许可后方可开始操作。

(2) 校验前及过程中，安全技术措施布置到位。

(3) 仪器及工器具选用及使用正确。

(4) 校验过程接线正确合理。

(5) 校验过程方法正确。

(6) 校验过程记录完整有效。记录内容完整，需包括但不限于校验时间、地点、校验人、校验项目、校验方法、校验仪器、接线方式及校验结论，校验结论需与实际情况一致，并能正确反映校验对象的相关状态。

(7) 校验完毕后，需及时拆除接线，归还仪器及工器具，并清扫现场。

(8) 能够熟练运用办公软件（Microsoft Office、WPS 等）编写电子报告（含表格处理、图形编辑等）。

三、评分参考标准

行业：电力工程　　　　工种：继电保护工　　　　等级：三

编　　号	JB312	行为领域	e	鉴定范围	
考核时间	60min	题　　型	A	含权题分	40
试题名称	故障信息系统功能校验				
考核要点及其要求	(1) 要求单独操作。 (2) 现场（或实训室）操作。 (3) 通过本测试，考察考生对于故障信息系统功能校验的掌握程度。 (4) 按照规范的技能操作完成考评人员规定的操作内容				
工器具、材料、设备	(1) 微机型继电保护测试仪（6 路电压、6 路电流输出）1 台。 (2) 绝缘电阻表 500、1000V 各 1 块。 (3) 数字万用表 1 块。 (4) 常用电工工具 1 套。 (5) 函数型计算器 1 块。 (6) 试验线、绝缘胶带。 (7) 继电保护装置，故障录波装置，变电站监控系统或继电保护故障信息管理主站				
备注	以下序号 4、5 项，考试人员只考 1 项。上述选项由考评人员考前确定，确定后不得更改				

评分标准						
序号	作业名称	质量要求	分值	扣分标准	扣分原因	得分
1	基本操作	按照规定完成相关操作	20			

续表

评分标准						
序号	作业名称	质量要求	分值	扣分标准	扣分原因	得分
1.1	仪器及工器具的选用和准备	正确	2	选用缺项或不正确扣1分；准备工作不到位扣1分		
1.2	准备工作的安全措施执行	按相关规程执行	10	安全措施未按相关规程执行，酌情扣分		
1.3	完成简要校验记录	内容完整，结论正确	3	内容不完整或结论不正确扣2分		
1.4	报告工作终结，提交试验记录		3	该步缺失扣3分；未按顺序进行扣1分		
1.5	恢复安全措施，清扫场地		2	该步缺失扣2分；未按顺序进行扣1分		
2	系统功能校验1（2.1～2.4任选1项进行，2.5、2.6任选1项进行，2.7、2.8任选1项进行，2.9～2.12任选1项进行）	安全措施到位、仪器仪表使用正确、操作步骤规范、校验结果符合要求	30			
2.1	召唤通信状态	步骤及结果正确	5	步骤及结果不正确扣5分		
2.2	召唤运行状态	步骤及结果正确	5	步骤及结果不正确扣5分		
2.3	召唤内部时钟	步骤及结果正确	5	步骤及结果不正确扣5分		
2.4	强制对时	步骤及结果正确	5	步骤及结果不正确扣5分		
2.5	召唤定值区号	步骤及结果正确	5	步骤及结果不正确扣5分		
2.6	召唤定值	步骤及结果正确	5	步骤及结果不正确扣5分		
2.7	召唤开关量	步骤及结果正确	10	步骤及结果不正确扣10分		
2.8	召唤模拟量	步骤及结果正确	10	步骤及结果不正确扣10分		
2.9	生成录波简报	步骤及结果正确	10	步骤及结果不正确扣10分		
2.10	保护录波自动上送	步骤及结果正确	10	步骤及结果不正确扣10分		

续表

评分标准						
序号	作业名称	质量要求	分值	扣分标准	扣分原因	得分
2.11	告警信息自动上送	步骤及结果正确	10	步骤及结果不正确扣10分		
2.12	动作事件自动上送	步骤及结果正确	10	步骤及结果不正确扣10分		
3	系统功能校验2	安全措施到位、仪器仪表使用正确、操作步骤规范、校验结果符合要求	30			
3.1	保存录波文件	步骤及结果正确	15	步骤及结果不正确扣15分		
3.2	生成故障录波简报	步骤及结果正确	15	步骤及结果不正确扣15分		
4	系统功能校验3-1：与变电站当地监控接口检验（4.1～4.2任选1项，4.3～4.5任选1项）	安全措施到位、仪器仪表使用正确、操作步骤规范、校验结果符合要求	20			
4.1	上送保护子站与保护装置通信状态	步骤及结果正确	10	步骤及结果不正确扣10分		
4.2	上送保护子站与主站通信状态	步骤及结果正确	10	步骤及结果不正确扣10分		
4.3	上送保护子站与GPS通信状态	步骤及结果正确	10	步骤及结果不正确扣10分		
4.4	上送保护子站与故障录波器通信状态	步骤及结果正确	10	步骤及结果不正确扣10分		
4.5	上送保护装置动作信息	步骤及结果正确	10	步骤及结果不正确扣10分		
5	系统功能校验3-2：与主站通道联合测试（5.2、5.3任选1项）	安全措施到位、仪器仪表使用正确、操作步骤规范、校验结果符合要求	20			

续表

<table>
<tr><td colspan="8">评分标准</td></tr>
<tr><td>序号</td><td>作业名称</td><td>质量要求</td><td>分值</td><td colspan="2">扣分标准</td><td>扣分原因</td><td>得分</td></tr>
<tr><td>5.1</td><td>核对线路参数</td><td>步骤及结果正确</td><td>10</td><td colspan="2">步骤及结果不正确扣 10 分</td><td></td><td></td></tr>
<tr><td>5.2</td><td>保护装置信息调用</td><td>步骤及结果正确</td><td>10</td><td colspan="2">步骤及结果不正确扣 10 分</td><td></td><td></td></tr>
<tr><td>5.3</td><td>故障录波器信息调用</td><td>步骤及结果正确</td><td>10</td><td colspan="2">步骤及结果不正确扣 10 分</td><td></td><td></td></tr>
<tr><td colspan="2">考试开始时间</td><td></td><td colspan="2">考试结束时间</td><td></td><td>合计</td><td></td></tr>
<tr><td>考生栏</td><td colspan="7">编号：　　姓名：　　所在岗位：　　单位：　　日期：</td></tr>
<tr><td>考评员栏</td><td colspan="7">成绩：　　考评员：　　考评组长：</td></tr>
</table>

JB313 智能变电站合并单元基本测试

一、操作

(一) 工器具、材料、设备

(1) 工器具：微机型继电保护测试仪（6 路电压、6 路电流输出）1 台，合并单元测试仪（支持 IEC 61850－9－1/2、IEC 60044－8、FT3 接口标准，能 5M、10M 自适应）1 台，智能数字万用表（输入连接器 FC/SC/ST，支持 IEC 61850－9－1/2、GOOSE 报文发送和接收）1 块，常用电工工具 1 套，函数型计算器 1 块。

(2) 材料：试验线、光纤（ST、FC、LC 口尾纤）、绝缘胶带。

(3) 设备：数字化线路保护合并单元（简称合并单元）。

(二) 安全要求

(1) 防止误入带电间隔。工作前熟悉工作地点、带电设备，相邻运行设备布置运行标识。检查现场安全围栏、警示牌和接地等安全措施。

(2) 试验仪器电源使用。必须使用装有剩余电流保护的电源盘。螺丝刀等工具的金属裸露部分除刀口外都应进行绝缘防护。接（拆）电源，必须在电源开关拉开情况下进行，一人操作，一人监护。临时电源必须使用专用电源，禁止从运行设备上取电源。

(3) 防止继电保护“三误”事故。根据现场实际情况，制订相关安全技术措施，严格执行经批准或许可的安全技术措施。

(4) 直流回路工作。使用具备绝缘防护的工具，试验线严禁裸露，防止误碰金属导体部分。

(5) 插拔插件。防止带电或频繁插拔插件

(6) 装置试验电流接入。短接交流电流外侧电缆，确认可靠短接后，方可断开交流电流连接片。必要时，在端子箱处将相应端子用绝缘胶带实施封闭。

(7) 装置试验电压接入。断开交流二次电压引入回路，通过拆线进行隔离的，须用绝缘胶带对所拆线头实施绝缘包扎。

(8) 拆动二次线。及时做好记录，并用绝缘胶带对所拆线头实施绝缘包扎。

(9) 防止与运行设备之间的联系未断开。拔掉合并单元背板上至保护装置的光纤跳纤，并做好防尘措施。

(10) 校验中误发信号。必要时，断开相关信号采集装置（中央信号、远动信号、故障录波等）正电源，记录切换把手位置。

(11) 不准在保护室内使用无线通信设备。

(12) 严格按照安全作业规程规定安全措施的执行并恢复。

(三) 操作项目

(1) 输入输出测试；

(2) 传输延时测试；

(3) 检修状态测试；

(4) 电压切换功能检查。

(四) 操作要求与步骤

1. 操作流程

操作流程如图 JB313－1 所示。

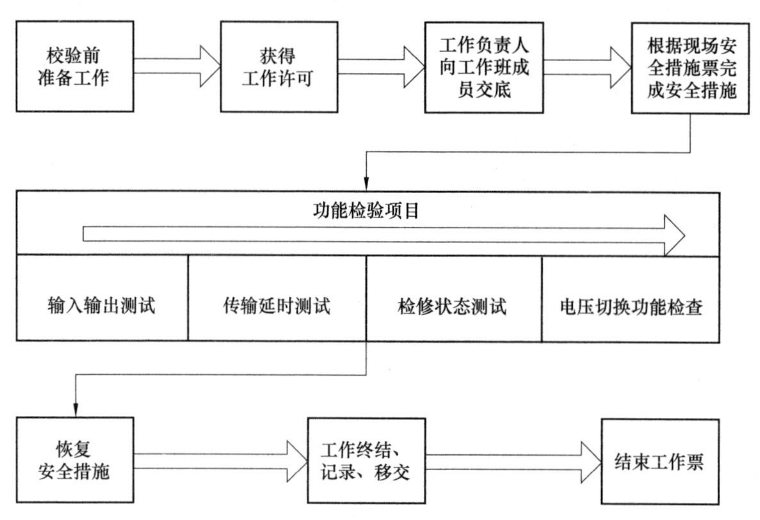

图 JB313－1　智能变电站合并单元基本测试操作流程

2. 准备工作

(1) 检查待验合并单元状况、反措计划执行情况及设备缺陷统计等，并及时提交相关停役申请。

(2) 开工前，及时上报本次工作的材料计划。

(3) 根据功能校验项目，组织作业人员学习作业指导书，使全体作业人员熟悉并明确工作内容、作业标准、工作安排及安全注意事项等。

(4) 开工前，准备好作业所需仪器仪表、工器具及相关材料。仪器仪表和工器具应在检验合格期内。

(5) 准备主要技术资料，包括最新整定通知单、图纸、装置技术说明书、装置使用说明书及相关校验规程等。

(6) 按照相关安全工作规程正确填写工作票。

3. 技术要求

(1) 输入输出测试。视合并单元输入量类型，使用微机型继电保护测试仪或合并单元测试仪在合并单元输入端加入交流采集量，使用智能数字万用表或合并单元测试仪读取合并单元的输出量。其输入输出精确度应符合 GB/T 13729—2002《远动终端设备》的 3.5.2 部分的规定。

(2) 传输延时测试。针对数字输出的电子式互感器，使用合并单元测试仪测量输入信号与输出信号之间的传输延时，做 5 次试验，最大值、最小值与厂家提供数据误差不超过 20μs。针对电磁式互感器配置的合并单元，检测合并单元接收交流模拟量到输出交流数字量的时间，要求与电子式互感器采样延时相同。

(3) 检修状态测试。投入待测合并单元检修压板，观察装置面板显示，并使用智能数字万用表接收合并单元输出 SV 报文，报文中的“test”位应置 1；当检修压板退出时，观察装置面板，同时输出的 SV 报文中“test”位应置 0。

(4) 电压切换功能检查。给待测合并单元加上两组母线电压，通过 GOOSE 网给合并单元发送不同的隔离开关位置信号，按照装置说明书中的切换逻辑检查自动切换功能是否正确。

二、考核

1. 考核场地

(1) 具备上述考核条件的设备和实训场地。

(2) 室内温度 5～30℃，湿度＜75％。

(3) 具备 DC 110V/220V 电源输出端子。

(4) 具备 AC 220V/380V 电源输出端子。

(5) 可靠的室内接地端子。

(6) 消防器材。

(7) 良好的通风和采光照明。

(8) 供考评人员使用的评判桌椅和计时工具。

2. 考核时间

(1) 考核时间为 60min。

(2) 许可作业时记录开始时间，现场清理完毕汇报工作终结，记录考核结束时间。

3. 考核要点

（1）基本操作。

1）仪器及工器具的选用和准备；

2）准备工作的安全措施执行；

3）完成简要校验记录；

4）报告工作终结，提交试验报告；

5）恢复安全措施，清扫场地。

（2）输入输出测试。

1）视合并单元的类型选择试验设备；

2）记录输入与输出量；

3）计算输入与输出量的精确度。

（3）传输延时测试。

1）视合并单元的类型选择试验设备；

2）记录5次试验延时；

3）计算与厂家提供值的误差。

（4）检修状态测试。

1）测试合并单元检修压板功能；

2）读取输出SV报文的检修位。

（5）电压切换功能检查。

1）输入母线电压。

2）输入隔离开关位置。

3）电压切换逻辑校验。

4. 考核要求

（1）单人操作，衣着规范，精神状态良好。考生就位后，经考评人员许可后方可开始操作。

（2）校验前及过程中，安全技术措施布置到位。

（3）仪器及工器具选用及使用正确。

（4）校验过程接线正确合理。

（5）校验过程方法正确。

（6）校验过程记录完整有效。记录内容完整，需包括但不限于校验时间、地点、校验人、校验项目、校验方法、校验仪器、接线方式及校验结论，校验结论需与实际情况一致，并能正确反映校验对象的相关状态。

（7）校验完毕后，需及时拆除接线，归还仪器及工器具，并清扫现场。

（8）能够熟练运用办公软件（Microsoft Office、WPS等）编写电子报告（含表格处理、图形编辑等）。

三、评分参考标准

行业：电力工程　　　　　　　　　工种：继电保护工　　　　　　　　　等级：三

<table>
<tr><td>编　号</td><td>JB313</td><td>行为领域</td><td>e</td><td>鉴定范围</td><td></td></tr>
<tr><td>考核时间</td><td>60min</td><td>题　型</td><td>A</td><td>含权题分</td><td>50</td></tr>
<tr><td>试题名称</td><td colspan="5">智能变电站合并单元基本测试</td></tr>
<tr><td>考核要点及其要求</td><td colspan="5">（1）要求单独操作。
（2）现场（或实训室）操作。
（3）通过本测试，考察考生对于智能变电站合并单元基本测试的掌握程度。
（4）按照规范的技能操作完成考评人员规定的操作内容</td></tr>
<tr><td>工器具、材料、设备</td><td colspan="5">（1）微机型继电保护测试仪（6路电压、6路电流输出）1台。
（2）智能数字万用表（输入连接器FC/SC/ST，支持IEC 61850－9－1/2、GOOSE报文发送和接收）1块。
（3）合并单元测试仪（支持IEC 61850－9－1/2、IEC 60044－8、FT3接口标准，能5M、10M自适应）1台。
（4）常用电工工具1套。
（5）函数型计算器1块。
（6）试验线、绝缘胶带。
（7）数字化线路保护合并单元</td></tr>
<tr><td>备注</td><td colspan="5"></td></tr>
</table>

<table>
<tr><th colspan="7">评分标准</th></tr>
<tr><th>序号</th><th>作业名称</th><th>质量要求</th><th>分值</th><th>扣分标准</th><th>扣分原因</th><th>得分</th></tr>
<tr><td>1</td><td>基本操作</td><td>按照规定完成相关操作</td><td>20</td><td></td><td></td><td></td></tr>
<tr><td>1.1</td><td>仪器及工器具的选用和准备</td><td>正确</td><td>2</td><td>选用缺项或不正确扣1分；准备工作不到位扣1分</td><td></td><td></td></tr>
<tr><td>1.2</td><td>准备工作的安全措施执行</td><td>按相关规程执行</td><td>10</td><td>安全措施未按相关规程执行，酌情扣分</td><td></td><td></td></tr>
<tr><td>1.3</td><td>完成简要校验记录</td><td>内容完整，结论正确</td><td>3</td><td>内容不完整或结论不正确扣2分</td><td></td><td></td></tr>
<tr><td>1.4</td><td>报告工作终结，提交试验记录</td><td></td><td>3</td><td>该步缺失扣3分；未按顺序进行扣1分</td><td></td><td></td></tr>
<tr><td>1.5</td><td>恢复安全措施，清扫场地</td><td></td><td>2</td><td>该步缺失扣2分；未按顺序进行扣1分</td><td></td><td></td></tr>
</table>

续表

评分标准						
序号	作业名称	质量要求	分值	扣分标准	扣分原因	得分
2	装置功能校验1：输入输出测试	安全措施到位、仪器仪表使用正确、操作步骤规范、校验结果符合要求	20			
2.1	视合并单元的类型选择试验设备	根据合并单元的输入类型选择相应的试验设备	5	选择漏项或错误扣5分		
2.2	记录输入与输出量	正确	10	记录不完整酌情扣分		
2.3	计算输入与输出量的精确度	正确	5	计算错误扣5分		
3	装置功能校验2：传输延时测试	安全措施到位、仪器仪表使用正确、操作步骤规范、校验结果符合要求	20			
3.1	视合并单元的类型选择试验设备	根据合并单元的输入类型选择相应的试验设备	5	选择漏项或错误扣5分		
3.2	记录5次试验延时	正确	10	记录不完整酌情扣分		
3.3	计算与厂家提供值的误差	正确	5	计算错误扣5分		
4	装置功能校验3：检修状态测试	安全措施到位、仪器仪表使用正确、操作步骤规范、校验结果符合要求	20			
4.1	测试合并单元检修压板功能	观察装置指示灯是否显示正确	10	漏项或错误扣5分		
4.2	读取输出SV报文的检修位	正确	10	未能正确读取检修位扣10分		
5	装置功能校验4：电压切换功能检查	安全措施到位、仪器仪表使用正确、操作步骤规范、校验结果符合要求	20			
5.1	输入母线电压	正确	5	输入错误扣5分		

续表

评分标准						
序号	作业名称	质量要求	分值	扣分标准	扣分原因	得分
5.2	输入隔离开关位置	正确	5	输入错误扣5分		
5.3	电压切换逻辑校验	正确	10	部分逻辑校验不正确酌情扣分		
考试开始时间			考试结束时间		合计	
考生栏	编号：	姓名：	所在岗位：	单位：	日期：	
考评员栏	成绩：	考评员：		考评组长：		

JB314 (JB201) 发电机自动准同期并列装置传动试验

一、操作

（一）工器具、材料、设备

（1）工器具：微机型继电保护测试仪（6路电压、6路电流输出）1台，数字万用表1块，微机型便携式数字波形记录分析仪（带宽：100MHz，最大采样率1GS/s）1台，模拟断路器1台，常用电工工具1套，函数型计算器1块。

（2）材料：试验线、绝缘胶带。

（3）设备：发电机自动准同期并列装置。

（二）安全要求

（1）防止误入带电间隔。工作前熟悉工作地点、带电设备，相邻运行设备布置运行标识。检查现场安全围栏、警示牌和接地等安全措施。

（2）试验仪器电源使用。必须使用装有剩余电流保护的电源盘。螺丝刀等工具的金属裸露部分除刀口外都应进行绝缘防护。接（拆）电源，必须在电源开关拉开情况下进行，一人操作，一人监护。临时电源必须使用专用电源，禁止从运行设备上取电源。

（3）防止继电保护“三误”事故。根据现场实际情况，制订相关安全技术措施，严格执行经批准或许可的安全技术措施。

（4）直流回路工作。使用具备绝缘防护的工具，试验线严禁裸露，防止误碰金属导体部分。

（5）装置试验电压接入。断开交流二次电压引入回路，通过拆线进行隔离的，须用绝缘胶带对所拆线头实施绝缘包扎。

（6）拆动二次线。及时做好记录，并用绝缘胶带对所拆线头实施绝缘包扎。

（7）校验中误发信号。必要时，断开相关信号采集装置（中央信号、远动信号、故障录波等）正电源，记录切换把手位置。

（8）不准在保护室内使用无线通信设备，尤其是对讲机。

（9）停用出口断路器合闸出口连接片，做好防止待并机组过电压、过速的措施。

(10) 严格按照安全作业规程规定的安全措施的执行并恢复。

(三) 操作项目

(1) 断路器合闸测试 (高级工考核项目);

(2) 假同期试验 (技师考核目录)。

(四) 操作要求与步骤

1. 操作流程

操作流程如图 JB314 - 1 所示。

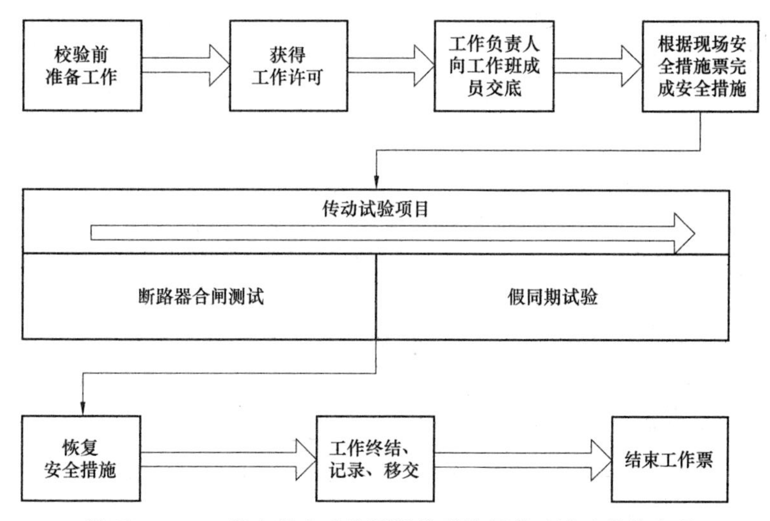

图 JB314 - 1　发电机自动准同期并列装置传动试验操作流程

2. 准备工作

(1) 检查待验发电机自动准同期并列装置状况、反措计划执行情况及设备缺陷统计等，并及时提交相关停役申请。

(2) 开工前，及时上报本次工作的材料计划。

(3) 根据传动试验项目，组织作业人员学习作业指导书，使全体作业人员熟悉并明确工作内容、作业标准、工作安排及安全注意事项等。

(4) 开工前，准备好作业所需仪器仪表、工器具及相关材料。仪器仪表和工器具应在检验合格期内。

(5) 准备主要技术资料，包括最新整定通知单、图纸、装置技术说明书、装置使用说明书及相关校验规程等。

(6) 按照相关安全工作规程正确填写工作票。

3. 技术要求

(1) 同期合闸测试。利用测试仪器在发电机自动准同期并列装置系统侧及待并侧施加模拟交流量，进行同期合闸性能测试，主要内容包括：手动同期合闸测试、自动同期合闸测试和自动调压、调速功能测试。通常使用模拟断路器进行检查，必要时可带实际断路器进行。

1）手动同期合闸测试。利用监控后台手动同期投入功能使发电机自动准同期并列装置上电，给微机同步表加入符合合闸定值条件的系统侧电压和待并侧电压。通过装置合闸按钮发出合闸指令，检查同期装置合闸功能是否正常，合闸回路信号出口是否正常，断路器合闸是否正常。

2）自动同期合闸测试。利用监控后台自动同期投入功能使发电机自动准同期并列装置上电，给自动准同期装置和微机同步表加入符合合闸定值条件的系统侧电压和待并侧电压。通过监控后台和装置合闸按钮分别发出合闸指令，检查同期装置合闸功能是否正常，合闸回路信号出口是否正常，断路器合闸是否正常。

3）自动调压、调速功能测试。利用监控后台自动同期投入功能使发电机自动准同期并列装置上电，给自动准同期装置加入不满足合闸定值要求但满足调压、调速范围的系统侧电压和待并侧电压，通过监控后台或装置按钮发合闸指令，此时同期装置应无法合闸，分别检查相应加量情况下自动调压、调速功能是否正常。

（2）假同期试验。试验时，系统侧运行正常，电压符合并网要求，测试机组处于额定转速，励磁系统工作正常并已正常建压至机组额定值。采取安全措施，防止相关隔离开关及接地开关误动，解除并网断路器除同期合闸外的所有联锁措施，解除并网后机组初带负荷功能。首先，手动测试同期装置调速、调压功能是否正常，然后利用监控后台进行同期合闸操作，同时进行波形录制。试验要求同期装置能正确执行自动准同期并网过程，自动调速、调压过程正确，断路器合闸正确，通过录制的波形判断合闸角符合技术要求，合闸时间整定合适。

二、考核

1. 考核场地

（1）具备上述考核条件的设备和实训场地。

（2）室内温度 5～30℃，湿度＜75％。

（3）具备 DC 110V/220V 电源输出端子。

（4）具备 AC 220V/380V 电源输出端子。

（5）可靠的室内接地端子。

（6）消防器材。

（7）良好的通风和采光照明。

（8）供考评人员使用的评判桌椅和计时工具。

2. 考核时间

(1) 考核时间为60min。

(2) 许可作业时记录开始时间，现场清理完毕汇报工作终结，记录考核结束时间。

3. 考核要点

(1) 基本操作。

1) 仪器及工器具的选用和准备；

2) 准备工作的安全措施执行；

3) 完成简要校验记录；

4) 报告工作终结，提交试验报告；

5) 恢复安全措施，清扫场地。

(2) 发电机自动准同期并列装置传动试验项目1。高级工指定项目要求，固定为手动同期合闸测试；技师指定项目要求：

1) 固定为针对性准备工作；

2) 包括临时安全措施布置；

3) 包括系统侧、待并侧条件检查；

4) 同期装置参数校核。

(3) 发电机自动准同期并列装置传动试验项目2。高级工指定项目要求，固定为自动同期合闸测试；技师指定项目要求：

1) 固定为自动准同期并网测试；

2) 包括手动测试调压、调速功能；

3) 自动准同期并网测试；

4) 相关波形录制及检查。

(4) 传动试验项目3。高级工指定项目要求：固定为调压测试。

(5) 传动试验项目4。高级工指定项目要求，固定为调速测试。

4. 考核要求

(1) 单人操作，衣着规范，精神状态良好。考生就位后，经考评人员许可后方可开始操作。

(2) 校验前及过程中，安全技术措施布置到位。

(3) 仪器及工器具选用及使用正确。

(4) 校验过程接线正确合理。

(5) 校验过程方法正确。

(6) 校验过程记录完整有效。记录内容完整，需包括但不限于校验时间、地点、校验人、校验项目、校验方法、校验仪器、接线方式及校验结论，校验结论需与实际情况一致，并能正确反映校验对象的相关状态。

(7) 校验完毕后，需及时拆除接线，归还仪器及工器具，并清扫现场。

(8) 能够熟练运用办公软件（Microsoft Office、WPS 等）编写电子报告（含表格处理、图形编辑等）。

三、评分参考标准

行业：电力工程　　　　　　　　　　　工种：继电保护工　　　　　　　　　　　等级：三

<table>
<tr><td>编　　号</td><td>JB314</td><td>行为领域</td><td>e</td><td>鉴定范围</td><td colspan="3"></td></tr>
<tr><td>考核时间</td><td>60min</td><td>题　　型</td><td>A</td><td>含权题分</td><td colspan="3">40</td></tr>
<tr><td>试题名称</td><td colspan="7">发电机自动准同期并列装置传动试验</td></tr>
<tr><td>考核要点
及其要求</td><td colspan="7">(1) 单独操作。
(2) 现场（或实训室）操作。
(3) 通过本测试，考察考生对于发电机自动准同期并列装置传动试验的掌握程度。
(4) 按照规范的技能操作完成考评人员规定的操作内容</td></tr>
<tr><td>工器具、材料、
设备</td><td colspan="7">(1) 微机型继电保护测试仪（6 路电压、6 路电流输出）1 台。
(2) 数字波形记录分析仪（带宽：100MHz，最大采样率：1GS/s）1 台。
(3) 模拟断路器 1 台。
(4) 数字万用表 1 块。
(5) 常用电工工具 1 套。
(6) 函数型计算器 1 块。
(7) 试验线、绝缘胶带。
(8) 发电机自动准同期并列装置</td></tr>
<tr><td>备注</td><td colspan="7"></td></tr>
<tr><td colspan="8">评分标准</td></tr>
<tr><td>序号</td><td>作业名称</td><td>质量要求</td><td>分值</td><td>扣分标准</td><td>扣分原因</td><td>得分</td><td></td></tr>
<tr><td>1</td><td>基本操作</td><td>按照规定完成相关操作</td><td>20</td><td></td><td></td><td></td><td></td></tr>
<tr><td>1.1</td><td>仪器及工器具的选用和准备</td><td>正确</td><td>2</td><td>选用缺项或不正确扣 1 分；准备工作不到位扣 1 分</td><td></td><td></td><td></td></tr>
<tr><td>1.2</td><td>准备工作的安全措施执行</td><td>按相关规程执行</td><td>10</td><td>安全措施未按相关规程执行，酌情扣分</td><td></td><td></td><td></td></tr>
<tr><td>1.3</td><td>完成简要校验记录</td><td>内容完整，结论正确</td><td>3</td><td>内容不完整或结论不正确扣 2 分</td><td></td><td></td><td></td></tr>
<tr><td>1.4</td><td>报告工作终结，提交试验报告</td><td></td><td>3</td><td>该步缺失扣 3 分；未按顺序进行扣 1 分</td><td></td><td></td><td></td></tr>
</table>

续表

评分标准						
序号	作业名称	质量要求	分值	扣分标准	扣分原因	得分
1.5	恢复安全措施，清扫场地		2	该步缺失扣2分；未按顺序进行扣1分		
2	传动试验项目1（固定为手动同期合闸测试）	安全措施到位、仪器仪表使用正确、操作步骤规范、校验结果符合要求	30			
2.1	相应功能上电检查	上电流程正确，检查结果正确	10	相应功能上电错误扣10分；流程错误每一项扣5分；检查结果错误扣8分		
2.2	初步加量检查	加量方法正确，检查内容完整，检查结果正确	5	加量方法不正确扣5分；内容检查不完整酌情扣分；检查结果错误扣4分		
2.3	手动同期合闸测试	测试方法正确，测试接点取用规范，测试内容完整	15	测试方法不正确扣10分；测试接点取用不规范扣8分；测试内容缺一项扣8分		
3	传动试验项目2（固定为自动同期合闸测试）	安全措施到位、仪器仪表使用正确、操作步骤规范、校验结果符合要求	30			
3.1	相应功能上电检查	上电流程正确，检查结果正确	10	相应功能上电错误扣10分；流程错误每一项扣5分；检查结果错误扣8分		
3.2	初步加量检查	加量方法正确，检查内容完整，检查结果正确	5	加量方法不正确扣5分；内容检查不完整酌情扣分；检查结果错误扣4分		
3.3	自动同期合闸测试	测试方法正确，测试接点取用规范，测试内容完整	15	测试方法不正确扣10分；测试接点取用不规范扣8分；测试内容缺一项扣8分		
4	传动试验项目3（固定为调压测试）	安全措施到位、仪器仪表使用正确、操作步骤规范、校验结果符合要求	10			
4.1	相应功能上电检查	上电流程正确，检查结果正确	2	相应功能上电错误扣2分；流程错误扣，每一项扣5分；检查结果错误扣8分		

续表

评分标准						
序号	作业名称	质量要求	分值	扣分标准	扣分原因	得分
4.2	初步加量检查	加量方法正确，检查内容完整，检查结果正确	3	加量方法不正确扣5分；内容检查不完整酌情扣分；检查结果错误扣4分		
4.3	调压测试	测试方法正确，测试接点取用规范，测试内容完整	5	测试方法不正确扣10分；测试接点取用不规范扣8分；测试内容缺一项扣8分		
5	传动试验项目4（固定为调速测试）	安全措施到位、仪器仪表使用正确、操作步骤规范、校验结果符合要求	10			
5.1	相应功能上电检查	上电流程正确，检查结果正确	2	相应功能上电错误扣2分；流程错误每一项扣5分；检查结果错误扣8分		
5.2	初步加量检查	加量方法正确，检查内容完整，检查结果正确	3	加量方法不正确扣5分；内容检查不完整酌情扣分；检查结果错误扣4分		
5.3	调速测试	测试方法正确，测试接点取用规范，测试内容完整	5	测试方法不正确扣10分；测试接点取用不规范扣8分；测试内容缺一项扣8分		
考试开始时间			考试结束时间		合计	
考生栏	编号：	姓名：	所在岗位：	单位：	日期：	
考评员栏	成绩：	考评员：		考评组长：		

行业：电力工程　　　　工种：继电保护工　　　　等级：二

编　号	JB201	行为领域	e	鉴定范围	
考核时间	60min	题　型	A	含权题分	50
试题名称	发电机自动准同期并列装置传动试验				
考核要点及其要求	（1）要求单独操作。 （2）现场（或实训室）操作。 （3）通过本测试，考察考生对于发电机自动准同期并列装置传动试验的掌握程度。 （4）按照规范的技能操作完成考评人员规定的操作内容				
工器具、材料、设备	（1）微机型继电保护测试仪（6路电压、6路电流输出）1台。 （2）数字波形记录分析仪（带宽：100MHz，最大采样率：1GS/s）1台。 （3）模拟断路器1台。				

续表

工器具、材料、设备	(4) 数字万用表1块。 (5) 常用电工工具1套。 (6) 函数型计算器1块。 (7) 试验线、绝缘胶带。 (8) 发电机自动准同期并列装置					
备注						
评分标准						
序号	作业名称	质量要求	分值	扣分标准	扣分原因	得分
1	基本操作	按照规定完成相关操作	20			
1.1	仪器及工器具的选用和准备	正确	2	选用缺项或不正确扣1分；准备工作不到位扣1分		
1.2	准备工作的安全措施执行	按相关规程执行	10	安全措施未按相关规程执行，酌情扣分		
1.3	完成简要校验记录	内容完整，结论正确	3	内容不完整或结论不正确扣2分		
1.4	报告工作终结，提交试验报告		3	该步缺失扣3分；未按顺序进行扣1分		
1.5	恢复安全措施，清扫场地		2	该步缺失扣2分；未按顺序进行扣1分		
2	传动试验项目1（固定为针对性准备工作）		40			
2.1	临时安全措施布置（此项为中断项）	安全措施布置到位，重点措施为隔离刀闸及接地刀闸防误动，并网初带负荷功能解除	20	未设置与系统明显断开点，扣20分；安措布置不规范，单项扣6分；安措缺项，单项扣10分		
2.2	系统侧、待并侧条件检查	系统侧、待并侧运行状态检查正确，相应并网参数（电压幅值、相位、发电机转速等）核查正确	10	运行状态检查不正确扣10分；并网参数内容检查不完整酌情扣分；检查结果错误扣10分		
2.3	同期装置参数校核	参数校核内容完整，校核准确	10	参数校核内容不完整扣10分；校核不准确单项扣4分		

续表

评分标准						
序号	作业名称	质量要求	分值	扣分标准	扣分原因	得分
3	传动试验项目2（固定为自动准同期并网测试）		40			
3.1	手动测试调压、调速功能测试	测试方法正确，测试内容完整，测试结果符合要求	15	测试方法不正确扣15分；测试内容不完整，每项扣5分；测试结果不符合要求，每项扣5分		
3.2	自动准同期并网测试	测试方法正确，测试内容完整，测试结果符合要求	15	测试方法不正确扣15分；测试内容不完整，每项扣5分；测试结果不符合要求，每项扣5分		
3.3	相关波形录制及检查	波形录制方法正确，波形录制结果检查正确	10	该项缺失扣10分；测试方法不当，酌情扣分；测试结果错误扣6分		
考试开始时间			考试结束时间		合计	
考生栏	编号： 姓名： 所在岗位： 单位： 日期：					
考评员栏	成绩： 考评员： 考评组长：					

JB315 (JB202) 发电机励磁系统试验

一、操作

(一) 工器具、材料、设备

(1) 工器具：微机型继电保护测试仪（6 路电压、6 路电流输出）1 台，绝缘电阻表 500、1000V 各 1 块，数字万用表 1 块，数字示波器 1 台（采样率>10kHz)，数字录波仪 1 台（可采集励磁系统各电气量），电阻器 1 只（功率>2kW，阻值宜选择 100～200Ω）常用电工工具 1 套，函数型计算器 1 块。

(2) 材料：试验线、绝缘胶带。

(3) 设备：发电机励磁屏。

(二) 安全要求

(1) 试验仪器电源使用。必须使用装有剩余电流保护的电源盘。螺丝刀等工具的金属裸露部分除刀口外都应进行绝缘防护。接（拆）电源，必须在电源开关拉开情况下进行，一人操作，一人监护。临时电源必须使用专用电源，禁止从运行设备上取电源。

(2) 防止继电保护“三误”事故。根据现场实际情况，制订相关安全技术措施，严格执行经批准或许可的安全技术措施。

(3) 直流回路工作。使用具备绝缘防护的工具，试验线严禁裸露，防止误碰金属导体部分。

(4) 插拔插件。防止带电或频繁插拔插件。

(5) 装置试验电流接入。短接交流电流外侧电缆，确认可靠短接后，方可断开交流电流连接片。必要时，在端子箱处将相应端子用绝缘胶带实施封闭。

(6) 装置试验电压接入。断开交流二次电压引入回路，通过拆线进行隔离的，须用绝缘胶带对所拆线头实施绝缘包扎。

(7) 拆动二次线。及时做好记录，并用绝缘胶带对所拆线头实施绝缘包扎。

(8) 小电流开环试验。断开励磁变压器一次接线，防止试验中谐波电流进入厂用电母线导致厂用电保护误动跳机。

(9) 严格按照安全作业规程规定安全措施的执行并恢复。

(三) 操作项目

1. 静态特性测试

(1) 各部件绝缘检查（高级工考核）；

(2) 自动电压调节器各单元特性检查（高级工考核）；

(3) 操作、保护、限制及信号回路动作试验（高级工考核）；

(4) 开环小电流负载试验（高级工考核）；

2. 动态特性测试

(1) 零起升压试验（技师考核）；

(2) 自动及手动电压调节范围测量（技师考核）；

(3) 灭磁试验（技师考核）；

(4) 通道切换及自动/手动控制方式切换（技师考核）；

(5) 空载阶跃响应试验（技师考核）；

(6) 电压互感器二次回路断线试验（技师考核）；

(7) 负载阶跃响应试验（技师考核）。

(四) 操作要求与步骤

1. 操作流程

操作流程如图 JB315－1 所示。

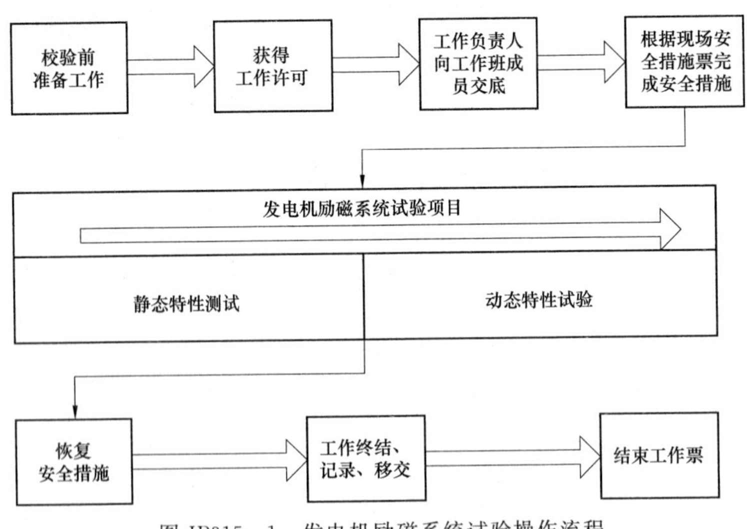

图 JB315－1　发电机励磁系统试验操作流程

2. 准备工作

(1) 检查待验发电机励磁系统状况、反措计划执行情况及设备缺陷统计等，并及时提交相关停役申请。

(2) 开工前，及时上报本次工作的材料计划。

(3) 根据传动试验项目，组织作业人员学习作业指导书，使全体作业人员熟悉并明确工作内容、作业标准、工作安排及安全注意事项等。

(4) 开工前，准备好作业所需仪器仪表、工器具及相关材料。仪器仪表和工器具应在检验合格期内。

(5) 准备主要技术资料，包括：最新整定通知单、图纸、装置技术说明书、装置使用说明书及相关校验规程等。

(6) 按照相关安全工作规程正确填写工作票。

3. 技术要求

(1) 各部件绝缘检查。检查前待测设备表面应整洁，励磁系统各设备电气回路接线正确，需根据测试部位选择合适量程的绝缘电阻表。测试部位及测试基本要求如下（不包括励磁变压器、控制电源回路、交流采集回路及保护跳闸回路）：

1) 端子排排对机柜外壳（断电条件下），测试电压 500V，绝缘电阻不小于 1MΩ。

2) 交流母排对机柜外壳，测试电压 1000V，绝缘电阻不小于 1MΩ。

3) 共阴极对机柜机壳，测试电压 500V，绝缘电阻不小于 1MΩ。

4) 共阳极对机柜机壳，测试电压 500V，绝缘电阻不小于 1MΩ。

5) 直流正、负极之间，测试电压 500V，绝缘电阻不小于 1MΩ。

(2) 自动电压调节器各单元特性检查。主要内容包括：稳压电源单元检查、模拟量单元检查、开关量单元检查及各限制单元试验等。

1) 稳压电源单元检查。该项检查包括稳压范围和纹波系数两项测试内容。进行稳压范围测试时，稳压单元外接近似于实际电流的模拟负载，根据稳压范围要求，改变输入电压的幅值和频率，测量输出电压的变化。进行纹波系数测试时，要求输入、输出和负载电流均为额定值，测量纹波电压峰峰值，并计算电压纹波系数。检查要求在稳压范围内，输出电压与额定电压偏差值小于 5%，输出电压纹波系数小于 2%。

2) 模拟量单元检查。微机励磁调节器接入三相标准电压源和电流源模拟机端电压和电流。电压有效值测试范围为 0%～130%，电流有效值测试范围为 0%～150%，设置 5～10 个测试点，需包括 0 和额定值两点。输入额定电压和电流，测量不同功率因数下的有功功率和无功功率，测试范围为－80%～100%，至少测量 5 个点。改变输入电压的频率，汽轮发电机在 48～52Hz 间每隔 0.5Hz 测一次，水轮发电机在 45～80Hz 间每隔 0.5Hz 测一次。检查要求电压测量精度分辨率在 0.5%以内，电流测量精度在 0.5%以内，功率计算精度在 2.5%以内，频率误差不大于±0.05Hz。

3）开关量单元检查。通过微机调节器板件显示或界面显示逐一检查开关量输入、输出环节的正确性，检查结果应符合设计要求。

4）低励限制单元试验。微机励磁调节器接入三相标准电压源和电流源模拟机端电压和电流。根据低励限制整定曲线，选择2～3个工况点，使低励限制动作，验证其有效性。试验要求动作值与设置值相符，动作信号正确响应。

5）过励限制单元试验。微机励磁调节器接入发电机转子电流模拟量。根据过励限制整定曲线，选择2～3个工况点，使过励限制动作，验证其有效性。试验要求动作值与设置值相符，动作信号正确响应。

6）定子电流限制单元试验。微机励磁调节器接入发电机机端电流模拟量。根据定子电流限制整定曲线，选择2～3个工况点，使定子电流限制动作，验证其有效性。试验要求动作值与设置值相符，动作信号正确响应。

7）U/f 限制单元试验。微机励磁调节器接入发电机机端电压模拟量（可变频率）。调整电压频率在45～52Hz范围内变化，测量电压动作值，记录相应的频率值，计算 U/f 倍数，并与整定值进行比较。试验要求动作值与设置值相符，动作信号正确响应。

（3）操作、保护、限制及信号回路动作试验。根据设计资料及相关技术要求，对励磁系统所有的操作、保护、限制及信号回路应按照相应逻辑进行传动检查，判断其正确性。检查项目包括控制操作、运行状态和故障显示等。

（4）开环小电流负载试验。试验前，需保证励磁系统调节器各部分安装检查、接线检查和单元试验正确，并完成各部分的耐压绝缘试验，并使功率柜输出至发电机转子的路径有明显断点。若励磁系统为自并励方式，则在励磁调节整流柜交流电源输入侧施加与试验相适应的三相工频电源（需保证一定的电压幅值和电源容量）；若为交流励磁机励磁系统，需确认中频电源输入电压为正相序，小负载阻值及容量需满足试验要求。试验时，励磁调节器开环运行，手动操作增减磁，改变整流柜直流输出。同时，通过示波器观察负载上的电压波形，并记录相应的负载电压、负载电流和整流器触发角。

试验要求负载电压波形平滑，每周期6波头对称一致性较好，增减磁过程中，波形无跃变。根据整流器触发角计算所得负载电压需与实测值一致，同时，实测负载电流的线性度较好。直流输出电压计算公式如下：

$$U_d = 1.35U_{ab}\cos\alpha \quad (\alpha \leqslant 60^\circ)$$

$$U_d = 1.35U_{ab}\,[1+\cos(\alpha+60^\circ)] \quad (60^\circ \leqslant \alpha \leqslant 120^\circ)$$

式中　U_d——整流器输出控制电压；

　　　U_{ab}——整流器交流侧输入电压；

α——整流器触发角。

(5) 零起升压试验。发电机在额定转速下，将励磁调节器切手动方式，开始起励后励磁调节器自动建压到30%U_N（可设置），再通过手动调节方式逐渐提高机端电压达到额定值，并记录试验波形。

(6) 自动及手动电压调节范围测量。在发电机空载稳定工况下，设置调节器通道，分别以手动方式和自动方式调节，起励后进行增减给定值操作，至达到要求的调节范围的上下限。记录发电机电压、转子电压、转子电流和给定值，并观察运行稳定情况。自动励磁调节的速度应不大于1%/s发电机额定电压，不小于0.3%发电机额定电压。测量要求手动调节范围为发电机额定磁场电流的20%～110%，自动调节范围为发电机额定电压的70%～110%。

(7) 灭磁试验。该试验需在发电机空载额定电压下进行，分别按照正常停机逆变灭磁、单分灭磁开关灭磁、远方正常停机操作灭磁及保护动作跳灭磁开关灭磁4种方式进行。试验要求测录发电机机端电压、磁场电流和磁场电压的衰减曲线，并确定灭磁时间常数，必要时需检查灭磁动作顺序。灭磁过程完成后，灭磁开关不应有明显灼痕，灭磁电阻无损伤，转子过电压保护未动作。

(8) 通道切换及自动/手动控制方式切换。该试验在发电机95%额定空载电压下进行，试验内容包括自动方式下A、B通道切换及自动/手动的控制方式切换，试验过程中需记录发电机机端电压波形。试验要求通道切换及控制方式切换顺序需为“1-2-1”方式，机端电压稳态变化值需小于1%，暂态变化量小于额定电压的5%。

(9) 空载阶跃响应试验。试验前发电机保持空载稳定运行，机端电压为100%额定电压值。励磁调节器工作正常，确定合适的机端电压阶跃量，一般为发电机额定电压的5%。试验时，励磁调节器为自动方式，叠加设置的负阶跃量，发电机机端电压稳定后切除该阶跃量，完成阶跃试验。试验过程中应及时记录发电机机端电压、磁场电压等的变化曲线。试验完成后需及时计算电压上升时间、超调量、振荡次数和调整时间。

试验要求对于自并励静止励磁系统，电压上升时间不大于0.5s，超调量不大于30%，振荡次数不大于3次，调整时间不大于5s；对于交流励磁机励磁系统，电压上升时间不大于0.6s，超调量不大于40%，振荡次数不大于3次，调整时间不大于10s。

(10) 电压互感器二次回路断线试验。在发电机额定空载运行时，人为模拟电压互感器任意一相断线，励磁调节器应能进行通道切换并保持自动方式运行，同时发出TV断线故障信号，再断掉一相电压互感器输入，励磁调节器应能切换到手动方式。当恢复被切断的TV后，TV断线故障信号应复归，发电机保持稳定运行不变。

(11) 负载阶跃响应试验。试验前，发电机有功功率需大于 80%P_N，无功功率小于 20%Q_N，机组电气保护、热工保护投入，机组 AGC、AVC 退出。试验时，在自动电压调节器电压相加点加入 1%～4%的正阶跃，控制发电机无功功率不超过额定值，发电机有功功率和无功功率稳定后切除该阶跃量。试验过程中应及时记录发电机有功功率、无功功率和励磁电压的变化曲线。试验完成后需及时计算有功功率阻尼比、功率波动次数和调节时间。

试验要求阶跃量不超过发电机额定电压的 4%，有功功率阻尼比大于 0.1，功率波动次数不大于 5 次，调节时间不大于 10s。

二、考核

1. 考核场地

(1) 具备上述考核条件的设备和实训场地。

(2) 室内温度 5～30℃，湿度<75%。

(3) 具备 DC 110V/220V 电源输出端子。

(4) 具备 AC 220V/380V 电源输出端子。

(5) 可靠的室内接地端子。

(6) 消防器材。

(7) 良好的通风和采光照明。

(8) 供考评人员使用的评判桌椅和计时工具。

2. 考核时间

(1) 考核时间为 60min。

(2) 许可作业时记录开始时间，现场清理完毕汇报工作终结，记录考核结束时间。

3. 考核要点

(1) 基本操作。

1) 仪器及工器具的选用和准备；

2) 准备工作的安全措施执行；

3) 完成简要校验记录；

4) 报告工作终结，提交试验报告；

5) 恢复安全措施，清扫场地。

(2) 试验项目 1。

1) 高级工指定项目要求：各部件绝缘检查（指定 2 处测试部位）。

2) 技师指定项目要求：零起升压试验。

(3) 试验项目2。

1) 高级工指定项目要求：自动电压调节器各单元特性检查（任选1项进行）。

2) 技师指定项目要求：灭磁试验。

(4) 试验项目3。

1) 高级工指定项目要求：操作、保护、限制及信号回路动作试验（各指定1组）。

2) 技师指定项目要求：自动及手动电压调节范围测量。

(5) 试验项目4。

1) 高级工指定项目要求：开环小电流试验（不考虑一次交流电源安装时间）。

2) 技师指定项目要求：通道切换及自动/手动控制方式切换测试。

(6) 试验项目5。技师指定项目要求：空载阶跃响应测试。

(7) 试验项目6。技师指定项目要求：电压互感器二次回路断线试验。

(8) 试验项目7。技师指定项目要求：负载阶跃响应测试。

4. 考核要求

(1) 单人操作，衣着规范，精神状态良好。考生就位后，经考评人员许可后方可开始操作。

(2) 校验前及过程中，安全技术措施布置到位。

(3) 仪器及工器具选用及使用正确。

(4) 校验过程接线正确合理。

(5) 校验过程方法正确。

(6) 校验过程记录完整有效。记录内容完整，需包括但不限于校验时间、地点、校验人、校验项目、校验方法、校验仪器、接线方式及校验结论，校验结论需与实际情况一致，并能正确反映校验对象的相关状态。

(7) 校验完毕后，需及时拆除接线，归还仪器及工器具，并清扫现场。

(8) 能够熟练运用办公软件（Microsoft Office、WPS等）编写电子报告（含表格处理、图形编辑等）。

三、评分参考标准

行业：电力工程　　　　工种：继电保护工　　　　等级：三

编　号	JB315	行为领域	e	鉴定范围	
考核时间	60min	题　型	A	含权题分	50
试题名称	发电机励磁系统试验				
考核要点及其要求	(1) 单独操作。 (2) 现场（或实训室）操作。 (3) 通过本测试，考察考生对于发电机励磁系统试验的掌握程度。 (4) 按照规范的技能操作完成考评人员规定的操作内容				

续表

工器具、材料、设备	(1) 微机型继电保护测试仪（6路电压、6路电流输出）1台。 (2) 绝缘电阻表500V、1000V规格各1块。 (3) 数字录波仪1台。 (4) 数字示波器1台（采样率>10kHz）。 (5) 数字万用表1块。 (6) 电阻器（功率>2kW，阻值宜选择100～200Ω）1只。 (7) 常用电工工具1套。 (8) 函数型计算器1块。 (9) 试验线、绝缘胶带。 (10) 发电机励磁屏
备注	

评分标准

序号	作业名称	质量要求	分值	扣分标准	扣分原因	得分
1	基本操作	按照规定完成相关操作	20			
1.1	仪器及工器具的选用和准备	正确	2	选用缺项或不正确扣1分；准备工作不到位扣1分		
1.2	准备工作的安全措施执行	按相关规程执行	10	安全措施未按相关规程执行，酌情扣分		
1.3	完成简要校验记录	内容完整，结论正确	3	内容不完整或结论不正确扣2分		
1.4	报告工作终结，提交试验记录		3	该步缺失扣3分；未按顺序进行扣1分		
1.5	恢复安全措施，清扫场地		2	该步缺失扣2分；未按顺序进行扣1分		
2	试验项目1（固定为各部件绝缘检查）（指定2处测试部位）	安全措施到位、仪器仪表使用正确、操作步骤规范、校验结果符合要求	10			
2.1	试验准备	设备检查正确，仪器选择及量程设置正确	2	未进行设备检查扣1分；仪器选择错误扣2分；仪器量程设置错误扣1分		
2.2	绝缘检查	正确	5	检查过程不规范，酌情扣分		

续表

评分标准						
序号	作业名称	质量要求	分值	扣分标准	扣分原因	得分
2.3	试验结果分析	符合技术要求	3	未进行此项扣3分；未按技术要求分析扣2分		
3	试验项目2（固定为自动电压调节器各单元特性检查）（任选1项进行）	安全措施到位、仪器仪表使用正确、操作步骤规范、校验结果符合要求	20			
3.1	稳压电源单元检查	检查方法正确，检查内容完整，检查结果符合技术要求	20	检查方法错误扣15分；检查内容缺项，每项扣10分；检查结果错误扣15分；检查过程不规范，酌情扣分		
3.2	模拟量单元检查（指定电压、电流或功率中的1组）	检查方法正确，检查内容完整，检查结果符合技术要求	20	检查方法错误扣15分；检查内容缺项，每项扣10分；检查结果错误扣15分；检查过程不规范，酌情扣分		
3.3	开关量单元检查（指定开入和开出量各2组）	检查方法正确，检查内容完整，检查结果符合技术要求	20	检查方法错误扣15分；检查内容缺项，每项扣10分；检查结果错误扣15分；检查过程不规范，酌情扣分		
3.4	低励限制单元试验（仅1个工况点即可）	试验方法正确，试验内容完整，试验结果符合技术要求	20	试验方法错误扣15分；试验内容缺项，每项扣10分；试验结果错误扣15分；试验过程不规范，酌情扣分		
3.5	过励限制单元试验（仅1个工况点即可）	试验方法正确，试验内容完整，试验结果符合技术要求	20	试验方法错误扣15分；试验内容缺项，每项扣10分；试验结果错误扣15分；试验过程不规范，酌情扣分		
3.6	定子电流限制单元试验（仅1个工况点即可）	试验方法正确，试验内容完整，试验结果符合技术要求	20	试验方法错误扣15分；试验内容缺项，每项扣10分；试验结果错误扣15分；试验过程不规范，酌情扣分		
3.7	U/f限制单元试验（仅1个工况点即可）	试验方法正确，试验内容完整，试验结果符合技术要求	20	试验方法错误扣15分；试验内容缺项，每项扣10分；试验结果错误扣15分；试验过程不规范，酌情扣分		

续表

评分标准						
序号	作业名称	质量要求	分值	扣分标准	扣分原因	得分
4	试验项目 3（固定为操作、保护、限制及信号回路动作试验）（各指定1组）	安全措施到位、仪器仪表使用正确、操作步骤规范、校验结果符合要求	20			
4.1	试验方法	正确	10	试验方法错误扣 10 分；操作不规范，酌情扣分		
4.2	试验内容	完整	5	缺 1 项扣 2 分		
4.3	试验结果	符合技术要求	5	试验结果错误扣 5 分		
5	试验项目 4（固定为开环小电流试验）（不考虑一次交流电源安装时间）	安全措施到位、仪器仪表使用正确、操作步骤规范、校验结果符合要求	30			
5.1	试验准备工作	正确	3	准备工作内容缺失或错误，酌情扣分		
5.2	小电流开环负载试验过程	试验方法正确，试验内容完整	12	试验方法错误扣 10 分；操作不规范，酌情扣分；试验内容缺失，每项扣 4 分		
5.3	负载电压波形检查	检查结果符合技术要求	5	未进行此项扣 5 分；检查方法错误扣 4 分；检查结果错误扣 4 分		
5.4	负载电压实测值检查	检查结果符合技术要求	5	未进行此项扣 5 分；检查方法错误扣 4 分；检查结果错误扣 4 分		
5.5	负载电流线性度检查	检查结果符合技术要求	5	未进行此项扣 5 分；检查方法错误扣 4 分；检查结果错误扣 4 分		
考试开始时间			考试结束时间		合计	
考生栏	编号：	姓名：	所在岗位：	单位：	日期：	
考评员栏	成绩：	考评员：		考评组长：		

编　　号	JB202	行为领域	e	鉴定范围	
考核时间	60min	题　　型	A	含权题分	50
试题名称	发电机励磁系统试验				
考核要点及其要求	(1) 单独操作。 (2) 现场（或实训室）操作。 (3) 通过本测试，考察考生对于发电机励磁系统试验的掌握程度。 (4) 按照规范的技能操作完成考评人员规定的操作内容				
工器具、材料、设备	(1) 微机型继电保护测试仪（6路电压、6路电流输出）1台。 (2) 绝缘电阻表500、1000V规格各1块。 (3) 数字录波仪1台。 (4) 数字示波器1台（采样率＞10kHz）。 (5) 数字万用表1块。 (6) 电阻器（功率＞2kW，阻值宜选择100～200Ω）1只。 (7) 常用电工工具1套。 (8) 函数型计算器1块。 (9) 试验线、绝缘胶带。 (10) 发电机励磁系统装置				
备注	以下序号2～7项，考试人员只考2项。上述选项由考评人员考前确定，确定后不得更改				

评分标准

序号	作业名称	质量要求	分值	扣分标准	扣分原因	得分
1	基本操作		20			
1.1	仪器及工器具的选用和准备	选用正确，准备工作规范	2	选用缺项或不正确扣0.5分；准备工作不到位扣0.5分		
1.2	准备工作的安全措施执行	按相关规程执行	10	安全措施未按相关规程执行，酌情扣分		
1.3	完成简要校验记录	内容完整，结论正确	3	内容不完整或结论不正确扣1分		
1.4	报告工作终结，提交试验记录		3	该项缺失扣1.5分；未按顺序进行扣0.5分		
1.5	恢复安全措施，清扫场地		2	该步缺失扣1分；未按顺序进行扣0.5分		
2	试验项目1（零起升压试验）		40			

续表

评分标准						
序号	作业名称	质量要求	分值	扣分标准	扣分原因	得分
2.1	试验准备	试验工况检查正确，录波仪接线及参数设置正确	10	未进行试验工况检查扣6分；录波仪接线错误，酌情扣分；录波仪参数设置错误，酌情扣分		
2.2	零起升压试验	正确	20	试验方法错误扣16分；试验过程不规范，酌情扣分		
2.3	试验结果	符合技术要求	10	未进行此项扣10分；未按技术要求分析扣8分		
3	试验项目2（灭磁试验，指定2种灭磁方式）		40			
3.1	试验准备	试验工况检查正确，录波仪接线及参数设置正确	10	未进行试验工况检查扣6分；录波仪接线错误，酌情扣分；录波仪参数设置错误，酌情扣分		
3.2	灭磁试验	正确	20	试验方法错误扣16分；试验过程不规范，酌情扣分		
3.3	试验结果	符合技术要求	10	未进行此项扣10分；未按技术要求分析扣8分		
4	试验项目3（自动及手动电压调节范围测量，任选一种控制方式）		40			
4.1	试验准备	试验工况检查正确，录波仪接线及参数设置正确	10	未进行试验工况检查扣6分；录波仪接线错误，酌情扣分；录波仪参数设置错误，酌情扣分		
4.2	调节范围测量	正确	15	试验方法错误扣10分；试验过程不规范，酌情扣分		
4.3	试验结果	符合技术要求	15	未进行此项扣15分；未按技术要求分析扣12分		

续表

评分标准						
序号	作业名称	质量要求	分值	扣分标准	扣分原因	得分
5	试验项目4（通道切换及自动/手动控制方式切换）		40			
5.1	试验准备	试验工况检查正确，录波仪接线及参数设置正确	10	未进行试验工况检查扣6分；录波仪接线错误，酌情扣分；录波仪参数设置错误，酌情扣分		
5.2	切换试验	正确	15	试验方法错误扣10分；试验过程不规范，酌情扣分		
5.3	试验结果	符合技术要求	15	未进行此项扣15分；未按技术要求分析扣12分		
6	试验项目5（空载阶跃响应试验）		40			
6.1	试验准备	试验工况检查正确，录波仪接线及参数设置正确	10	未进行试验工况检查扣6分；录波仪接线错误，酌情扣分；录波仪参数设置错误，酌情扣分		
6.2	空载阶跃响应试验	正确	20	试验方法错误扣16分；试验过程不规范，酌情扣分		
6.3	试验结果	符合技术要求	10	未进行此项扣10分；未按技术要求分析扣8分		
7	试验项目6（电压互感器二次回路断线试验）		40			
7.1	试验准备	试验工况检查正确，录波仪接线及参数设置正确	10	未进行试验工况检查扣6分；录波仪接线错误，酌情扣分；录波仪参数设置错误，酌情扣分		
7.2	电压互感器二次回路断线试验	正确	20	试验方法错误扣16分；试验过程不规范，酌情扣分		

续表

评分标准						
序号	作业名称	质量要求	分值	扣分标准	扣分原因	得分
7.3	试验结果	符合技术要求	10	未进行此项扣10分；未按技术要求分析扣8分		
8	试验项目7（负载阶跃响应试验）		40			
8.1	试验准备	试验工况检查正确，录波仪接线及参数设置正确	10	未进行试验工况检查扣6分；录波仪接线错误，酌情扣分；录波仪参数设置错误，酌情扣分		
8.2	负载阶跃响应试验	正确	20	试验方法错误扣16分；试验过程不规范，酌情扣分		
8.3	试验结果	符合技术要求	10	未进行此项扣10分；未按技术要求分析扣8分		
考试开始时间			考试结束时间		合计	
考生栏	编号：	姓名：	所在岗位：	单位：	日期：	
考评员栏	成绩：	考评员：		考评组长：		

JB203 线路保护整组测试

一、操作

（一）工器具、材料、设备

（1）工器具：微机型继电保护测试仪1台，绝缘电阻表500、1000V各1块，数字多功能万用表1块，模拟断路器（具备分相功能）1台，常用电工工具1套，函数型计算器1块。

（2）材料：试验线、绝缘胶带。

（3）设备：微机线路保护屏。

（二）安全要求

（1）防止误入带电间隔。工作前熟悉工作地点、带电设备，相邻运行设备布置运行标识。检查现场安全围栏、警示牌和接地等安全措施。

（2）试验仪器电源使用。必须使用装有剩余电流保护的电源盘。螺丝刀等工具的金属裸露部分除刀口外都应进行绝缘防护。接（拆）电源，必须在电源开关拉开情况下进行，一人操作，一人监护。临时电源必须使用专用电源，禁止从运行设备上取电源。

（3）防止继电保护“三误”事故。根据现场实际情况，制订相关安全技术措施，严格执行经批准或许可的安全技术措施。

（4）直流回路工作。使用具备绝缘防护的工具，试验线严禁裸露，防止误碰金属导体部分。

（5）插拔插件。防止带电或频繁插拔插件。

（6）装置试验电流接入。短接交流电流外侧电缆，确认可靠短接后，方可断开交流电流连接片。必要时，在端子箱处将相应端子用绝缘胶带实施封闭。

（7）装置试验电压接入。断开交流二次电压引入回路，通过拆线进行隔离的，须用绝缘胶带对所拆线头实施绝缘包扎。

（8）拆动二次线。及时做好记录，须用绝缘胶带对所拆线头实施绝缘包扎。

（9）应断开失灵启动连接片。检查失灵启动连接片须断开并拆开失灵启动回路

线头，用绝缘胶带对所拆线头实施绝缘包扎。

(10) 校验中不应误发信号。必要时，断开相关信号采集装置（中央信号、远动信号、故障录波等）正电源，记录切换把手位置。

(11) 不准在保护室内使用无线通信设备。

(12) 严格按照安全工作规程规定安全措施执行与恢复。

(三) 操作项目

(1) 装置整组动作时间测量；

(2) 与本线路其他保护装置配合联动试验；

(3) 重合闸试验；

(4) 断路器失灵保护性能试验；

(5) 开关量输入的整组试验；

(6) 与中央信号、远动装置的配合联动试验。

(四) 操作要求与步骤

1. 操作流程

操作流程如图 JB203－1 所示。

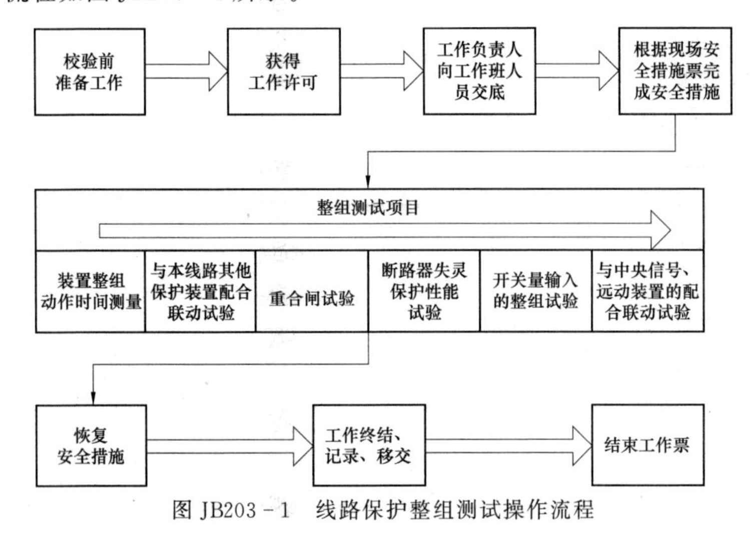

图 JB203－1　线路保护整组测试操作流程

2. 准备工作

(1) 检查线路保护装置及其二次回路状况、反措计划执行情况及设备缺陷统计等，并及时提交相关停役申请。

(2) 开工前，及时上报本次工作的材料计划。

(3) 根据整组测试项目，组织作业人员学习作业指导书，使全体作业人员熟悉并明确工作内容、作业标准、工作安排及安全注意事项等。

(4) 开工前，准备好作业所需仪器仪表、工器具及相关材料。仪器仪表和工器具应在检验合格期内。

(5) 准备主要技术资料，包括最新整定通知单、图纸、装置技术说明书、装置使用说明书及相关校验规程等。

(6) 按照相关安全工作规程正确填写工作票。

3. 技术要求

(1) 装置整组动作时间测量。本试验测量从模拟故障发生至断路器跳闸回路动作的保护整组动作时间，以及从模拟故障切除至断路器合闸回路动作的重合闸整组动作时间（U、V、W 三相分别测量）。

1) 保护整组动作时间测量。投入相关保护功能，选择合适重合闸方式及设置，观察保护充电状态。加入正确的故障电流、电压及相角，任意模拟一种保护动作情况，测量从模拟故障发生至断路器跳闸回路动作的时间，要求 U、V、W 三相分别测量。试验要求实测动作时间应不大于 30ms，显示或打印出的保护动作时间与测试时间相比，误差不大于±30ms。

2) 重合闸整组动作时间测量。投入相关保护功能，选择合适重合闸方式及设置，观察保护充电状态。加入正确的故障电流、电压及相角，任意模拟一种保护动作情况（需考虑故障切除及重合闸可动作的因素）。利用保护动作启动计时，重合闸出口停止计时，测量从模拟故障切除至断路器合闸回路动作的整组动作时间，要求 U、V、W 三相分别测量。重合闸整组动作时间实测值与整定的重合闸时间误差用不大于 50ms（不包含试验装置断流时间）。

(2) 与本线路其他保护装置配合联动试验。模拟试验应包括全部保护装置，以检验本线路所有保护装置的相互配合及动作正确性，重合闸方式为禁用方式，进行下列模拟故障试验。

1) 模拟接地距离Ⅰ段范围内单相瞬时和永久性接地故障。

2) 模拟相间距离Ⅰ段范围内相间、相间接地、三相瞬时和永久性故障。

3) 模拟距离Ⅱ段范围内 U 相瞬时接地和 VW 相间瞬时故障。

4) 模拟距离Ⅲ段范围内 V 相瞬时接地和 WU 相间瞬时故障。

5) 模拟零序方向过电流Ⅱ段动作范围内 W 相瞬时和永久性接地故障。

6) 模拟零序方向过电流Ⅲ段动作范围内 U 相瞬时和永久性接地故障。

7) 模拟手合于全阻抗继电器和零序过电流继电器动作范围内的 U 相瞬时接地和 VW 相间瞬时故障。

8) 模拟反向出口 U 相接地、VW 相间和 UVW 三相瞬时故障。

(3) 重合闸试验。

1) 单重方式试验。当整定的重合闸方式为单重方式时，则重合闸方式开关置

"单重”位置，模拟（2）中各种类型故障。

2）三重方式试验。当整定的重合闸方式为三重方式时，则重合闸方式开关置“三重”位置，模拟（2）中各种类型故障。

3）重合闸停用方式试验。当整定的重合闸方式为重合闸停用方式时，则重合闸方式开关置“停用”位置，且“闭锁重合闸”开关量有输入，模拟（2）中各种类型故障。当整定的重合闸方式为重合闸禁止方式时，则重合闸方式开关置“停用”位置，且“闭锁重合闸”开关量无输入，模拟（2）中各种类型故障。

（4）断路器失灵保护性能试验。模拟各种故障，检验启动断路器失灵保护回路性能，应进行下列试验。

1）模拟U、V相和W相单相接地故障。

2）模拟UW相间故障。

做上述试验时，所加故障电流应大于失灵保护电流整定值，而模拟故障时间应与失灵保护动作时间配合。应在断路器失灵保护装置检查信号开入情况。

（5）开关量输入的整组试验。保护装置进入“保护状态”菜单“开入显示”，校验开关量输入变化情况。

1）闭锁重合闸。分别进行手动分闸和手动合闸操作、重合闸停用闭锁重合闸、母差保护动作闭锁重合闸等闭锁重合闸整组试验。

2）断路器跳闸位置。断路器分别处于合闸状态和分闸状态时，校验断路器分相跳闸位置开关量状态。

3）压力闭锁重合闸。模拟断路器液压压力低闭锁重合闸触点动作，校验压力闭锁重合闸开关量状态。

4）外部保护停信。在与母差保护装置配合试验时，对外部保护停信开关量输入状态进行校验。

（6）与中央信号、远动装置的配合联动试验。根据微机保护与中央信号、远动装置信息传送数量和方式的具体情况确定试验项目和方法。但要求至少应进行模拟保护装置异常、保护装置报警、保护装置动作跳闸、重合闸动作的试验。

二、考核

1. 考核场地

（1）具备上述考核条件的设备和实训场地。

（2）室内温度5～30℃，湿度<75%。

（3）具备DC 110V/220V电源输出端子。

（4）具备AC 220V/380V电源输出端子。

（5）可靠的室内接地端子。

(6) 消防器材。

(7) 良好的通风和采光照明。

(8) 供考评人员使用的评判桌椅和计时工具。

2. 考核时间

(1) 考核时间为40min。

(2) 许可操作时记录开始时间，现场清理完毕汇报工作终结，记录考核结束时间。

3. 考核要点

(1) 基本操作。

1) 仪器及工器具的选用和准备。

2) 准备工作的安全措施执行。

3) 完成简要校验记录。

4) 报告工作终结，提交试验报告。

5) 恢复安全措施，清扫场地。

(2) 保护整组测试1。

1) 指定保护功能（具体到段别）。

2) 指定模拟故障类型（具体到相别）。

3) 指定重合闸投入方式。

(3) 保护整组测试2。

1) 指定保护功能（具体到段别）。

2) 指定模拟故障类型（具体到相别）。

3) 指定重合闸投入方式。

4) 模拟故障类型及重合闸投入方式区别于装置功能校验。

4. 考核要求

(1) 单人操作，衣着规范，精神状态良好。考生就位后，经考评人员许可后方可开始操作。

(2) 校验前及过程中，安全技术措施布置到位。

(3) 仪器及工器具选用及使用正确。

(4) 校验过程接线正确合理。

(5) 校验过程方法正确。

(6) 校验过程记录完整有效。记录内容完整，需包括但不限于校验时间、地点、校验人、校验项目、校验方法、校验仪器、接线方式及校验结论，校验结论需与实际情况一致，并能正确反映校验对象的相关状态。

(7) 校验完毕后，需及时拆除接线，归还仪器及工器具，并清扫现场。

(8) 能够熟练运用办公软件（Microsoft Office、WPS 等）编写电子报告（含表格处理、图形编辑等）。

(9) 进行缺陷处理时，应首先通过检查或测试手段发现缺陷，并及时向考评人员汇报，得到考评人员许可后方可进行缺陷处理。

三、评分参考标准

行业：电力工程　　　　　　　　工种：继电保护工　　　　　　　　等级：二

<table>
<tr><td>编　　号</td><td colspan="2">JB203</td><td>行为领域</td><td>e</td><td>鉴定范围</td><td colspan="2"></td></tr>
<tr><td>考核时间</td><td colspan="2">40min</td><td>题　　型</td><td>B</td><td>含权题分</td><td colspan="2">25</td></tr>
<tr><td>试题名称</td><td colspan="7">线路保护整组测试</td></tr>
<tr><td>考核要点及其要求</td><td colspan="7">(1) 要求单独操作。
(2) 现场（或实训室）操作。
(3) 通过本测试，考查考生对于线路保护整组测试的掌握程度。
(4) 按照规范的技能操作完成考评人员规定的操作内容</td></tr>
<tr><td>工器具、材料、设备</td><td colspan="7">(1) 微机型继电保护测试仪 1 台。
(2) 模拟断路器 1 台。
(3) 绝缘电阻表 500、1000V 规格各 1 块。
(4) 数字多功能万用表 1 块。
(5) 常用电工工具 1 套。
(6) 函数型计算器 1 块。
(7) 试验线、绝缘胶带。
(8) 微机线路保护屏</td></tr>
<tr><td>备注</td><td colspan="7"></td></tr>
<tr><td colspan="8">评分标准</td></tr>
<tr><td>序号</td><td>作业名称</td><td>质量要求</td><td>分值</td><td colspan="2">扣分标准</td><td>扣分原因</td><td>得分</td></tr>
<tr><td>1</td><td>基本操作</td><td>按照规定完成相关操作</td><td>20</td><td colspan="2"></td><td></td><td></td></tr>
<tr><td>1.1</td><td>仪器及工器具的选用和准备</td><td>选用正确，准备工作规范</td><td>2</td><td colspan="2">选用缺项或不正确扣 1 分；准备工作不到位扣 1 分</td><td></td><td></td></tr>
<tr><td>1.2</td><td>准备工作的安全措施执行</td><td>按相关规程执行</td><td>10</td><td colspan="2">安全措施未按相关规程执行，酌情扣分</td><td></td><td></td></tr>
<tr><td>1.3</td><td>完成简要校验记录</td><td>内容完整，结论正确</td><td>3</td><td colspan="2">内容不完整或结论不正确扣 2 分</td><td></td><td></td></tr>
<tr><td>1.4</td><td>报告工作终结，提交试验记录</td><td></td><td>3</td><td colspan="2">该步缺失扣 3 分；未按顺序进行扣 1.5 分</td><td></td><td></td></tr>
</table>

续表

评分标准						
序号	作业名称	质量要求	分值	扣分标准	扣分原因	得分
1.5	恢复安全措施，清扫场地		2	该步缺失扣2分；未按顺序进行扣1分		
2	保护整组测试1	安全措施到位、仪器仪表使用正确、操作步骤规范、测试结果符合要求	40			
2.1	相关定值、保护功能及压板设置	按保护动作的需要设置正确	10	相关定值、保护功能，压板设置错误，单项扣5分		
2.2	整组动作状态检查（含重合闸）	故障模拟正确，保护动作正确，内容完整	15	故障模拟错误扣10分；保护动作不正确扣10分；模拟内容不完整酌情扣分		
2.3	整组动作时间测量（含重合闸）	时间测量方法正确，内容完整	15	未进行时间测量扣15分；时间测量方法错误扣10分；时间测量结果错误扣10分		
3	保护整组测试2	安全措施到位、仪器仪表使用正确、操作步骤规范、测试结果符合要求	40			
3.1	相关定值、保护功能及压板设置	按保护动作的需要设置正确	10	相关定值、保护功能，压板设置错误，单项扣5分		
3.2	整组动作状态检查（含重合闸）	故障模拟正确，保护动作正确，内容完整	15	故障模拟错误扣10分；保护动作不正确扣10分；模拟内容不完整酌情扣分		
3.3	整组动作时间测量（含重合闸）	时间测量方法正确，内容完整	15	未进行时间测量扣15分；时间测量方法错误扣10分；时间测量结果错误扣10分		
考试开始时间			考试结束时间		合计	
考生栏	编号：	姓名：	所在岗位：	单位：	日期：	
考评员栏	成绩：	考评员：		考评组长：		

JB204 变压器保护整组测试

一、操作

（一）工器具、材料、设备

（1）工器具：微机型继电保护测试仪（6路电压、6路电流输出）1台，绝缘电阻表500、1000V各1块，数字万用表1块。模拟断路器3台，常用电工工具1套，函数型计算器1块。

（2）材料：试验线、绝缘胶带。

（3）设备：微机变压器保护屏。

（二）安全要求

（1）防止误入带电间隔。工作前熟悉工作地点、带电设备，相邻运行设备布置运行标识。检查现场安全围栏、警示牌和接地等安全措施。

（2）试验仪器电源使用。必须使用装有剩余电流保护的电源盘。螺丝刀等工具的金属裸露部分除刀口外都应进行绝缘防护。接（拆）电源，必须在电源开关拉开情况下进行，一人操作，一人监护。临时电源必须使用专用电源，禁止从运行设备上取电源。

（3）防止继电保护“三误”事故。根据现场实际情况，制订相关安全技术措施，严格执行经批准或许可的安全技术措施。

（4）直流回路工作。使用具备绝缘防护的工具，试验线严禁裸露，防止误碰金属导体部分。

（5）插拔插件。防止带电或频繁插拔插件。

（6）装置试验电流接入。短接交流电流外侧电缆，确认可靠短接后，方可断开交流电流连接片。必要时，在端子箱处将相应端子用绝缘胶带实施封闭。

（7）装置试验电压接入。断开交流二次电压引入回路，通过拆线进行隔离的，须用绝缘胶带对所拆线头实施绝缘包扎。

（8）拆动二次线。及时做好记录，须用绝缘胶带对所拆线头实施绝缘包扎。

（9）应断开失灵启动连接片。检查失灵启动连接片须断开并拆开失灵启动回路

线头，用绝缘胶带对所拆线头实施绝缘包扎。

(10) 校验中不应误发信号。必要时，断开相关信号采集装置（中央信号、远动信号、故障录波等）正电源，记录切换把手位置。

(11) 不准在保护室内使用无线通信设备。

(12) 严格按照安全工作规程规定安全措施执行与恢复。

(三) 操作项目

(1) 差动保护整组测试；

(2) 各侧后备保护整组测试。

(四) 操作要求与步骤

1. 操作流程

操作流程如图 JB204－1 所示。

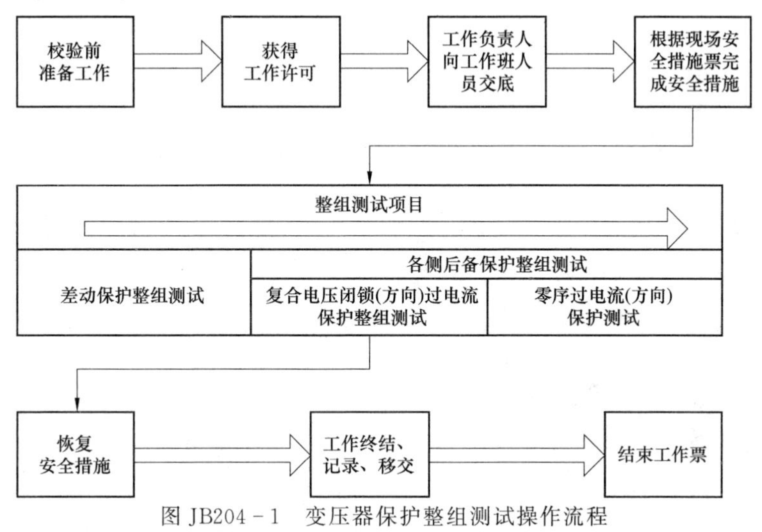

图 JB204－1 变压器保护整组测试操作流程

2. 准备工作

(1) 检查变压器保护装置及其二次回路状况、反措计划执行情况及设备缺陷统计等，并及时提交相关停用申请。

(2) 开工前，及时上报本次工作的材料计划。

(3) 根据整组测试项目，组织作业人员学习作业指导书，使全体作业人员熟悉并明确工作内容、作业标准、工作安排及安全注意事项等。

(4) 开工前，准备好作业所需仪器仪表、工器具及相关材料。仪器仪表和工器具应在检验合格期内。

(5) 准备主要技术资料，包括最新整定通知单、图纸、装置技术说明书、装置使用说明书及相关校验规程等。

(6) 按照相关安全工作规程正确填写工作票。

3. 技术要求

(1) 差动保护整组测试。检查从模拟故障发生至断路器跳闸回路差动保护动作情况，主要内容包括保护动作状态检查和整组动作时间测量。投入相关保护功能及出口连接片，加入正确的故障量，模拟任意两侧单相（任选一相）故障差动保护动作。

1) 保护动作状态检查。差动保护正确动作，动作相别及相应侧正确，保护装置状态指示正确，事件记录完整准确，保护出口动作正确。

2) 整组动作时间测量。测量从模拟故障发生至断路器跳闸回路动作的时间。试验要求实测动作时间应不大于30ms，显示或打印出的保护动作时间与测试时间相比误差不大于±5ms。

(2) 各侧后备保护整组测试。本试验检查从模拟故障发生至断路器跳闸回路动作的后备保护动作情况，主要内容包括复合电压（方向）过电流保护整组测试和零序过电流（方向）保护整组测试。

1) 复合电压闭锁（方向）过电流保护整组测试。投入相关保护功能及出口连接片，加入正确的故障量，模拟任意一侧故障，要求模拟零序过电流（方向）保护带方向段动作。保护应正确动作，动作相应侧及段正确，保护装置状态指示正确，事件记录完整准确，保护出口动作正确。测量从模拟故障发生至断路器跳闸回路动作的时间。试验要求实测动作时间应不大于设置延时±5ms，显示或打印出的保护动作时间与测试时间相比误差不大于±5ms。

2) 零序过电流（方向）保护整组测试。投入相关保护功能及出口连接片，加入正确的故障量，模拟任意一侧故障，要求模拟零序过电流（方向）保护带方向段动作。保护应正确动作，动作相应侧及段别正确，保护装置状态指示正确，事件记录完整准确，保护出口动作正确。测量从模拟故障发生至断路器跳闸回路动作的时间。试验要求实测动作时间应不大于设置延时±5ms，显示或打印出的保护动作时间与测试时间相比误差不大于±5ms。

二、考核

1. 考核场地

(1) 具备上述考核条件的设备和实训场地。

(2) 室内温度5～30℃，湿度<75%。

(3) 具备DC 110V/220V电源输出端子。

(4) 具备AC 220V/380V电源输出端子。

(5) 可靠的室内接地端子。

(6) 消防器材。

(7) 良好的通风和采光照明。

(8) 供考评人员使用的评判桌椅和计时工具。

2. 考核时间

(1) 考核时间为40min。

(2) 许可操作时记录开始时间，现场清理完毕汇报工作终结，记录考核结束时间。

3. 考核要点

(1) 基本操作。

1) 仪器及工器具的选用和准备。

2) 准备工作的安全措施执行。

3) 完成简要校验记录。

4) 报告工作终结，提交试验报告。

5) 恢复安全措施，清扫场地。

(2) 保护整组测试1。

1) 固定为差动保护整组测试。

2) 指定模拟故障类型（具体至相别）。

3) 指定保护动作方式。

(3) 保护整组测试2。

1) 指定保护功能（复合电压（方向）过电流保护与零序过电流（方向）保护任选其一，具体至段）。

2) 指定模拟故障类型（具体至相别）。

3) 指定保护动作方式。

4. 考核要求

(1) 单人操作，衣着规范，精神状态良好。考生就位后，经考评人员许可后方可开始操作。

(2) 校验前及过程中，安全技术措施布置到位。

(3) 仪器及工器具选用及使用正确。

(4) 校验过程接线正确合理。

(5) 校验过程方法正确。

(6) 校验过程记录完整有效。记录内容完整，需包括但不限于校验时间、地点、校验人、校验项目、校验方法、校验仪器、接线方式及校验结论，校验结论需与实际情况一致，并能正确反映校验对象的相关状态。

(7) 校验完毕后，需及时拆除接线，归还仪器及工器具，并清扫现场。

(8) 能够熟练运用办公软件（Microsoft Office、WPS等）编写电子报告（含表格处理、图形编辑等）。

(9) 进行缺陷处理时，应首先通过检查或测试手段发现缺陷，并及时向考评人员汇报，得到考评人员许可后方可进行缺陷处理。

三、评分参考标准

行业：电力工程　　　　工种：继电保护工　　　　等级：二

<table>
<tr><td>编　号</td><td colspan="2">JB204</td><td>行为领域</td><td>e</td><td>鉴定范围</td><td colspan="2"></td></tr>
<tr><td>考核时间</td><td colspan="2">40min</td><td>题　型</td><td>B</td><td>含权题分</td><td colspan="2">25</td></tr>
<tr><td>试题名称</td><td colspan="7">变压器保护整组测试</td></tr>
<tr><td>考核要点及其要求</td><td colspan="7">(1) 要求单独操作。
(2) 现场（或实训室）操作。
(3) 通过本测试，考察考生对于变压器保护整组测试的掌握程度。
(4) 按照规范的技能操作完成考评人员规定的操作内容</td></tr>
<tr><td>工器具、材料、设备</td><td colspan="7">(1) 微机型继电保护测试仪（6路电压、6路电流输出）1台。
(2) 绝缘电阻表500、1000V规格各1块。
(3) 数字万用表1块。
(4) 模拟断路器3台。
(5) 常用电工工具1套。
(6) 函数型计算器1块。
(7) 试验线、绝缘胶带。
(8) 微机变压器保护屏</td></tr>
<tr><td>备注</td><td colspan="7"></td></tr>
<tr><td colspan="8">评分标准</td></tr>
<tr><td>序号</td><td>作业名称</td><td>质量要求</td><td>分值</td><td colspan="2">扣分标准</td><td>扣分原因</td><td>得分</td></tr>
<tr><td>1</td><td>基本操作</td><td>按照规定完成相关操作</td><td>20</td><td colspan="2"></td><td></td><td></td></tr>
<tr><td>1.1</td><td>仪器及工器具的选用和准备</td><td>选用正确，准备工作规范</td><td>2</td><td colspan="2">选用缺项或不正确扣1分；准备工作不到位扣1分</td><td></td><td></td></tr>
<tr><td>1.2</td><td>准备工作的安全措施执行</td><td>按相关规程执行</td><td>10</td><td colspan="2">安全措施未按相关规程执行，酌情扣分</td><td></td><td></td></tr>
<tr><td>1.3</td><td>完成简要校验记录</td><td>内容完整，结论正确</td><td>3</td><td colspan="2">内容不完整或结论不正确扣2分</td><td></td><td></td></tr>
<tr><td>1.4</td><td>报告工作终结，提交试验报告</td><td></td><td>3</td><td colspan="2">该步缺失扣3分；未按顺序进行扣1.5分</td><td></td><td></td></tr>
</table>

续表

<table>
<tr><th colspan="7">评分标准</th></tr>
<tr><th>序号</th><th>作业名称</th><th>质量要求</th><th>分值</th><th>扣分标准</th><th>扣分原因</th><th>得分</th></tr>
<tr><td>1.5</td><td>恢复安全措施，清扫场地</td><td></td><td>1</td><td>该步缺失扣1分；未按顺序进行扣0.5分</td><td></td><td></td></tr>
<tr><td>2</td><td>保护整组测试1</td><td>安全措施到位、仪器仪表使用正确、操作步骤规范、测试结果符合要求</td><td>40</td><td></td><td></td><td></td></tr>
<tr><td>2.1</td><td>相关定值、保护功能及压板设置</td><td>按保护动作的需要设置正确</td><td>10</td><td>相关定值、保护功能，压板设置错误，单项扣5分</td><td></td><td></td></tr>
<tr><td>2.2</td><td>整组动作状态检查</td><td>故障模拟正确，保护动作正确，内容完整</td><td>15</td><td>故障模拟错误扣10分；保护动作不正确扣10分；模拟内容不完整酌情扣分</td><td></td><td></td></tr>
<tr><td>2.3</td><td>整组动作时间测量</td><td>时间测量方法正确，内容完整</td><td>15</td><td>未进行时间测量扣15分；时间测量方法错误扣10分；时间测量结果错误扣10分</td><td></td><td></td></tr>
<tr><td>3</td><td>保护整组测试2</td><td>安全措施到位、仪器仪表使用正确、操作步骤规范、测试结果符合要求</td><td>40</td><td></td><td></td><td></td></tr>
<tr><td>3.1</td><td>相关定值、保护功能及压板设置</td><td>按保护动作的需要设置正确</td><td>10</td><td>相关定值、保护功能，压板设置错误，单项扣5分</td><td></td><td></td></tr>
<tr><td>3.2</td><td>整组动作状态检查（含方向性检查）</td><td>故障模拟正确，保护动作正确，内容完整</td><td>15</td><td>故障模拟错误扣10分；保护动作不正确扣10分；模拟内容不完整酌情扣分</td><td></td><td></td></tr>
<tr><td>3.3</td><td>整组动作时间测量</td><td>时间测量方法正确，内容完整</td><td>15</td><td>未进行时间测量扣15分；时间测量方法错误扣10分；时间测量结果错误扣10分</td><td></td><td></td></tr>
<tr><td colspan="2">考试开始时间</td><td></td><td colspan="2">考试结束时间</td><td>合计</td><td></td></tr>
<tr><td colspan="2">考生栏</td><td colspan="5">编号：　姓名：　所在岗位：　单位：　日期：</td></tr>
<tr><td colspan="2">考评员栏</td><td colspan="5">成绩：　考评员：　考评组长：</td></tr>
</table>

JB205 母线保护整组测试

一、操作

（一）工器具、材料、设备

（1）工器具：微机型继电保护测试仪（6路电压、6路电流输出）1台，绝缘电阻表500、1000V各1块，数字万用表1块，模拟断路器1台（分相功能，DC 220/110V，有辅助接点可用），常用电工工具1套。

（2）材料：试验线、绝缘胶带。

（3）设备：微机母线保护屏。

（二）安全要求

（1）防止误入带电间隔。工作前熟悉工作地点、带电设备，相邻运行设备布置运行标识。检查现场安全围栏、警示牌和接地等安全措施。

（2）试验仪器电源使用。必须使用装有剩余电流保护的电源盘。螺丝刀等工具的金属裸露部分除刀口外都应进行绝缘防护。接（拆）电源，必须在电源开关拉开情况下进行，一人操作，一人监护。临时电源必须使用专用电源，禁止从运行设备上取电源。

（3）防止继电保护“三误”事故。根据现场实际情况，制订相关安全技术措施，严格执行经批准或许可的安全技术措施。

（4）直流回路工作。使用具备绝缘防护的工具，试验线严禁裸露，防止误碰金属导体部分。

（5）插拔插件。防止带电或频繁插拔插件。

（6）装置试验电流接入。短接交流电流外侧电缆，确认可靠短接后，方可断开交流电流连接片。必要时，在端子箱处将相应端子用绝缘胶带实施封闭。

（7）装置试验电压接入。断开交流二次电压引入回路，通过拆线进行隔离的，须用绝缘胶带对所拆线头实施绝缘包扎。

（8）拆动二次线。及时做好记录，须用绝缘胶带对所拆线头实施绝缘包扎。

（9）应断开失灵启动连接片。检查失灵启动连接片须断开并拆开失灵启动回路

线头，用绝缘胶带对所拆线头实施绝缘包扎。

(10) 校验中不应误发信号。必要时，断开相关信号采集装置（中央信号、远动信号、故障录波等）正电源，记录切换把手位置。

(11) 不准在保护室内使用无线通信设备。

(12) 严格按照安全工作规程规定安全措施执行与恢复。

(三) 操作项目

(1) 模拟Ⅰ母故障；

(2) 模拟Ⅱ母故障；

(3) 模拟区外故障。

(四) 操作要求与步骤

1. 操作流程

操作流程如图 JB205－1 所示。

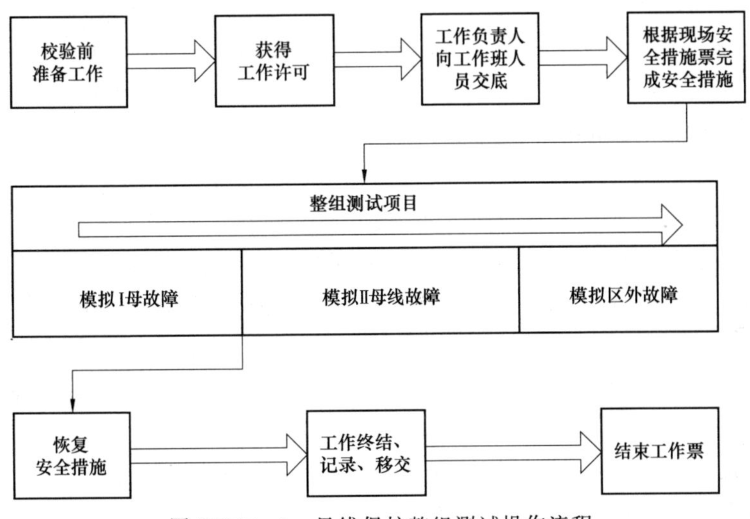

图 JB205－1　母线保护整组测试操作流程

2. 准备工作

(1) 检查母线保护装置及其二次回路状况、反措计划执行情况及设备缺陷统计等，并及时提交相关停役申请。

(2) 开工前，及时上报本次工作的材料计划。

(3) 根据整组测试项目，组织作业人员学习作业指导书，使全体作业人员熟悉并明确工作内容、作业标准、工作安排及安全注意事项等。

(4) 开工前，准备好作业所需仪器仪表、工器具及相关材料。仪器仪表和工器具应在检验合格期内。准备主要技术资料，包括最新整定通知单、图纸、装置技术说明书、装置使用说明书及相关校验规程等。

(5) 按照相关安全工作规程正确填写工作票。

3. 技术要求

(1) 测试准备。合理模拟母线运行方式，将母联（分段）的隔离开关强制置合，模拟两条母线并列运行。通过强制模拟盘隔离开关位置，模拟奇数单元挂Ⅰ母，Ⅱ母自适应；通过强制模拟盘隔离开关位置，模拟偶数单元挂Ⅱ母，Ⅰ母自适应。所有单元的TA变比都为基准变比。

(2) 模拟Ⅰ母故障。本试验检查从模拟故障发生至断路器跳闸回路动作的保护动作情况，主要内容包括保护动作状态检查和整组动作时间测量。投入相关保护功能及出口连接片，加入正确的故障量，模拟Ⅰ母任意支路故障。

1) 母联（分段）断路器正确动作。母差保护应正确动作，保护装置状态指示正确，事件记录完整准确，保护出口动作正确。母联（分段）断路器跳闸，连接在Ⅰ母上所有单元断路器跳闸，Ⅱ母所有连接单元断路器不跳闸。测量从模拟故障发生至断路器跳闸回路动作的时间。试验要求实测动作时间应不大于设置延时±5ms，显示或打印出的保护动作时间与测试时间相比误差不大于±5ms。

2) 母联（分段）断路器不正确动作。母差保护应正确动作，保护装置状态指示正确，事件记录完整准确，保护出口动作正确。模拟母联（分段）断路器失灵未跳闸，连接在Ⅰ母上所有单元断路器跳闸，Ⅱ母所有连接单元断路器跳闸。测量从模拟故障发生至断路器跳闸回路动作的时间。试验要求实测动作时间应不大于设置延时±5ms，显示或打印出的保护动作时间与测试时间相比误差不大于±5ms。

(3) 模拟Ⅱ母故障。本试验检查从模拟故障发生至断路器跳闸回路动作的保护动作情况，主要内容包括保护动作状态检查和整组动作时间测量。投入相关保护功能及出口连接片，加入正确的故障量，模拟Ⅱ母任意支路故障。

1) 母联（分段）断路器正确动作。母差保护应正确动作，保护装置状态指示正确，事件记录完整准确，保护出口动作正确。母联（分段）断路器跳闸，连接在Ⅱ母上所有单元断路器跳闸，Ⅰ母所有连接单元断路器不跳闸。测量从模拟故障发生至断路器跳闸回路动作的时间。试验要求实测动作时间应不大于设置延时±5ms，显示或打印出的保护动作时间与测试时间相比误差不大于±5ms。

2) 母联（分段）断路器不正确动作。母差保护应正确动作，保护装置状态指示正确，事件记录完整准确，保护出口动作正确。模拟母联（分段）断路器失灵未跳闸，连接在Ⅱ母上所有单元断路器跳闸，Ⅰ母所有连接单元断路器跳闸。测量从模拟故障发生至断路器跳闸回路动作的时间。试验要求实测动作时间应不大于设置延时±5ms，显示或打印出的保护动作时间与测试时间相比误差不大于±5ms。

(4) 模拟区外故障。本试验检查从模拟区外故障发生时母线保护动作情况，投入相关保护功能及出口压板，加入正确的区外故障量，母线保护应可靠不动作。

二、考核

1. 考核场地

(1) 具备上述考核条件的设备和实训场地。

(2) 室内温度 5～30℃，湿度＜75％。

(3) 具备 DC 110V/220V 电源输出端子。

(4) 具备 AC 220V/380V 电源输出端子。

(5) 可靠的室内接地端子。

(6) 消防器材。

(7) 良好的通风和采光照明。

(8) 供考评人员使用的评判桌椅和计时工具。

2. 考核时间

(1) 考核时间为 40min。

(2) 许可操作时记录开始时间，现场清理完毕汇报工作终结，记录考核结束时间。

3. 考核要点

(1) 基本操作。

1) 仪器及工器具的选用和准备。

2) 准备工作的安全措施执行。

3) 完成简要校验记录。

4) 报告工作终结，提交试验报告。

5) 恢复安全措施，清扫场地。

(2) 保护整组测试 1。

1) 固定为测试准备。

2) 指定测试时各母线上所挂支路及母联位置。

(3) 保护整组测试 2。

1) 指定故障母线及支路。

2) 指定模拟故障类型（具体至相别）。

3) 指定保护动作方式。

4) 含区外故障整组测试。

4. 考核要求

(1) 单人操作，衣着规范，精神状态良好。考生就位后，经考评人员许可后方可开始操作。

（2）校验前及过程中，安全技术措施布置到位。

（3）仪器及工器具选用及使用正确。

（4）校验过程接线正确合理。

（5）校验过程方法正确。

（6）校验过程记录完整有效。记录内容完整，需包括但不限于校验时间、地点、校验人、校验项目、校验方法、校验仪器、接线方式及校验结论，校验结论需与实际情况一致，并能正确反映校验对象的相关状态。

（7）校验完毕后，需及时拆除接线，归还仪器及工器具，并清扫现场。

（8）能够熟练运用办公软件（Microsoft Office、WPS 等）编写电子报告（含表格处理、图形编辑等）。

（9）进行缺陷处理时，应首先通过检查或测试手段发现缺陷，并及时向考评人员汇报，得到考评人员许可后方可进行缺陷处理。

三、评分参考标准

行业：电力工程　　　　工种：继电保护工　　　　等级：二

编　　号	JB205	行为领域	e	鉴定范围	
考核时间	40min	题　　型	B	含权题分	25
试题名称	母线保护整组测试				
考核要点及其要求	（1）要求单独操作。 （2）现场（或实训室）操作。 （3）通过本测试，考察鉴定人员对于母线保护整组测试的掌握程度。 （4）按照规范的技能操作完成考评人员规定的操作内容				
工器具、材料、设备	（1）微机型继电保护测试仪（6 路电压、6 路电流输出）1 台。 （2）绝缘电阻表 500、1000V 规格各 1 块。 （3）数字万用表 1 块。 （4）模拟断路器（分相功能，DC 220/110V）1 台。 （5）常用电工工具 1 套。 （6）试验线、绝缘胶带。 （7）微机母差保护屏				
备注					

评分标准

序号	作业名称	质量要求	分值	扣分标准	扣分原因	得分
1	基本操作	按照规定完成相关操作	20			

续表

评分标准						
序号	作业名称	质量要求	分值	扣分标准	扣分原因	得分
1.1	仪器及工器具的选用和准备	选用正确，准备工作规范	2	选用缺项或不正确扣1分；准备工作不到位扣1分		
1.2	准备工作的安全措施执行	按相关规程执行	10	安全措施未按相关规程执行，酌情扣分		
1.3	完成简要校验记录	内容完整，结论正确	3	内容不完整或结论不正确扣2分		
1.4	报告工作终结，提交试验记录		3	该步缺失扣3分；未按顺序进行扣1分		
1.5	恢复安全措施，清扫场地		2	该步缺失扣2分；未按顺序进行扣1分		
2	保护整组测试1（固定为测试准备）	安全措施到位、仪器仪表使用正确、操作步骤规范、测试结果符合要求	40			
2.1	各母线上所挂支路及母联位置正确	正确	20	母线上的支路或母联位置不正确酌情扣分		
2.2	TA变比正确	正确	20	TA变比不正确扣20分		
3	保护整组测试2	安全措施到位、仪器仪表使用正确、操作步骤规范、测试结果符合要求	40			
3.1	相关定值、保护功能及压板设置	按保护动作的需要设置正确	5	相关定值、保护功能；压板设置错误，单项扣1.5分		
3.2	整组动作状态检查（含母联动作状态检查）	故障模拟正确，保护动作正确，内容完整	15	故障模拟错误扣10分；保护动作不正确扣7.5分；模拟内容不完整酌情扣分		
3.3	整组动作时间测量（含母联动作状态检查）	时间测量方法正确，内容完整	15	未进行时间测量扣15分；时间测量方法错误扣10分；时间测量结果错误扣5分		

续表

<table>
<tr><td colspan="7">评分标准</td></tr>
<tr><td>序号</td><td>作业名称</td><td>质量要求</td><td>分值</td><td>扣分标准</td><td>扣分原因</td><td>得分</td></tr>
<tr><td>3.4</td><td>区外故障模拟</td><td>正确</td><td>2.5</td><td>模拟不正确扣 2.5 分</td><td></td><td></td></tr>
<tr><td>3.5</td><td>保护动作情况检查</td><td>正确</td><td>2.5</td><td>动作情况不正确扣 2.5 分</td><td></td><td></td></tr>
<tr><td colspan="2">考试开始时间</td><td></td><td colspan="2">考试结束时间</td><td>合计</td><td></td></tr>
<tr><td colspan="2">考生栏</td><td colspan="5">编号：　姓名：　所在岗位：　单位：　日期：</td></tr>
<tr><td colspan="2">考评员栏</td><td colspan="5">成绩：　考评员：　考评组长：</td></tr>
</table>

JB206 断路器保护整组测试

一、操作

（一）工器具、材料、设备

（1）工器具：微机型继电保护测试仪（6路电压、6路电流输出）1台，绝缘电阻表500、1000V各1块，数字万用表1块，模拟断路器2台（分相功能，DC 220/110V，有辅助接点可用）常用电工工具1套，函数型计算器1块。

（2）材料：试验线、绝缘胶带。

（3）设备：微机断路器保护屏。

（二）安全要求

（1）防止误入带电间隔。工作前熟悉工作地点、带电设备，相邻运行设备布置运行标识。检查现场安全围栏、警示牌和接地等安全措施。

（2）试验仪器电源使用。必须使用装有剩余电流保护的电源盘。螺丝刀等工具的金属裸露部分除刀口外都应进行绝缘防护。接（拆）电源，必须在电源开关拉开情况下进行，一人操作，一人监护。临时电源必须使用专用电源，禁止从运行设备上取电源。

（3）防止继电保护“三误”事故。根据现场实际情况，制订相关安全技术措施，严格执行经批准或许可的安全技术措施。

（4）直流回路工作。使用具备绝缘防护的工具，试验线严禁裸露，防止误碰金属导体部分。

（5）插拔插件。防止带电或频繁插拔插件。

（6）装置试验电流接入。短接交流电流外侧电缆，确认可靠短接后，方可断开交流电流连接片。必要时，在端子箱处将相应端子用绝缘胶带实施封闭。

（7）装置试验电压接入。断开交流二次电压引入回路，通过拆线进行隔离的，须用绝缘胶带对所拆线头实施绝缘包扎。

（8）拆动二次线。及时做好记录，须用绝缘胶带对所拆线头实施绝缘包扎。

（9）应断开失灵启动连接片。检查失灵启动连接片须断开并拆开失灵启动回路

线头，用绝缘胶带对所拆线头实施绝缘包扎。

(10) 校验中不应误发信号。必要时，断开相关信号采集装置（中央信号、远动信号、故障录波等）正电源，记录切换把手位置。

(11) 不准在保护室内使用无线通信设备。

(12) 严格按照安全工作规程规定安全措施执行与恢复。

(三) 操作项目

(1) 跟跳保护及重合闸整组试验；

(2) 不一致保护整组试验；

(3) 失灵启动出口检查；

(4) 先重、后重试验；

(5) 沟通三跳检查；

(6) 与中央信号、远动装置的配合联动试验。

(四) 操作要求与步骤

1. 操作流程

操作流程如图 JB206－1 所示。

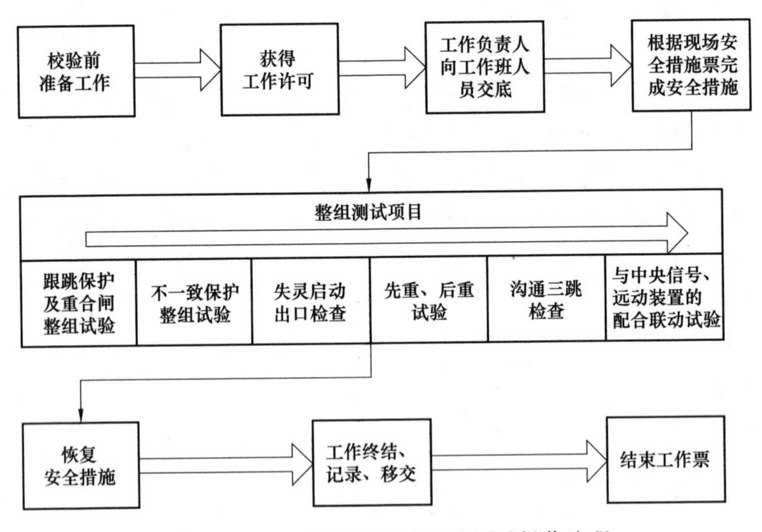

图 JB206－1　断路器保护整组测试操作流程

2. 准备工作

(1) 检查断路器保护装置及其二次回路状况、反措计划执行情况及设备缺陷统计等，并及时提交相关停役申请。

(2) 开工前，及时上报本次工作的材料计划。

(3) 根据整组测试项目，组织作业人员学习作业指导书，使全体作业人员熟悉并明确工作内容、作业标准、工作安排及安全注意事项等。

(4) 开工前，准备好作业所需仪器仪表、工器具及相关材料。仪器仪表和工器具应在检验合格期内。

(5) 准备主要技术资料，包括最新整定通知单、图纸、装置技术说明书、装置使用说明书及相关校验规程等。

(6) 按照相关安全工作规程正确填写工作票。

3. 技术要求

(1) 跟跳保护及重合闸整组试验。

1) 试验准备。将断路器保护电流回路与线路保护电流回路串接，投入断路器保护出口压板，退出线路保护跳闸出口压板，投入线路保护启动断路器失灵压板。

2) 保护动作状态检查。分别模拟线路保护 U、V、W 相故障，电流大于装置跟跳电流定值，断路器保护通过跟跳保护分相出口并重合于故障。模拟相间故障三相跟跳，重合闸不应动作。

3) 整组动作时间测量。试验测量从模拟故障至断路器跳闸的动作时间以及从模拟故障切除至断路器合闸回路动作的重合闸整组动作时间。上述测量要求利用断路器的跳闸时间与保护出口时间比较，其时间差再减去线路保护的固有动作时间，即为断路器动作时间，一般应不大于 60ms。测量的重合闸整组动作时间与整定的重合闸时间误差不大于 50ms。

4) 注意事项。因断路器保护有两组跳闸出口，考虑到两套线路保护同时启动断路器失灵保护，在进行试验时可以用 1 号线路保护与断路器保护配合测试第一组跳闸出口，用 2 号线路保护与断路器保护配合测试第二组跳闸出口。

(2) 不一致保护整组试验。

1) 该试验也可利用线路保护配合进行，试验条件和接线同 (1)，投入线路保护启动失灵压板和跳闸出口压板，投入断路器不一致保护，退出断路器保护的重合闸出口压板。

2) 保护动作状态检查。待重合闸充电完成后，模拟单相瞬时性故障，线路保护动作单跳后重合闸不动作，断路器另两相经设置延时后同时跟跳。

3) 整组动作时间测量。试验应测量不一致保护跳其他两相断路器时间，有条件时计算不一致保护延时。因断路器保护有两个三跳出口，应分别进行测试。

(3) 失灵启动出口检查。将断路器保护电流回路与线路保护电流回路串接，投入线路保护启动失灵压板，退出断路器和线路保护跳闸出口压板，分别测量保护联跳相邻断路器以及其他出口触点时间，并与整定时间比较，时间误差不应大于 ±5%。

(4) 先重、后重试验。

1) 本侧断路器保护"先合投入"压板投入，相邻断路器压板退出，投入线路保护跳闸出口、启动断路器失灵出口，2台断路器保护置单重方式，均投入重合闸出口，重合闸充电完成后，模拟线路保护U、V、W相瞬时故障，线路保护单跳，本断路器以整定时间重合闸，相邻断路器以整定时间加后重时间重合闸，时间误差应不大于±5%。

2) 本侧断路器保护"先合投入"压板退出，相邻断路器压板投入，投入线路保护跳闸出口、启动断路器失灵出口，2台断路器保护置单重方式，均投入重合闸出口，重合闸充电完成后，模拟线路保护U、V、W相瞬时故障，线路保护单跳，相邻断路器以整定时间重合闸，本断路器以整定时间加后重时间重合闸，时间误差应不大于±5%。

3) 本侧断路器保护"先合投入"压板退出，相邻断路器处于跳位或"装置检修"压板投入，投入线路保护跳闸出口、启动断路器失灵出口，2台断路器保护置单重方式，均投入重合闸出口，重合闸充电完成后，模拟线路保护U、V、W相瞬时故障，线路保护单跳，相邻断路器不动作，本断路器以整定时间重合闸，时间误差应不大于±5%。

(5) 沟通三跳检查。断路器保护电流回路和线路保护电流回路串接，退出线路保护出口跳闸触点。断路器保护重合闸在未充好电状态或重合闸为三重方式，模拟线路保护单相瞬时故障，断路器保护出口三跳。

(6) 与中央信号、远动装置的配合联动试验。根据微机保护与中央信号、远动装置信息传送数量和方式的具体情况确定试验项目和方法。要求所有的硬触点信号都应进行整组传动，不得采用短接触点的方式。对于综合自动化和智能变电站，还应检查保护动作报文的正确性。

二、考核

1. 考核场地

(1) 具备上述考核条件的设备和实训场地。

(2) 室内温度5～30℃，湿度<75%。

(3) 具备DC 110V/220V电源输出端子。

(4) 具备AC 220V/380V电源输出端子。

(5) 可靠的室内接地端子。

(6) 消防器材。

(7) 良好的通风和采光照明。

(8) 供考评人员使用的评判桌椅和计时工具。

2. 考核时间

（1）考核时间为40min。

（2）许可操作时记录开始时间，现场清理完毕汇报工作终结，记录考核结束时间。

3. 考核要点

（1）基本操作。

1）仪器及工器具的选用和准备。

2）准备工作的安全措施执行。

3）完成简要校验记录。

4）报告工作终结，提交试验报告。

5）恢复安全措施，清扫场地。

（2）保护整组测试1。

1）固定为跟跳保护及重合闸整组测试。

2）指定模拟故障类型（具体至相别）。

3）指定保护动作方式。

4）两套线路保护需分别进行测试。

（3）保护整组测试2（不一致保护整组试验；先重、后重试验；失灵启动出口检查；沟通三跳检查）。

1）相关定值、保护功能及连接片设置。

2）整组动作状态检查。

3）整组动作时间测量。

4. 考核要求

（1）单人操作，衣着规范，精神状态良好。考生就位后，经考评人员许可后方可开始操作。

（2）校验前及过程中，安全技术措施布置到位。

（3）仪器及工器具选用及使用正确。

（4）校验过程接线正确合理。

（5）校验过程方法正确。

（6）校验过程记录完整有效。记录内容完整，需包括但不限于校验时间、地点、校验人、校验项目、校验方法、校验仪器、接线方式及校验结论，校验结论需与实际情况一致，并能正确反映校验对象的相关状态。

（7）校验完毕后，需及时拆除接线，归还仪器及工器具，并清扫现场。

（8）能够熟练运用办公软件（Microsoft Office、WPS等）编写电子报告（含表格处理、图形编辑等）。

三、评分参考标准

行业：电力工程　　　　　　　　工种：继电保护工　　　　　　　　等级：二

编　号	JB206	行为领域	e	鉴定范围	
考核时间	40min	题　型	B	含权题分	25
试题名称	断路器保护整组测试				
考核要点及其要求	(1) 要求单独操作。 (2) 现场（或实训室）操作。 (3) 通过本测试，考察考生对于断路器保护整组测试的掌握程度。 (4) 按照规范的技能操作完成考评人员规定的操作内容				
工器具、材料、设备	(1) 微机型继电保护测试仪（6路电压、6路电流输出）1台。 (2) 绝缘电阻表500、1000V规格各1块。 (3) 数字万用表1块。 (4) 模拟断路器（分相功能，DC 220/110V）2台。 (5) 常用电工工具1套。 (6) 函数型计算器1块。 (7) 试验线、绝缘胶带。 (8) 微机断路器保护屏				
备注	以下2～6项，任选2项作为考核				

评分标准

序号	作业名称	质量要求	分值	扣分标准	扣分原因	得分
1	基本操作	按照规定完成相关操作	20			
1.1	仪器及工器具的选用和准备	选用正确，准备工作规范	2	选用缺项或不正确扣1分；准备工作不到位扣1分		
1.2	准备工作的安全措施执行	按相关规程执行	10	安全措施未按相关规程执行，酌情扣分		
1.3	完成简要校验记录	内容完整，结论正确	3	内容不完整或结论不正确扣2分		
1.4	报告工作终结，提交试验报告		3	该步缺失扣3分；未按顺序进行扣1分		
1.5	恢复安全措施，清扫场地		2	该步缺失扣2分；未按顺序进行扣1分		
2	保护整组测试1（固定为跟跳保护及重合闸整组测试）	安全措施到位、仪器仪表使用正确、操作步骤规范、测试结果符合要求	40			

续表

评分标准						
序号	作业名称	质量要求	分值	扣分标准	扣分原因	得分
2.1	整组动作状态检查（考虑对应线路的两套线路保护）	相关定值、保护功能，压板设置正确；保护动作模拟正确，内容完整	20	相关定值、保护功能，压板设置错误扣8分；保护动作模拟错误扣15分		
2.2	保护整组动作时间测量（考虑对应线路的两套线路保护）	时间测量方法正确，内容完整	10	时间测量方法错误扣10分；测量内容缺项酌情扣分；测量结果未进行判断或判断不完整酌情扣分		
2.3	重合闸整组动作时间测量（考虑对应线路的两套线路保护）	时间测量方法正确，内容完整	10	时间测量方法错误扣10分；测量内容缺项酌情扣分；测量结果未进行判断或判断不完整酌情扣分		
3	保护整组测试2（不一致保护整组试验）	安全措施到位、仪器仪表使用正确、操作步骤规范、测试结果符合要求	40			
3.1	相关定值、保护功能及压板设置	按保护动作的需要设置正确	15	相关定值、保护功能，压板设置错误，单项扣10分		
3.2	整组动作状态检查	故障模拟正确，保护动作正确，内容完整	15	故障模拟错误扣15分；保护动作不正确扣10分；模拟内容不完整酌情扣分		
3.3	整组动作时间测量	时间测量方法正确，内容完整	10	未进行时间测量扣10分；时间测量方法错误扣6分；时间测量结果错误扣6分		
4	保护整组测试3（先重、后重试验）	安全措施到位、仪器仪表使用正确、操作步骤规范、测试结果符合要求	40			
4.1	相关定值、保护功能及压板设置	按保护动作的需要设置正确	15	相关定值、保护功能，压板设置错误，单项扣10分		
4.2	整组动作状态检查	故障模拟正确，保护动作正确，内容完整	15	故障模拟错误扣15分；保护动作不正确扣10分；模拟内容不完整酌情扣分		

续表

评分标准						
序号	作业名称	质量要求	分值	扣分标准	扣分原因	得分
4.3	整组动作时间测量	时间测量方法正确，内容完整	10	未进行时间测量扣10分；时间测量方法错误扣6分；时间测量结果错误扣6分		
5	保护整组测试4（失灵启动出口检查）	安全措施到位、仪器仪表使用正确、操作步骤规范、测试结果符合要求	40			
5.1	相关定值、保护功能及压板设置	按保护动作的需要设置正确	15	相关定值、保护功能，压板设置错误，单项扣10分		
5.2	整组动作状态检查	故障模拟正确，保护动作正确，内容完整	15	故障模拟错误扣15分；保护动作不正确扣10分；模拟内容不完整酌情扣分		
5.3	整组动作时间测量	时间测量方法正确，内容完整	10	未进行时间测量扣10分；时间测量方法错误扣6分；时间测量结果错误扣6分		
6	保护整组测试5（沟通三跳测试）	安全措施到位、仪器仪表使用正确、操作步骤规范、测试结果符合要求	40			
6.1	相关定值、保护功能及压板设置	按保护动作的需要设置正确	15	相关定值、保护功能，压板设置错误，单项扣10分		
6.2	整组动作状态检查	故障模拟正确，保护动作正确，内容完整	15	故障模拟错误扣15分；保护动作不正确扣10分；模拟内容不完整酌情扣分		
6.3	整组动作时间测量	时间测量方法正确，内容完整	10	未进行时间测量扣10分；时间测量方法错误扣6分；时间测量结果错误扣6分		
考试开始时间			考试结束时间		合计	
考生栏	编号：	姓名：	所在岗位：	单位：	日期：	
考评员栏	成绩：	考评员：		考评组长：		

JB207 短引线保护整组测试

一、操作

（一）工器具、材料、设备

（1）工器具：微机型继电保护测试仪（6路电压、6路电流输出）1台，绝缘电阻表500、1000V各1块，数字万用表1块，模拟断路器（分相功能，DC 220/110V，有辅助接点可用）2台，常用电工工具1套，函数型计算器1块。

（2）材料：试验线、绝缘胶带。

（3）设备：微机短引线保护屏。

（二）安全要求

（1）防止误入带电间隔。工作前熟悉工作地点、带电设备，相邻运行设备布置运行标识。检查现场安全围栏、警示牌和接地等安全措施。

（2）试验仪器电源使用。必须使用装有剩余电流保护的电源盘。螺丝刀等工具的金属裸露部分除刀口外都应进行绝缘防护。接（拆）电源，必须在电源开关拉开情况下进行，一人操作，一人监护。临时电源必须使用专用电源，禁止从运行设备上取电源。

（3）防止继电保护“三误”事故。根据现场实际情况，制订相关安全技术措施，严格执行经批准或许可的安全技术措施。

（4）直流回路工作。使用具备绝缘防护的工具，试验线严禁裸露，防止误碰金属导体部分。

（5）插拔插件。防止带电或频繁插拔插件。

（6）装置试验电流接入。短接交流电流外侧电缆，确认可靠短接后，方可断开交流电流连接片。必要时，在端子箱处将相应端子用绝缘胶带实施封闭。

（7）装置试验电压接入。断开交流二次电压引入回路，通过拆线进行隔离的，须用绝缘胶带对所拆线头实施绝缘包扎。

（8）拆动二次线。及时做好记录，须用绝缘胶带对所拆线头实施绝缘包扎。

（9）应断开失灵启动连接片。检查失灵启动连接片须断开并拆开失灵启动回路

线头，用绝缘胶带对所拆线头实施绝缘包扎。

(10) 校验中不应误发信号。必要时，断开相关信号采集装置（中央信号、远动信号、故障录波等）正电源，记录切换把手位置。

(11) 不准在保护室内使用无线通信设备。

(12) 严格按照安全工作规程规定安全措施执行与恢复。

(三) 操作项目

(1) 保护整组动作测试；

(2) 与中央信号、远动装置的配合联动试验。

(四) 操作要求与步骤

1. 操作流程

操作流程如图 JB207－1 所示。

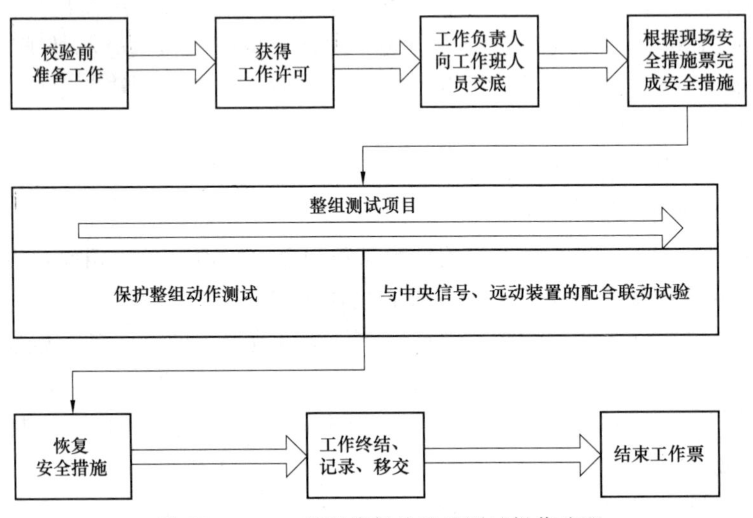

图 JB207－1　短引线保护整组测试操作流程

2. 准备工作

(1) 检查短引线保护装置及其二次回路状况、反措计划执行情况及设备缺陷统计等，并及时提交相关停役申请。

(2) 开工前，及时上报本次工作的材料计划。

(3) 根据整组测试项目，组织作业人员学习作业指导书，使全体作业人员熟悉并明确工作内容、作业标准、工作安排及安全注意事项等。

(4) 开工前，准备好作业所需仪器仪表、工器具及相关材料。仪器仪表和工器具应在检验合格期内。

(5) 准备主要技术资料，包括最新整定通知单、图纸、装置技术说明书、装置

使用说明书及相关校验规程等。

(6) 按照相关安全工作规程正确填写工作票。

3. 技术要求

进行短引线整组试验时，加入正确的故障电流，两侧断路器处于合闸位置。进行传动断路器试验时，应及时观察保护动作状态及断路器动作情况，监视中央信号装置的动作及声、光信号指示是否正确。

(1) 整组动作状态检查。本试验是检查保护实际动作状态和测量从模拟故障至断路器跳闸的动作时间。要求保护正确动作，动作相别正确，保护装置状态指示正确，事件记录完整准确，保护出口动作正确。测量断路器的跳闸时间并与保护的出口时间比较，其时间差即为断路器动作时间，一般应不大于 60ms。对两侧断路器应分别测量。

(2) 与中央信号、远动装置的配合联动试验。根据微机保护与中央信号、远动装置信息传送数量和方式的具体情况确定试验项目和方法。要求所有的硬触点信号都应进行整组传动，不得采用短接触点的方式。对于综合自动化站和智能变电站，还应检查保护动作报文的正确性。

二、考核

1. 考核场地

(1) 具备上述考核条件的设备和实训场地。

(2) 室内温度 5～30℃，湿度＜75％。

(3) 具备 DC 110V/220V 电源输出端子。

(4) 具备 AC 220V/380V 电源输出端子。

(5) 可靠的室内接地端子。

(6) 消防器材。

(7) 良好的通风和采光照明。

(8) 供考评人员使用的评判桌椅和计时工具。

2. 考核时间

(1) 考核时间为 40min。

(2) 许可操作时记录开始时间，现场清理完毕汇报工作终结，记录考核结束时间。

3. 考核要点

(1) 基本操作。

1) 仪器及工器具的选用和准备。

2) 准备工作的安全措施执行。

3）完成简要校验记录。

4）报告工作终结，提交试验报告。

5）恢复安全措施，清扫场地。

（2）保护整组测试1。

1）固定为本侧断路器整组测试。

2）指定模拟故障类型（具体至相别）。

3）指定保护动作方式。

（3）保护整组测试2。

1）固定为对侧断路器整组测试。

2）指定模拟故障类型（具体至相别）。

3）指定保护动作方式。

4. 考核要求

（1）单人操作，衣着规范，精神状态良好。考生就位后，经考评人员许可后方可开始操作。

（2）校验前及过程中，安全技术措施布置到位。

（3）仪器及工器具选用及使用正确。

（4）校验过程接线正确合理。

（5）校验过程方法正确。

（6）校验过程记录完整有效。记录内容完整，需包括但不限于校验时间、地点、校验人、校验项目、校验方法、校验仪器、接线方式及校验结论，校验结论需与实际情况一致，并能正确反映校验对象的相关状态。

（7）校验完毕后，需及时拆除接线，归还仪器及工器具，并清扫现场。

（8）能够熟练运用办公软件（Microsoft Office、WPS等）编写电子报告（含表格处理、图形编辑等）。

三、评分参考标准

行业：电力工程　　　　工种：继电保护工　　　　等级：二

编　　号	JB207	行为领域	e	鉴定范围	
考核时间	40min	题　　型	B	含权题分	25
试题名称	短引线保护整组测试				
考核要点及其要求	（1）要求单独操作。 （2）现场（或实训室）操作。 （3）通过本测试，考察考生对于短引线保护整组测试的掌握程度。 （4）按照规范的技能操作完成考评人员规定的操作内容				

续表

工器具、材料、设备	（1）微机型继电保护测试仪（6路电压、6路电流输出）1台。 （2）绝缘电阻表500、1000V规格各1块。 （3）数字万用表1块。 （4）模拟断路器（分相功能，DC 220V/110V）2台。 （5）常用电工工具1套。 （6）函数型计算器1块。 （7）试验线、绝缘胶带。 （8）微机短引线保护屏
备注	

评分标准

序号	作业名称	质量要求	分值	扣分标准	扣分原因	得分
1	基本操作	按照规定完成相关操作	20			
1.1	仪器及工器具准备	选用正确，准备工作规范	2	选用缺项或不正确扣2分；准备工作不到位扣2分		
1.2	准备工作的安全措施执行	按相关规程执行	10	安全措施未按相关规程执行，单项扣2分		
1.3	完成简要校验记录	内容完整，结论正确	4	内容不完整或结论不正确扣4分		
1.4	报告工作终结，提交试验报告		2	该步缺失扣2分；未按顺序进行扣2分		
1.5	恢复安全措施，清扫场地		2	该步缺失扣2分；未按顺序进行扣2分		
2	保护整组测试1	安全措施到位、仪器仪表使用正确、操作步骤规范、测试结果符合要求	40			
2.1	相关定值、保护功能及压板设置	按保护动作的需要设置正确	10	相关定值、保护功能，压板设置错误，单项扣5分		
2.2	整组动作状态检查	故障模拟正确，保护动作正确，内容完整	20	故障模拟错误扣10分；保护动作不正确扣10分；模拟内容不完整酌情扣分		
2.3	整组动作时间测量	时间测量方法正确，内容完整	10	未进行时间测量扣10分；时间测量方法错误扣8分；时间测量结果错误扣5分		

续表

评分标准						
序号	作业名称	质量要求	分值	扣分标准	扣分原因	得分
3	保护整组测试2	安全措施到位、仪器仪表使用正确、操作步骤规范、测试结果符合要求	40			
3.1	相关定值、保护功能及压板设置	按保护动作的需要设置正确	10	相关定值、保护功能，压板设置错误，单项扣5分		
3.2	整组动作状态检查	故障模拟正确，保护动作正确，内容完整	20	故障模拟错误扣10分；保护动作不正确扣10分；模拟内容不完整酌情扣分		
3.3	整组动作时间测量	时间测量方法正确，内容完整	10	未进行时间测量扣10分；时间测量方法错误扣8分；时间测量结果错误扣5分		
考试开始时间			考试结束时间		合计	
考生栏	编号： 姓名： 所在岗位： 单位： 日期：					
考评员栏	成绩： 考评员： 考评组长：					

JB208 高压并联电抗器保护功能校验及整组测试

一、操作

（一）工器具、材料、设备

（1）工器具：微机型继电保护测试仪（6路电压、6路电流输出）1台，绝缘电阻表500、1000V各1块，数字万用表1块，模拟断路器（分相功能，DC 220/110V电源均可，有辅助接点可用）1台。常用电工工具1套，函数型计算器1块。

（2）材料：试验线、绝缘胶带。

（3）设备：微机高抗保护屏。

（二）安全要求

（1）防止误入带电间隔。工作前熟悉工作地点、带电设备，相邻运行设备布置运行标识。检查现场安全围栏、警示牌和接地等安全措施。

（2）试验仪器电源使用。必须使用装有剩余电流保护的电源盘。螺丝刀等工具的金属裸露部分除刀口外都应进行绝缘防护。接（拆）电源，必须在电源开关拉开情况下进行，一人操作，一人监护。临时电源必须使用专用电源，禁止从运行设备上取电源。

（3）防止继电保护“三误”事故。根据现场实际情况，制订相关安全技术措施，严格执行经批准或许可的安全技术措施。

（4）直流回路工作。使用具备绝缘防护的工具，试验线严禁裸露，防止误碰金属导体部分。

（5）插拔插件。防止带电或频繁插拔插件。

（6）装置试验电流接入。短接交流电流外侧电缆，确认可靠短接后，方可断开交流电流连接片。必要时，在端子箱处将相应端子用绝缘胶带实施封闭。

（7）装置试验电压接入。断开交流二次电压引入回路，通过拆线进行隔离的，须用绝缘胶带对所拆线头实施绝缘包扎。

（8）拆动二次线。及时做好记录，须用绝缘胶带对所拆线头实施绝缘包扎。

（9）应断开失灵启动连接片。检查失灵启动连接片须断开并拆开失灵启动回路

线头，用绝缘胶带对所拆线头实施绝缘包扎。

（10）校验中不应误发信号。必要时，断开相关信号采集装置（中央信号、远动信号、故障录波等）正电源，记录切换把手位置。

（11）不准在保护室内使用无线通信设备。

（12）严格按照安全工作规程规定安全措施执行与恢复。

（三）操作项目

（1）差动保护校验；

（2）零序差动保护校验；

（3）定子绕组匝间保护校验；

（4）过电流保护校验；

（5）零序过电流保护校验；

（6）小电抗过电流保护校验；

（7）TA 断线功能检查；

（8）装置整组试验。

（四）操作要求与步骤

1. 操作流程

操作流程如图 JB208－1 所示。

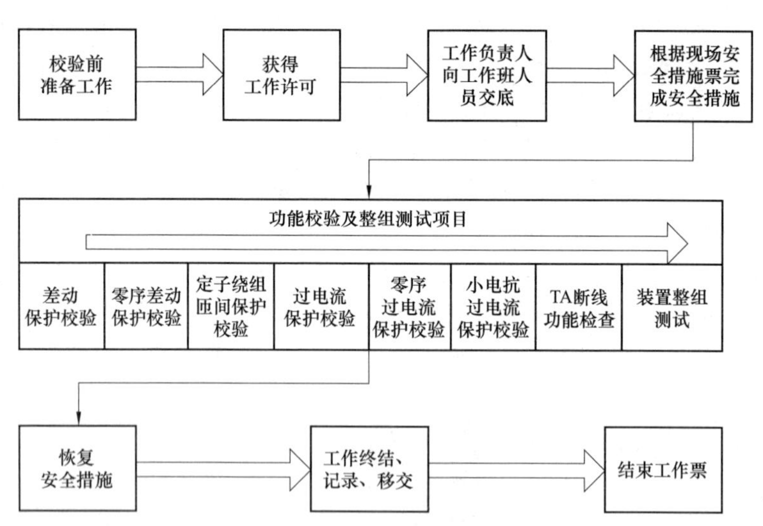

图 JB208－1　高压并联电抗器保护功能校验及整组测试操作流程

2. 准备工作

（1）检查高抗保护装置及其二次回路状况、反措计划执行情况及设备缺陷统计等，并及时提交相关停役申请。

(2) 开工前，及时上报本次工作的材料计划。

(3) 根据功能校验及整组测试项目，组织作业人员学习作业指导书，使全体作业人员熟悉并明确工作内容、作业标准、工作安排及安全注意事项等。

(4) 开工前，准备好作业所需仪器仪表、工器具及相关材料。仪器仪表和工器具应在检验合格期内。

(5) 准备主要技术资料，包括最新整定通知单、图纸、装置技术说明书、装置使用说明书及相关校验规程等。

(6) 按照相关安全工作规程正确填写工作票。

3. 技术要求

(1) 差动保护校验。校验前要求正确投入保护功能，定值核对正确，压板投退正确。主要校验内容包括：差动速断电流定值（含动作时间）、比率差动电流整定值（含动作时间）和比率制动动作特性。

1) 差动速断保护功能校验。首末端分别加入单相电流，模拟故障。模拟故障量为0.95倍定值时，保护应可靠不动作；故障量为1.05倍定值时，保护应可靠动作；需在故障量为1.2倍定值时测量保护的动作时间。检查装置显示的动作信息是否正确、指示灯告警是否正确、动作时间是否满足技术要求。试验要求实测动作时间应不大于30ms，显示或打印出的保护动作时间与测试时间相比误差不大于±5ms。保护动作测量接点不宜取用信号量。

2) 比率差动电流整定值（含动作时间）校验。首末端分别加入单相电流，模拟故障。模拟故障量为0.95倍定值时，保护应可靠不动作；故障量为1.05倍定值时，保护应可靠动作；需在故障量为1.2倍定值时测量保护的动作时间。检查装置显示的动作信息是否正确、指示灯告警是否正确、动作时间是否满足技术要求。试验要求实测动作时间应不大于30ms，显示或打印出的保护动作时间与测试时间相比误差不大于±5ms。保护动作测量接点不宜取用信号量。

3) 比率制动特性校验。确定制动电流数值，据此计算末端实际施加电流幅值。根据末端电流值及装置设计比率特性计算出差流理论值及首端施加电流理论值。首末端分别施加电流值，其中首端电流为计算值，末端电流略大于计算值。同时观察装置制动电流与差动电流显示，应能体现制动特性。选择合适步长，逐渐减小末端电流，直至差动保护动作，记录相关数据。重复以上步骤，测试多点，直至满足制动特性曲线绘制要求。将实测特性曲线与设计值比较，误差应小于±10％。

(2) 零序差动保护校验。基本内容同差动保护校验。

(3) 绕组匝间保护校验。投入绕组匝间保护压板。模拟单相故障，故障电压幅值约为额定值的80％，施加末端电流，电流幅值大于绕组匝间保护零序电流启动值，故障相电流超前故障相电压 90°。测量绕组匝间保护动作时间，试验要求实测动作时间应不大于 30ms，显示或打印出的保护动作时间与测试时间相比误差不大于±5ms。保护动作测量接点不宜取用信号量。改变电压电流相位关系，确定零序方向元件动作边界。

(4) 过电流保护校验。校验前要求正确投入保护功能，定值核对正确，压板投退正确。首端施加故障电流，模拟相间故障。模拟故障量为 0.95 倍定值时，保护应可靠不动作；故障量为 1.05 倍定值时，保护应可靠动作；需在故障量为 1.2 倍定值时测量保护的动作时间。检查装置显示的动作信息是否正确、指示灯告警是否正确、动作时间是否满足技术要求。试验要求实测动作时间与设置定值误差应不大于 30ms，显示或打印出的保护动作时间与测试时间相比误差不大于±5ms。保护动作测量接点不宜取用信号量。

(5) 零序过电流保护校验。基本内容同过电流保护校验。

(6) 小电抗过电流保护。基本内容同过电流保护校验。

(7) 装置整组试验。进行高抗保护整组试验时，统一加模拟故障电流，相关断路器处于合闸位置。进行传动断路器试验之前，控制室和开关站均应有专人监视，并具备良好的通信联络设备，应及时观察保护动作状态及断路器动作情况，监视中央信号装置的动作及声、光信号指示是否正确。

1) 整组动作状态检查。本试验是检查保护实际动作状态和测量从模拟故障至断路器跳闸的动作时间。要求保护正确动作，动作相别正确，保护装置状态指示正确，事件记录完整准确，保护出口动作正确。测量断路器的跳闸时间与保护的出口时间比较，其时间差即为断路器动作时间，一般应不大于 60ms。

2) 非电量保护检查。在电抗器本体模拟各相非电量继电器动作，测试面板指示灯正确和出口回路正确，并选择其中一种保护带开关传动。

3) 与其他保护的配合联动试验。一般高抗保护停运时，对应的线路及其两侧断路器也退出运行。模拟高抗保护动作，在断路器保护检查启动断路器失灵开入，同时检查高抗保护启动远跳触点闭合正确性。

4) 与中央信号、远动装置的配合联动试验。根据微机保护与中央信号、远动装置信息传送数量和方式的具体情况确定试验项目和方法。要求所有的硬触点信号都应进行整组传动，不得采用短接触点的方式。对于综合自动化站和智能变电站，还应检查保护动作报文的正确性。

二、考核

1. 考核场地

(1) 具备上述考核条件的设备和实训场地。

（2）室内温度 5～30℃，湿度＜75％。

（3）具备 DC 110V/220V 电源输出端子。

（4）具备 AC 220V/380V 电源输出端子。

（5）可靠的室内接地端子。

（6）消防器材。

（7）良好的通风和采光照明。

（8）供考评人员使用的评判桌椅和计时工具。

2. 考核时间

（1）考核时间为 40min。

（2）许可操作时记录开始时间，现场清理完毕汇报工作终结，记录考核结束时间。

3. 考核要点

（1）基本操作。

1）仪器及工器具的选用和准备。

2）准备工作的安全措施执行。

3）完成简要校验记录。

4）报告工作终结，提交试验报告。

5）恢复安全措施，清扫场地。

（2）保护校验（含纵联差动保护、零序差动保护、定子绕组匝间保护、各类过电流保护）。

1）指定模拟故障类型（具体至相别）。

2）指定保护动作方式。

（3）装置整组试验。

1）固定为装置的整组试验。

2）指定具体校验内容。

4. 考核要求

（1）单人操作，衣着规范，精神状态良好。考生就位后，经考评人员许可后方可开始操作。

（2）校验前及过程中，安全技术措施布置到位。

（3）仪器及工器具选用及使用正确。

（4）校验过程接线正确合理。

（5）校验过程方法正确。

（6）校验过程记录完整有效。记录内容完整，需包括但不限于校验时间、地点、校验人、校验项目、校验方法、校验仪器、接线方式及校验结论，校验结论需与实际情况一致，并能正确反映校验对象的相关状态。

(7) 校验完毕后，需及时拆除接线，归还仪器及工器具，并清扫现场。

(8) 能够熟练运用办公软件（Microsoft Office、WPS 等）编写电子报告（含表格处理、图形编辑等）。

三、评分参考标准

行业：电力工程　　　　工种：继电保护工　　　　等级：二

编　　号	JB208	行为领域	e	鉴定范围	
考核时间	40min	题　　型	B	含权题分	25
试题名称	高抗保护功能校验及整组测试				
考核要点及其要求	(1) 单独操作。 (2) 现场（或实训室）操作。 (3) 通过本测试，考察考生对于高抗保护功能校验及整组测试的掌握程度。 (4) 按照规范的技能操作完成考评人员规定的操作内容				
工器具、材料、设备	(1) 微机型继电保护测试仪（6 路电压、6 路电流输出）1 台。 (2) 绝缘电阻表 500、1000V 规格各 1 块。 (3) 数字万用表 1 块。 (4) 模拟断路器（分相功能，DC 220V/110V 电源均可）1 台。 (5) 常用电工工具 1 套。 (6) 函数型计算器 1 块。 (7) 试验线、绝缘胶带。 (8) 微机高抗保护屏				
备注	以下序号 2～6 项，考试人员只考 2 项，由考评人员考前确定，确定后不得更改				

评分标准

序号	作业名称	质量要求	分值	扣分标准	扣分原因	得分
1	基本操作	按照规定完成相关操作	20			
1.1	仪器及工器具准备	选用正确，准备工作规范	2	选用缺项或不正确扣 2 分；准备工作不到位扣 2 分		
1.2	准备工作的安全措施执行	按相关规程执行	10	安全措施未按相关规程执行，单项扣 2 分		
1.3	完成简要校验记录	内容完整，结论正确	4	内容不完整或结论不正确扣 4 分		
1.4	报告工作终结，提交试验报告		2	该步缺失扣 2 分；未按顺序进行扣 2 分		

续表

评分标准						
序号	作业名称	质量要求	分值	扣分标准	扣分原因	得分
1.5	恢复安全措施，清扫场地		2	该步缺失扣2分；未按顺序进行扣2分		
2	纵差保护校验	安全措施到位、仪器仪表使用正确、操作步骤规范、校验结果符合要求	40			
2.1	相关定值、保护功能及压板设置	按保护动作的需要设置正确	5	相关定值、保护功能，压板设置错误，单项扣2分		
2.2	差动速断保护校验	测试方法正确，测试量施加规范，时间测量节点取用规范，测试结果正确	10	测试方法不正确扣8分；测试量施加不规范，单项扣4分；未进行时间测量，扣4分；时间测量节点取用不规范，扣2分；测试结果不正确，单项扣4分		
2.3	比率差动保护定值及动作时间校验	测试方法正确，测试量施加规范，时间测量节点取用规范，测试结果正确	15	测试方法不正确扣10分；测试量施加不规范，单项扣5分；未进行时间测量，扣8分；时间测量节点取用不规范，扣5分；测试结果不正确，单项扣5分		
2.4	比率制动特性校验	结果及方法正确	10	测试方法不正确扣8分；测试量施加不规范，单项扣4分；测试结果不正确，单项扣5分		
3	零序差动保护校验	安全措施到位、仪器仪表使用正确、操作步骤规范、校验结果符合要求	40			
3.1	相关定值、保护功能及压板设置	按保护动作的需要设置正确	5	相关定值、保护功能，压板设置错误，单项扣2分		
3.2	差动速断保护校验	测试方法正确，测试量施加规范，时间测量节点取用规范，测试结果正确	10	测试方法不正确扣8分；测试量施加不规范，单项扣4分；未进行时间测量，扣4分；时间测量节点取用不规范，扣2分；测试结果不正确，单项扣4分		

续表

评分标准						
序号	作业名称	质量要求	分值	扣分标准	扣分原因	得分
3.3	比率差动保护定值及动作时间校验	测试方法正确，测试量施加规范，时间测量节点取用规范，测试结果正确	15	测试方法不正确扣10分；测试量施加不规范，单项扣5分；未进行时间测量，扣8分；时间测量节点取用不规范，扣5分；测试结果不正确，单项扣5分		
3.4	比率制动特性校验	结果及方法正确	10	测试方法不正确扣8分；测试量施加不规范，单项扣4分；测试结果不正确，单项扣5分		
4	匝间保护校验	安全措施到位、仪器仪表使用正确、操作步骤规范、校验结果符合要求	40			
4.1	相关定值、保护功能及压板设置	按保护动作的需要设置正确	5	相关定值、保护功能，压板设置错误，单项扣2分		
4.2	动作特性校验（含方向性校验）	测试方法正确，测试量施加规范，测试结果正确	25	测试方法不正确扣20分；测试量施加不规范，单项扣10分；测试结果不正确，单项扣10分；未进行方向性校验，扣15分		
4.3	动作时间校验	测试方法正确，测试量施加规范，时间测量节点取用规范，测试结果正确	10	未进行时间测量，扣10分；时间测量节点取用不规范，扣3分；测试结果不正确，单项扣3分		
5	各类过电流保护校验	安全措施到位、仪器仪表使用正确、操作步骤规范、校验结果符合要求	40			
5.1	相关定值、保护功能及压板设置	按保护动作的需要设置正确	5	相关定值、保护功能，压板设置错误，单项扣2分		
5.2	动作特性校验	测试方法正确，测试量施加规范，测试结果正确	25	测试方法不正确扣20分；测试量施加不规范，单项扣10分；测试结果不正确，单项扣10分；未进行方向性校验，扣15分		

续表

评分标准						
序号	作业名称	质量要求	分值	扣分标准	扣分原因	得分
5.3	动作时间校验	测试方法正确，测试量施加规范，时间测量节点取用规范，测试结果正确	10	未进行时间测量，扣10分；时间测量节点取用不规范，扣3分；测试结果不正确，单项扣3分		
6	装置整组试验	安全措施到位、仪器仪表使用正确、操作步骤规范、试验结果符合要求	40			
6.1	校验装置动作的整组时间	时间测量方法正确，内容完整	20	时间测量方法错误扣10分；测量内容缺项酌情扣分；测量结果未进行判断或判断不完整酌情扣分		
6.2	校验各信号的正确性	各信号校验正确	20	信号不正确，单项扣5分		
考试开始时间			考试结束时间		合计	
考生栏	编号：	姓名：	所在岗位：	单位：	日期：	
考评员栏	成绩：	考评员：		考评组长：		

JB209 发电机保护整组测试

一、操作

(一) 工器具、材料、设备

(1) 工器具：微机型继电保护测试仪（6 路电压、6 路电流输出）1 台，绝缘电阻表 500、1000V 各 1 块，数字万用表 1 块，模拟断路器（分相功能，DC 220/110V，有辅助接点可用）1 台，常用电工工具 1 套，函数型计算器 1 块。

(2) 材料：试验线、绝缘胶带。

(3) 设备：微机发电机保护屏。

(二) 安全要求

(1) 防止误入带电间隔。工作前熟悉工作地点、带电设备，相邻运行设备布置运行标识。检查现场安全围栏、警示牌和接地等安全措施。

(2) 试验仪器电源使用。必须使用装有剩余电流保护的电源盘。螺丝刀等工具的金属裸露部分除刀口外都应进行绝缘防护。接（拆）电源，必须在电源开关拉开情况下进行，一人操作，一人监护。临时电源必须使用专用电源，禁止从运行设备上取电源。

(3) 防止继电保护“三误”事故。根据现场实际情况，制订相关安全技术措施，严格执行经批准或许可的安全技术措施。

(4) 直流回路工作。使用具备绝缘防护的工具，试验线严禁裸露，防止误碰金属导体部分。

(5) 插拔插件。防止带电或频繁插拔插件。

(6) 装置试验电流接入。短接交流电流外侧电缆，确认可靠短接后，方可断开交流电流连接片。必要时，在端子箱处将相应端子用绝缘胶带实施封闭。

(7) 装置试验电压接入。断开交流二次电压引入回路，通过拆线进行隔离的，须用绝缘胶带对所拆线头实施绝缘包扎。

(8) 拆动二次线。及时做好记录，须用绝缘胶带对所拆线头实施绝缘包扎。

(9) 应断开失灵启动连接片。检查失灵启动连接片须断开并拆开失灵启动回路线头，用绝缘胶带对所拆线头实施绝缘包扎。

(10) 校验中不应误发信号。必要时，断开相关信号采集装置（中央信号、远动信号、故障录波等）正电源，记录切换把手位置。

(11) 不准在保护室内使用无线通信设备。

(12) 严格按照安全工作规程规定安全措施执行与恢复。

(三) 操作项目

(1) 发电机差动保护整组测试；

(2) 发电机定子接地保护整组测试；

(3) 发电机低压记忆过电流保护整组测试；

(4) 开关量输入的整组试验；

(5) 与中央信号、远动装置的配合联动试验。

(四) 操作要求与步骤

1. 操作流程

操作流程如图 JB209－1 所示。

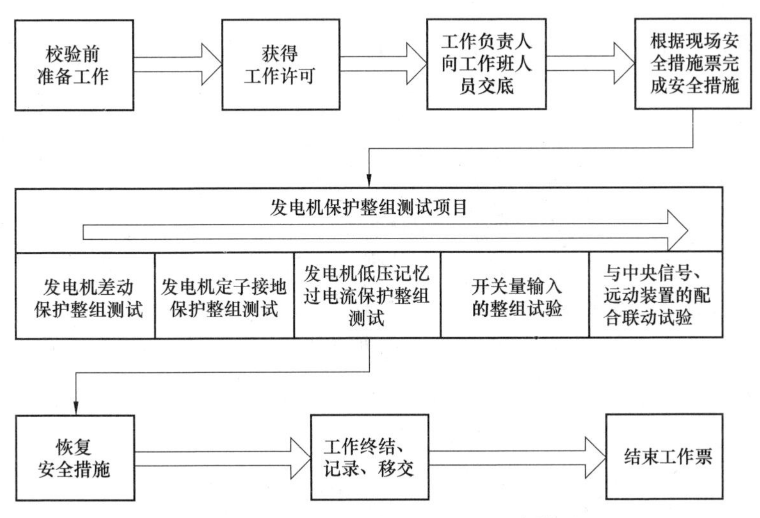

图 JB209－1　发电机保护整组测试操作流程

2. 准备工作

(1) 检查发电机保护装置及其二次回路状况、反措计划执行情况及设备缺陷统计等，并及时提交相关停役申请。

(2) 开工前，及时上报本次工作的材料计划。

(3) 根据整组测试项目，组织作业人员学习作业指导书，使全体作业人员熟悉并明确工作内容、作业标准、工作安排及安全注意事项等。

（4）开工前，准备好作业所需仪器仪表、工器具及相关材料。仪器仪表和工器具应在检验合格期内。

（5）准备主要技术资料，包括最新整定通知单、图纸、装置技术说明书、装置使用说明书及相关校验规程等。

（6）按照相关安全工作规程正确填写工作票。

3．技术要求

（1）发电机差动保护整组测试。本试验检查从模拟故障发生至断路器跳闸回路动作的差动保护动作情况，主要内容包括保护动作状态检查和整组动作时间测量。投入相关保护功能及出口压板，加入正确的故障量，模拟发电机两侧单相（任选一相）故障差动保护动作。

1）保护动作状态检查。差动保护正确动作，动作相别及相应侧正确，保护装置状态指示正确，事件记录完整准确，保护出口动作正确。

2）整组动作时间测量。测量从模拟故障发生至断路器跳闸回路动作的时间。试验要求实测动作时间应不大于 30ms，显示或打印出的保护动作时间与测试时间相比误差不大于±5ms。

（2）发电机定子接地保护整组测试。投入相关保护功能及出口压板，加入正确的故障量，模拟故障。保护应正确动作，动作相应侧及段别正确，保护装置状态指示正确，事件记录完整准确，保护出口动作正确。测量从模拟故障发生至断路器跳闸回路动作的时间。试验要求实测动作时间应不大于设置延时±30ms，显示或打印出的保护动作时间与测试时间相比误差不大于±5ms。

（3）发电机低压记忆过电流保护整组测试。投入相关保护功能及出口压板，加入正确的故障量，模拟故障。保护应正确动作，动作相应侧及段别正确，保护装置状态指示正确，事件记录完整准确，保护出口动作正确。测量从模拟故障发生至断路器跳闸回路动作的时间。试验要求实测动作时间应不大于设置延时±30ms，显示或打印出的保护动作时间与测试时间相比误差不大于±5ms。

（4）开关量输入的整组试验。进入保护装置“开入显示”菜单校验开关量输入变化情况。本书以典型的发电机—变压器组保护装置开入信号（断路器跳闸位置、灭磁开关位置、主汽门位置、中性点接地开关位置及母线保护动作信号）为例进行说明。

1）断路器跳闸位置。实际模拟断路器分别处于合闸状态和分闸状态时，校验保护装置显示情况，要求与实际模拟情况一致，必要时可重复多次。

2）灭磁开关位置。实际模拟灭磁开关分别处于合闸状态和分闸状态时，校验保护装置显示情况，要求与实际模拟情况一致，必要时可重复多次。

3）主汽门位置。实际模拟主汽门分别处于合闸状态和分闸状态时，校验保护装置显示情况，要求与实际模拟情况一致，必要时可重复多次。

4）中性点接地开关位置。实际模拟中性点接地开关分别处于合闸状态和分闸状态时，校验保护装置显示情况，要求与实际模拟情况一致，必要时可重复多次。

5）母线保护动作信号。实际模拟母线保护动作与未动作时，校验保护装置显示情况，要求与实际模拟情况一致，必要时可重复多次。

（5）与中央信号、远动装置的配合联动试验。根据微机保护与中央信号、远动装置信息传送数量和方式的具体情况确定试验项目和方法。但要求至少应进行模拟保护装置异常、保护装置报警、保护装置动作跳闸的试验。

二、考核

1. 考核场地

（1）具备上述考核条件的设备和实训场地。

（2）室内温度5～30℃，湿度＜75％。

（3）具备DC 110V/220V电源输出端子。

（4）具备AC 220V/380V电源输出端子。

（5）可靠的室内接地端子。

（6）消防器材。

（7）良好的通风和采光照明。

（8）供考评人员使用的评判桌椅和计时工具。

2. 考核时间

（1）考核时间为40min。

（2）许可操作时记录开始时间，现场清理完毕汇报工作终结，记录考核结束时间。

3. 考核要点

（1）基本操作。

1）仪器及工器具的选用和准备。

2）准备工作的安全措施执行。

3）完成简要校验记录。

4）报告工作终结，提交试验报告。

5）恢复安全措施，清扫场地。

（2）保护整组测试1。

1）固定为发电机差动保护整组测试。

2）指定模拟故障类型（具体至相别）。

3）指定保护动作方式。

(3) 保护整组测试2。

1) 指定保护功能（发电机定子接地保护与发电机低压记忆过电流保护，任选其一进行）。

2) 指定模拟故障类型（具体至相别）。

3) 指定保护动作方式。

4. 考核要求

(1) 单人操作，衣着规范，精神状态良好。考生就位后，经考评人员许可后方可开始操作。

(2) 校验前及过程中，安全技术措施布置到位。

(3) 仪器及工器具选用及使用正确。

(4) 校验过程接线正确合理。

(5) 校验过程方法正确。

(6) 校验过程记录完整有效。记录内容完整，需包括但不限于校验时间、地点、校验人、校验项目、校验方法、校验仪器、接线方式及校验结论，校验结论需与实际情况一致，并能正确反映校验对象的相关状态。

(7) 校验完毕后，需及时拆除接线，归还仪器及工器具，并清扫现场。

(8) 能够熟练运用办公软件（Microsoft Office、WPS等）编写电子报告（含表格处理、图形编辑等）。

三、评分参考标准

行业：电力工程　　　　工种：继电保护工　　　　等级：二

编　　号	JB209	行为领域	e	鉴定范围	
考核时间	40min	题　　型	B	含权题分	25
试题名称	发电机保护整组测试				
考核要点及其要求	(1) 要求单独操作。 (2) 现场（或实训室）操作。 (3) 通过本测试，考察考生对于发电机保护整组测试的掌握程度。 (4) 按照规范的技能操作完成考评人员规定的操作内容				
工器具、材料、设备	(1) 微机型继电保护测试仪（6路电压、6路电流输出）1台。 (2) 模拟断路器（分相功能，DC 220/110V）1台。 (3) 常用电工工具1套。 (4) 函数型计算器1块。 (5) 绝缘电阻表500、1000V规格各1块。 (6) 数字万用表1块。 (7) 试验线、绝缘胶带。 (8) 微机发电机保护屏				
备注					

续表

评分标准						
序号	作业名称	质量要求	分值	扣分标准	扣分原因	得分
1	基本操作	按照规定完成相关操作	20			
1.1	仪器及工器具准备	选用正确，准备工作规范	2	选用缺项或不正确扣2分；准备工作不到位扣2分		
1.2	准备工作的安全措施执行	按相关规程执行	10	安全措施未按相关规程执行，单项扣2分		
1.3	完成简要校验记录	内容完整，结论正确	4	内容不完整或结论不正确扣4分		
1.4	报告工作终结，提交试验报告		2	该项缺失扣2分；未按顺序进行扣2分		
1.5	恢复安全措施，清扫场地		2	该项缺失扣2分；未按顺序进行扣2分		
2	保护整组测试1	安全措施到位、仪器仪表使用正确、操作步骤规范、测试结果符合要求	40			
2.1	相关定值、保护功能及压板设置	按保护动作的需要设置正确	10	相关定值、保护功能，压板设置错误，单项扣5分		
2.2	整组动作状态检查	故障模拟正确，保护动作正确，内容完整	15	故障模拟错误扣10分；保护动作不正确扣10分；模拟内容不完整酌情扣分		
2.3	整组动作时间测量	时间测量方法正确，内容完整	15	未进行时间测量扣15分；时间测量方法错误扣10分；时间测量结果错误扣10分		
3	保护整组测试2	安全措施到位、仪器仪表使用正确、操作步骤规范、测试结果符合要求	40			
3.1	相关定值、保护功能及压板设置	按保护动作的需要设置正确	10	相关定值、保护功能，压板设置错误，单项扣5分		
3.2	整组动作状态检查	故障模拟正确，保护动作正确，内容完整	15	故障模拟错误扣10分；保护动作不正确扣10分；模拟内容不完整酌情扣分		

续表

评分标准							
序号	作业名称	质量要求	分值	扣分标准		扣分原因	得分
3.3	整组动作时间测量	时间测量方法正确，内容完整	15	未进行时间测量扣15分；时间测量方法错误扣10分；时间测量结果错误扣10分			
考试开始时间			考试结束时间			合计	
考生栏	编号：　姓名：　所在岗位：　单位：　日期：						
考评员栏	成绩：　考评员：　考评组长：						

JB210 安全稳定控制装置功能校验及整组测试

一、操作

（一）工器具、材料、设备

（1）工器具：微机型继电保护测试仪（6路电压、6路电流输出）1台，绝缘电阻表500、1000V各1块，数字万用表1块，常用电工工具1套。

（2）材料：试验线、绝缘胶带。

（3）设备：微机安全稳定控制屏。

（二）安全要求

（1）防止误入带电间隔。工作前熟悉工作地点、带电设备，相邻运行设备布置运行标识。检查现场安全围栏、警示牌和接地等安全措施。

（2）试验仪器电源使用。必须使用装有剩余电流保护的电源盘。螺丝刀等工具的金属裸露部分除刀口外都应进行绝缘防护。接（拆）电源，必须在电源开关拉开情况下进行，一人操作，一人监护。临时电源必须使用专用电源，禁止从运行设备上取电源。

（3）防止继电保护“三误”事故。根据现场实际情况，制订相关安全技术措施，严格执行经批准或许可的安全技术措施。

（4）直流回路工作。使用具备绝缘防护的工具，试验线严禁裸露，防止误碰金属导体部分。

（5）插拔插件。防止带电或频繁插拔插件。

（6）装置试验电流接入。短接交流电流外侧电缆，确认可靠短接后，方可断开交流电流连接片。必要时，在端子箱处将相应端子用绝缘胶带实施封闭。

（7）装置试验电压接入。断开交流二次电压引入回路，通过拆线进行隔离的，须用绝缘胶带对所拆线头实施绝缘包扎。

（8）拆动二次线。及时做好记录，须用绝缘胶带对所拆线头实施绝缘包扎。

（9）不准在保护室内使用无线通信设备。

（10）严格按照安全工作规程规定安全措施执行与恢复。

(三) 操作项目

(1) 交流模拟量输入校验；

(2) 开入量检查；

(3) 开出传动试验；

(4) 定值输入及策略功能试验；

(5) 装置的整组测试。

(四) 操作要求与步骤

1. 操作流程

操作流程如图 JB210－1 所示。

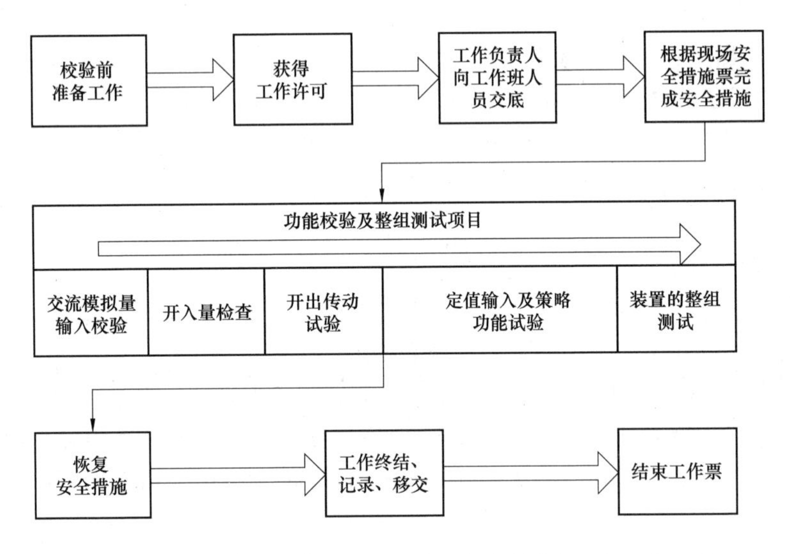

图 JB210－1　安全稳定控制装置功能校验及整组测试操作流程

2. 准备工作

(1) 检查安全稳定控制装置及其二次回路状况、反措计划执行情况及设备缺陷统计等，并及时提交相关停役申请。

(2) 开工前，及时上报本次工作的材料计划。

(3) 根据功能校验及整组测试项目，组织作业人员学习作业指导书，使全体作业人员熟悉并明确工作内容、作业标准、工作安排及安全注意事项等。

(4) 开工前，准备好作业所需仪器仪表、工器具及相关材料。仪器仪表和工器具应在检验合格期内。

(5) 准备主要技术资料，包括最新整定通知单、图纸、装置技术说明书、装置使用说明书及相关校验规程等。

（6）按照相关安全工作规程正确填写工作票。

3. 技术要求

（1）交流模拟量输入校验。此项试验要求对主机、从机分别进行。若某个从机不存在，在菜单操作过程中设置所选从 CPU 未投入或不存在。一般装置在出厂前已将零漂、刻度调整好，现场只需查看。若不满足要求需进行调整，为了避免装置频繁启动影响模拟量检查，可将装置有关功能连接片退出或提高启动定值。

1）零漂检查及调整。

a. 零漂检查：在未施加任何模拟量状态下，进入“查看零漂”菜单下，查看各路电流通道、电压通道零漂显示，应在要求范围内。

b. 零漂调整：在“调整零漂”菜单下进行零漂调整，直至符合要求。

2）刻度检查及调整。

a. 刻度检查：加电压 50V、额定电流 5A 或 1A，分别在相关菜单下，查看电压，视同实际加入电压、电流是否满足误差要求。

b. 刻度调整：加电压 50V、额定电流 5A 或 1A，分别在“调整刻度”菜单，选择需要调整的通道，设置调整基准值为额定电流 5A 或 1A 与 50V，然后确认执行。若操作失败，装置将显示模拟异常及出错通道号，请检查调整基准值与实际加入的模拟量误差是否超过 20%。

3）模拟量精度及线性度检查。刻度和零漂调整好以后，用 0.5 级以上测试仪检测装置测量线性误差，要求在 TA 二次额定电流为 5A 时，通入电流分别为 5、2、1A；在 TA 二次额定电流为 1A 时，通入电流分别为 2、1、0.2A；通入电压分别为 60、30、5V；在“查看刻度”中查看，要求电压通道、电流通道误差值小于要求值。

4）模拟量极性检查。改变接入装置的线路、主变压器或发电机元件的电压、电流之间的相位，通过液晶显示或在菜单中查看显示的一次电压、电流、功率及频率是否正确。

（2）开入量检查。测试装置反映开入信号状态情况，确定开入量回路是否正常。依次模拟每个开入点状态变位（次数不得少于 3 次），查看当前的开入量状态是否同实际开入量状态一致。

（3）开出传动试验。测试出口继电器动作情况，确定出口回路是否正常。依次模拟每个开出点状态变位（次数不得少于 3 次），查看当前的出口状态是否同设计出口状态一致。

（4）定值输入及策略功能试验。

1）定值输入。进入装置“定值设定”菜单，输入权限密码，选择定值区号，进行定值整定。如果每一项定值设有上下限范围，当定值整定超过范围时，将不能整定。

2）策略功能试验。由于每一个区域安全稳定控制系统的策略都不相同，因此，装置策略功能试验需根据具体稳控系统设计进行。

a. 检验稳定控制装置各逻辑判别元件动作的正确性，包括启动元件、过载判别元件、故障判别元件、方向判别元件、潮流计算元件等。

b. 根据策略表定值，检验稳定控制装置动作条件完全满足时稳控装置的每个策略都能正确动作。

c. 对每一个策略，检验动作条件不完全满足或就地判据等防误动措施不满足时，稳控装置不会误动。

（5）装置的整组试验。从装置电压、电流的二次端子测施加电压量，通过端子排加入相关开关量。通过调整电压电流及开关量，使装置动作，检验其交流量接线、各出口接线、整定值和相关信号的正确性，校验装置动作的整组时间，主、备系统配合情况及站间通信状况等。

二、考核

1. 考核场地

（1）具备上述考核条件的设备和实训场地。

（2）室内温度 5～30℃，湿度<75%。

（3）具备 DC 110V/220V 电源输出端子。

（4）具备 AC 220V/380V 电源输出端子。

（5）可靠的室内接地端子。

（6）消防器材。

（7）良好的通风和采光照明。

（8）供考评人员使用的评判桌椅和计时工具。

2. 考核时间

（1）考核时间为 40min。

（2）许可操作时记录开始时间，现场清理完毕汇报工作终结，记录考核结束时间。

3. 考核要点

（1）基本操作。

1）仪器及工器具的选用和准备。

2）准备工作的安全措施执行。

3）完成简要校验记录。

4）报告工作终结，提交试验报告。

5）恢复安全措施，清扫场地。

（2）装置功能校验（交流模拟量校验）。

1）零漂检查及调整。

2）刻度检查及调整。

3）模拟量精度及线性度检查测试。

4）模拟量极性检查。

（3）装置功能校验（开入量检查及开出传动试验）。

1）开入量检查（任选两个）。

2）开出传动试验（任选两个）。

（4）装置功能校验（定值输入及策略功能试验）。

1）定值输入。

2）逻辑元件动作检验。

3）策略动作检查（任选两个）。

4）检验稳控装置不会误动。

（5）装置整组测试。固定为装置的整组试验。

4. 考核要求

（1）单人操作，衣着规范，精神状态良好。考生就位后，经考评人员许可后方可开始操作。

（2）校验前及过程中，安全技术措施布置到位。

（3）仪器及工器具选用及使用正确。

（4）校验过程接线正确合理。

（5）校验过程方法正确。

（6）校验过程记录完整有效。记录内容完整，需包括但不限于校验时间、地点、校验人、校验项目、校验方法、校验仪器、接线方式及校验结论，校验结论需与实际情况一致，并能正确反映校验对象的相关状态。

（7）校验完毕后，需及时拆除接线，归还仪器及工器具，并清扫现场。

（8）能够熟练运用办公软件（Microsoft Office、WPS 等）编写电子报告（含表格处理、图形编辑等）。

（9）进行缺陷处理时，应首先通过检查或测试手段发现缺陷，并及时向考评人员汇报，得到考评人员许可后方可进行缺陷处理。

三、评分参考标准

行业：电力工程　　　　　　　　工种：继电保护工　　　　　　　　等级：二

编　　号	JB210	行为领域	e	鉴定范围	
考核时间	40min	题　　型	B	含权题分	25
试题名称	安全稳定控制装置功能校验及整组测试				
考核要点及其要求	（1）要求单独操作。 （2）现场（或实训室）操作。 （3）通过本测试，考察考生对于安全稳定控制装置功能校验及整组测试的掌握程度。 （4）按照规范的技能操作完成考评人员规定的操作内容				
工器具、材料、设备	（1）微机型继电保护测试仪（6路电压、6路电流输出）1台。 （2）绝缘电阻表500、1000V规格各1块。 （3）数字万用表1块。 （4）常用电工工具1套。 （5）试验线、绝缘胶带。 （6）微机安全稳定控制屏				
备注					

评分标准

序号	作业名称	质量要求	分值	扣分标准	扣分原因	得分
1	基本操作	按照规定完成相关操作	20			
1.1	仪器及工器具的选用和准备	选用正确，准备工作规范	2	选用缺项或不正确扣1分；准备工作不到位扣1分		
1.2	准备工作的安全措施执行	按相关规程执行	10	安全措施未按相关规程执行，酌情扣分		
1.3	完成简要校验记录	内容完整，结论正确	3	内容不完整或结论不正确扣2分		
1.4	报告工作终结，提交试验记录		3	该步缺失扣3分；未按顺序进行扣1分		
1.5	恢复安全措施，清扫场地		2	该步缺失扣2分；未按顺序进行扣1分		
2	装置功能测试（交流模拟量校验）	安全措施到位、仪器仪表使用正确、操作步骤规范、测试结果符合要求	20			

续表

评分标准						
序号	作业名称	质量要求	分值	扣分标准	扣分原因	得分
2.1	零漂检查及调整	结果及方法正确	5	检查结果不正确或者方法不对扣5分		
2.2	刻度检查及调整	结果及方法正确	5	检查结果不正确或者方法不对扣5分		
2.3	模拟量精度及线性度检查测试	结果及方法正确	5	检查结果不正确或者方法不对扣5分		
2.4	模拟量极性检查	结果及方法正确	5	检查结果不正确或者方法不对扣5分		
3	装置功能测试（开入量检查及开出传动试验）	安全措施到位、仪器仪表使用正确、操作步骤规范、测试结果符合要求	20			
3.1	开入量检查（任选两个）	安全措施到位、仪器仪表使用正确、操作步骤规范、校验结果符合要求	10	开入量检查不完整或者方法不正确酌情扣分		
3.2	开出传动试验（任选两个）	安全措施到位、仪器仪表使用正确、操作步骤规范、校验结果符合要求	10	开出传动检查不完整或者方法不正确酌情扣分		
4	装置功能测试（定值输入及策略功能试验）	安全措施到位、仪器仪表使用正确、操作步骤规范、测试结果符合要求	20			
4.1	定值输入	安全措施到位、操作步骤规范、输入结果符合要求	5	定值输入不正确扣3分		
4.2	逻辑元件动作检验	安全措施到位、仪器仪表使用正确、操作步骤规范、校验结果符合要求	5	方法或结果不正确扣15分		
4.3	策略动作检查（任选两个）	安全措施到位、仪器仪表使用正确、操作步骤规范、校验结果符合要求	5	方法或结果不正确扣15分		
4.4	检验稳控装置不会误动	安全措施到位、仪器仪表使用正确、操作步骤规范、校验结果符合要求	5	方法或结果不正确扣5分		

续表

评分标准						
序号	作业名称	质量要求	分值	扣分标准	扣分原因	得分
5	装置整组试验	安全措施到位、仪器仪表使用正确、操作步骤规范、试验结果符合要求	20			
5.1	校验装置动作的整组时间	时间测量方法正确，内容完整	10	时间测量方法错误扣15分，测量内容缺项酌情扣分，测量结果未进行判断或判断不完整酌情扣分		
5.2	校验各信号的正确性	各信号校验正确	10	信号不正确，单项扣5分		
考试开始时间			考试结束时间		合计	
考生栏	编号： 姓名： 所在岗位： 单位： 日期：					
考评员栏	成绩： 考评员： 考评组长：					

JB211 智能变电站线路保护装置功能校验

一、操作

（一）工器具、材料、设备

（1）工器具：智能数字式继电保护测试仪（输入连接器 FC/SC/ST，支持 IEC 61850－9－1/2，GOOSE 报文发送和接收）1 台，智能数字式万用表（输入连接器 FC/SC/ST，支持 IEC 61850－9－1/2，GOOSE 报文发送和接收）1 块，常用电工工具 1 套，数字万用表 1 块。

（2）材料：试验线、光纤（ST、FC、LC 口尾纤）。

（3）设备：数字化线路保护屏。

（二）安全要求

（1）防止误入带电间隔。工作前熟悉工作地点、带电设备，相邻运行设备布置运行标识。检查现场安全围栏、警示牌和接地等安全措施。

（2）试验仪器电源使用。必须使用装有剩余电流保护的电源盘。螺丝刀等工具的金属裸露部分除刀口外都应进行绝缘防护。接（拆）电源，必须在电源开关拉开情况下进行，一人操作，一人监护。临时电源必须使用专用电源，禁止从运行设备上取电源。

（3）防止继电保护“三误”事故。根据现场实际情况，制订相关安全技术措施，严格执行经批准或许可的安全技术措施。

（4）直流回路工作。使用具备绝缘防护的工具，试验线严禁裸露，防止误碰金属导体部分。

（5）插拔插件。防止带电或频繁插拔插件。

（6）投入装置检修压板。一次设备仍在运行时，需退出部分保护设备进行试验时，在相关保护未退出前不得投入合并单元检修压板。

（7）拆动二次线。及时做好记录，须用绝缘胶带对所拆线头实施绝缘包扎。

（8）应退出失灵启动压板。检查并退出失灵保护启动 GOOSE 出口压板，仔细核对并做好记录。

(9) 校验中不应误发信号。必要时，断开相关信号采集装置（中央信号、远动信号、故障录波等）正电源，记录切换把手位置。

(10) 不准在保护室内使用无线通信设备，尤其是对讲机。

(11) 严格按照安全工作规程规定安全措施执行与恢复。

(三) 操作项目

(1) SCD文件配置及相关操作。

(2) 纵联距离、零序保护校验。

(3) 光纤纵联电流差动保护校验。

(4) 接地/相间距离保护校验。

(5) 零序过电流保护校验。

(6) 重合闸装置校验。

(7) 过电流、过负荷保护校验。

(8) 过电压保护及远方跳闸校验。

(四) 操作要求与步骤

1. 操作流程

操作流程如图 JB211-1 所示。

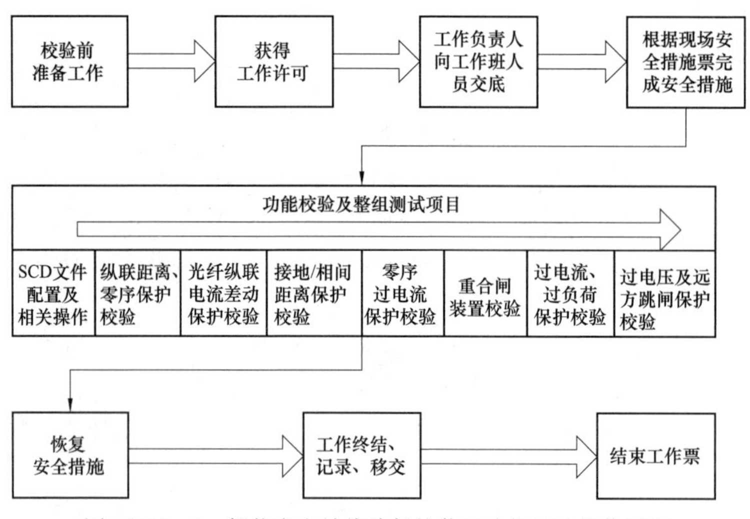

图 JB211-1　智能变电站线路保护装置功能校验操作流程

2. 准备工作

(1) 了解工作地点、工作范围、相关一次设备和二次设备运行情况，应特别注意与本工作有联系的运行设备及回路，如母差保护、失灵保护、电网安全自动装置、合并单元、智能终端、过程层交换机等，以及与其他班组配合的工作内容。

还应全面分析拟开展工作的重点项目、待处理缺陷、作业安全风险管控等内容。

(2) 准备与实际状况一致的图纸、前一次检验报告（或调试报告)、最新整定通知单、软件修改申请单、检验规程、标准化作业卡（书)、保护装置说明书、运行规程、ICD/SSD/SCD/CID 及其配置工具等工作资料，检查和准备合格的仪器、仪表、工具、连接导线、尾纤跳线和备品备件等试验设备。确认微机继电保护和电网安全自动装置的硬件型号、跳线设置及软件版本符合要求。

(3) 现场检验工作应使用标准化作业指导卡（书)，对于重要和复杂保护装置或有联跳回路（以及存在跨间隔 SV、GOOSE 联系的虚回路）的保护装置，如母线保护、失灵保护、主变压器保护、远方跳闸、电网安全自动装置、站域保护（备自投、低频减载、单保护后备）等的现场检验工作，应编制经单位技术负责人审批的检验方案。

(4) 熟悉工作范围内设备所涉及的图纸，包括全站 SCD、装置 CID 文件等工程文件，SV/GOOSE 虚端子联系图、网络通信（含交换机）配置联系图等。应掌握相关测试设备、仪器仪表、SCD 文件配置工具和 CID 文件下装工具的使用。

(5) 准备主要技术资料，包括：最新整定通知单、图纸、装置技术说明书、装置使用说明书及相关校验规程等。

(6) 按照相关安全工作规程正确填写工作票。

3. 技术要求

(1) SCD 文件配置及相关操作。

1) 确认 SCD 文件版本并记录。

2) 下装 SCD 文件，并利用可视化或其他有效方式进行简要核查。

3) 按技术要求选择相应测试间隔及相应装置并记录。

4) 按技术要求选择相应测试通道进行设置。

5) 核对所有测试配置无误后，进行具体功能校验。

(2) 纵联距离、零序保护校验。

1) 纵联距离保护。纵联距离保护校验内容，包括检查纵联距离保护逻辑、距离定值动作准确度及固有动作时间。

a. 通道方式、软压板及控制字设置。

a) 模式一：纵联距离保护、光纤通道一（光纤通道二）或载波通道软压板整定为“1”，纵联距离保护控制字整定为“1”。

b) 模式二：通道一纵联距离保护（通道二纵联距离保护)、光纤纵联距离保护（载波纵联距离保护）软压板整定为“1”，光纤纵联距离（载波纵联距离）保护、通道一纵联距离（通道二纵联距离）保护控制字整定为“1”。

b. 纵联距离保护定值校验。阻抗整定值为小值时，增大恒定电流，阻抗整定值为大值时，减小恒定电流。阻抗从 1.1 倍整定值往小降；步长不大于 1‰整定值（最小 1mΩ），单步变化时间不小于 200ms。检查装置显示的动作信息是否正确、指示灯告警是否正确，动作值准确度误差不大于 5%或 0.05Ω。

c. 纵联距离保护时间校验。模拟故障，故障阻抗设为 0.7 倍整定值，纵联距离保护动作时间不大于 30ms。

2）纵联零序保护。纵联零序保护校验内容包括：检查纵联零序保护逻辑、距离保护定值动作准确度、固有动作时间、纵联零序方向元件动作区及纵联零序保护死区电压。

a. 通道方式、软压板及控制字设置。

a）模式一：纵联零序保护、光纤通道一（光纤通道二）或载波通道软压板整定为“1”，纵联零序保护控制字整定为“1”。

b）模式二：通道一纵联零序保护（通道二纵联保护）、光纤纵联零序保护（载波纵联零序保护）软压板整定为“1”，光纤纵联零序（载波纵联零序）保护、通道一纵联零序（通道二纵联零序）保护控制字整定为“1”。

b. 纵联零序保护定值校验。将零序电流设为变化量，零序电流从 0.9 倍整定值往上升，步长不大于 1‰整定值（最小 1mA），单步变化时间不小于 200ms。检查装置显示的动作信息是否正确、指示灯告警是否正确，动作值准确度误差不大于 5%或 $0.02I_N$。

c. 纵联零序保护时间校验。模拟故障，故障零序电流设为 1.5 倍整定值，纵联零序保护动作时间不大于 30ms。

d. 纵联零序方向元件动作区校验。固定零序电压角度，零序电流设为 1.2 倍整定值，将零序电流相角设为变化量，分别将零序电流相角从理论不动作区向动作区的两个边界变化，步长不大于 0.1°，单步变化时间不小于整定延时＋100ms，边界误差不大于 3°。

e. 纵联零序保护死区电压校验。零序电流设为 1.2 倍整定值，零序方向设为灵敏角，将零序电压设为变化量。电压从 0 往上升，步长 0.001V，单步变化时间不小于 200ms，死区固有定值不大于 1V。

（3）光纤纵联电流差动保护检验。光纤纵联电流差动保护校验内容包括：检查纵联差动逻辑、零序电流差动定值动作准确度、相差动定值动作准确度、零序电流差动时间、相电流差动时间。

1）通道方式、软压板及控制字设置。

a. 模式一：光纤纵联电流差动保护、光纤通道一（光纤通道二）软压板整定为“1”，光纤纵联电流差动保护控制字整定为“1”。

b. 模式二：通道一光纤保护（通道二光纤保护）软压板整定为“1”，通道一纵联差动保护（通道二差动保护）控制字整定为“1”。

2）纵联零序电流差动保护定值。模拟故障零序电流从 0.9 倍理论动作值往上升，步长不大于 1‰整定值（最小 1mA），单步变化时间不小于 200ms。检查装置显示的动作信息是否正确、指示灯告警是否正确，动作值准确度误差不大于 5% 或 $0.02I_N$。

3）纵联相电流差动保护定值。模拟三相电流从 0.9 倍理论动作值往上升，步长不大于 1‰整定值（最小 1mA），单步变化时间不小于 200ms。检查装置显示的动作信息是否正确、指示灯告警是否正确，动作值准确度误差不大于 5% 或 $0.02I_N$。

4）零序电流差动保护时间。模拟故障，故障零序电流设为 2.0 倍整定值，零序电流差动动作时间不大于 30ms。

5）相电流差动保护动作时间。模拟故障，三相短路电流设为 2.0 倍整定值，相电流差动作时间不大于 30ms。

（4）接地/相间距离保护校验。距离保护校验包括接地距离保护校验与相间距离保护校验。

1）接地距离保护。校验内容包括检查接地距离逻辑、接地距离保护Ⅰ（Ⅱ、Ⅲ）段定值动作准确度、接地距离保护Ⅰ（Ⅱ、Ⅲ）段动作时间、接地距离保护Ⅰ（Ⅱ、Ⅲ）段阻抗特性曲线。

a. 软压板及控制字设置。距离保护软压板整定为“1”，距离保护Ⅰ（Ⅱ、Ⅲ）段控制字整定为“1”。线路正序灵敏角、零序补偿系数及阻抗角按照定值单规定整定。

b. 接地距离保护Ⅰ（Ⅱ、Ⅲ）段定值。将阻抗 Z 设为变化量。阻抗整定为小值时，增大恒定电流，阻抗整定值为大值时，减小恒定电流。阻抗从 1.1 倍整定值往小降，步长不大于 1‰整定值（最小 1mΩ），单步变化时间不小于 200ms。检查装置显示的动作信息是否正确、指示灯告警是否正确，动作值准确度误差不大于 5%或 0.05Ω。

c. 接地距离保护Ⅰ（Ⅱ、Ⅲ）段动作时间。接地故障阻抗设为 0.7 倍整定值，I段动作时间不大于 30ms，Ⅱ、Ⅲ段动作时间延时误差不大于 1%或 30ms。

d. 接地距离保护Ⅰ（Ⅱ、Ⅲ）段阻抗特性曲线。根据保护提供的阻抗特性曲线按接地故障进行搜索动作边界，曲线上每段折线至少测试三点（对于圆特性曲线，以圆心为原点每个象限至少测试三点）。

2）相间距离保护。校验内容包括：检查相间距离逻辑、相间距离保护Ⅰ（Ⅱ、Ⅲ）段定值动作准确度、相间距离保护Ⅰ（Ⅱ、Ⅲ）段动作时间、相间距离Ⅰ（Ⅱ、Ⅲ）段阻抗特性曲线。

a. 软压板及控制字设置。距离保护软压板整定为“1”，距离保护Ⅰ（Ⅱ、Ⅲ）段控制字整定为“1”。线路正序灵敏角按照定值单规定整定。

b. 相间距离保护Ⅰ（Ⅱ、Ⅲ）段定值。将相间阻抗 Z 设为变化量。阻抗整定为小值时，增大恒定电流，阻抗整定值为大值时，减小恒定电流。阻抗从1.1倍整定值往小降；步长不大于1‰整定值（最小1mΩ），单步变化时间不小于200ms。检查装置显示的动作信息是否正确、指示灯告警是否正确，动作值准确度误差不大于5%或0.05Ω。

c. 相间距离保护Ⅰ（Ⅱ、Ⅲ）段动作时间。相间故障阻抗设为0.7倍整定值，Ⅰ段动作时间不大于30ms，Ⅱ、Ⅲ段动作时间延时误差不大于1%或30ms。

d. 相间距离保护Ⅰ（Ⅱ、Ⅲ）段阻抗特性曲线。根据保护提供的阻抗特性曲线按接地故障进行搜索动作边界，曲线上每段折线至少测试三点（对于圆特性曲线，以圆心为原点每个象限至少测试三点）。

（5）零序过电流保护校验。零序过电流保护校验包括：零序过电流保护校验、零序过电流加速保护及零序反时限过电流保护校验。

1）零序过电流保护。校验内容包括：检查零序过电流逻辑、零序过电流Ⅱ（Ⅲ）段定值动作准确度、零序过电流Ⅱ（Ⅲ）段动作时间、零序过电流Ⅱ（Ⅲ）段正（反）方向及死区电压。

a. 软压板及控制字设置。零序过电流保护软压板整定为“1”，零序电流保护控制字整定为“1”。

b. 零序过电流保护Ⅱ（Ⅲ）段定值。将零序电流设为变化量。电流从0.9倍整定值往上升，步长不大于1‰整定值（最小1mA），单步变化时间不小于整定延时+100ms。检查装置显示的动作信息是否正确、指示灯告警是否正确，动作值准确度误差不大于5%或 $0.02I_{N}$。

c. 零序过电流保护Ⅱ（Ⅲ）段动作时间。故障零序电流设为1.2倍整定值，Ⅱ、Ⅲ段动作时间延时误差不大于1%或30ms。

d. 零序过电流保护正（反）向。零序过电流保护Ⅱ段固定为经方向元件，零序过电流保护Ⅲ段经方向元件时需将控制字整定为“1”。固定零序电压角度，零序电流设为1.2倍整定值，将零序电流相角设为变化量，分别将零序电流相角从理论不动作区向动作区的两个边界变化，步长不大于0.1°，单步变化时间不小于整定延时+100ms。零序过电流Ⅱ（Ⅲ）段方向动作边界误差不大于3°。

e. 零序死区电压。零序电流设为1.2倍整定值，零序方向设为灵敏角，将零序电压设为变化量。电压从0往上升，步长0.001V，单步变化时间不小于200ms。纵联零序死区电压固有定值不大于1V。

2）零序过电流加速保护。校验内容包括检查零序过电流加速逻辑、零序过电流加速段定值动作准确度、零序过电流加速段动作时间。

a. 软压板及控制字设置。零序过电流保护软压板整定为“1”，零序过电流保护控制字整定为“1”，单相重合闸控制字整定为“1”。

b. 零序过电流保护加速段定值。模拟系统单相接地—故障切除—重合于故障过程，通过改变重合于故障的电流确定零序过电流加速段动作值。检查装置显示的动作信息是否正确、指示灯告警是否正确，动作值准确度误差不大于5%或0.02I_N。

c. 零序过电流保护加速段动作时间。模拟系统单相接地—故障切除—重合于故障过程，重合于故障零序电流设为1.2倍整定值，动作时间延时固定为100ms，误差不大于30ms。

3）零序反时限过电流保护。校验内容包括检查零序反时限过电流逻辑、零序反时限过电流定值动作准确度、零序反时限过电流动作时间、零序反时限过电流配合时间、零序反时限过电流方向。

a. 软压板及控制字设置。零序过电流保护软压板整定为“1”，零序反时限过电流控制字整定为“1”。

b. 零序反时限过电流保护定值。零序反时限时间、零序反时限配合时间、零序反时限最小时间整定为最小值，零序故障电流设为1.05倍整定值。检查装置显示的动作信息是否正确、指示灯告警是否正确，动作值准确度误差不大于5%或0.02I_N。

c. 零序反时限过电流保护动作时间。零序反时限定值按定值单规定整定，零序反时限时间、零序反时限配合时间、零序反时限最小时间整定为最小值，根据零序反时限公式编辑特性曲线，在曲线上最小从1.1倍零序过电流定值开始设置数点检查零序反时限时间。零序反时限过电流动作时间延时误差不大于1%或30ms。

d. 零序反时限过电流保护配合时间。零序反时限保护定值按定值单规定整定，零序反时限保护时间、零序反时限保护最小时间整定为最小值，模拟近端单相接地故障。零序反时限保护配合时间误差不大于5%或40ms。

e. 零序反时限过电流方向保护。零序反时限带方向控制字整定为“1”，零序反时限保护定值按定值单规定整定，零序反时限时间、零序反时限配合时间、零序反时限最小时间整定为最小值。固定零序电压角度，将零序电流设为变化量，零序电流设为1.2倍整定值，零序电流相能从不动作区向动作区的两个边界变化，步长不大于0.1A，单步变化时间不小于理论动作时间+100ms。零序反时限方向应可投退，动作范围固定。零序反时限方向元件动作边界误差不大于3°。

（6）重合闸装置校验。重合闸功能校验内容包括检查单相重合闸逻辑及合闸时间、三相重合闸逻辑及合闸时间、重合闸检定无压定值及同期合闸角。

1）软压板及控制字设置。零序过电流保护软压板整定为“1”，零序过电流保护控制字整定为“1”。

2）单相重合闸。单相重合闸控制字整定为“1”，模拟系统单相接地故障零序电流为 1.2 倍整定值——故障切除，检查单相重合闸时间，误差不大于 1%或 40ms。

3）三相重合闸。三相重合闸控制字整定为“1”，模拟系统单相接地故障零序电流为 1.2 倍整定值——故障切除，检查三相重合闸时间，误差不大于 1%或 40ms。

4）检查无压。三相重合闸控制字整定为“1”，模拟系统单相接地故障零序电流为 1.2 倍整定值——故障切除，故障切除后改变同期电压直至成功合闸。无压定值为固定值动作准确度误差不大于 5%或 $0.002U_N$。

5）同期合闸角。三相重合闸控制字整定为“1”，模拟系统单相接地故障零序电流为 1.2 倍整定值——故障切除，故障切除后改变同期电压与线路电压之间的角度直至成功合闸。同期合闸角误差不大于 3°。

（7）过电流过负荷保护校验。过电流过负荷保护校验内容包括：检查过电流过负荷逻辑、过电流过负荷电流定值动作准确度、过负荷动作时间。

1）软压板及控制字设置。过负荷控制字整定为“1”。

2）过负荷电流定值。电流从 0.9 倍整定值往上升，步长不大于 1‰整定值（最小 1mA），单步变化时间不小于整定延时＋100ms。检查装置显示的动作信息是否正确、指示灯告警是否正确，动作值准确度误差不大于 5%或 $0.02I_N$。

3）过负荷保护动作时间。故障电流设为 1.2 倍整定值，检查动作时间误差不大于 1%或 40ms。

（8）过电压及远方跳闸保护校验。过电压及远方保护跳闸校验包括电流电压定值校验、低电流低有功定值校验、低功率因数角校验、远方跳闸不经故障判别时间校验及过电压保护校验。

1）电流电压定值校验。校验内容包括：检查负序电流定值、零序电压定值、负序电压定值动作准确度、远方跳闸经故障判别时间。

a. 通道方式、软压板及控制字设置。远方跳闸保护软压板整定为“1”，故障电流电压启动控制字整定为“1”，设置一接点作为远方跳闸信号。

b. 负序电流定值。将负序电流设为变化量，电流从 0.9 倍整定值往上升，步长不大于 1‰整定值（最小 1mA），单步变化时间不小于整定延时＋100ms。检查装置显示的动作信息是否正确、指示灯告警是否正确，动作值准确度误差不大于 5%或 $0.02I_N$。

c. 零序电压定值。将零序电压设为变化量，电压从 0.9 倍整定值往上升，步长不大于1‰整定值（最小1mV），单步变化时间不小于整定延时＋100ms。检查装置显示的动作信息是否正确、指示灯告警是否正确，动作值准确度误差不大于5%或0.002U_N。

d. 负序电压定值。将负序电压设为变化量，电压从0.9倍整定值往上升，步长不大于1‰整定值（最小1mV），单步变化时间不小于整定延时＋100ms。检查装置显示的动作信息是否正确、指示灯告警是否正确，动作值准确度误差不大于5%或0.002U_N。

e. 远方跳闸经故障判别时间。故障零序电压设为1.1倍整定值，检查动作时间误差不大于设定值的1.0%或30ms。

2）低电流低有功定值校验。校验内容包括检查低电流定值、低有功功率动作准确度。

a. 通道方式、软压板及控制字设置。远方跳闸保护软压板整定为“1”，低电流低有功启动控制字整定为“1”，设置一接点作为远方跳闸信号。

b. 低电流定值。将三相电流设为变化量，电流从1.1倍整定值往下降，步长不大于1‰整定值（最小1mA），单步变化时间不小于整定延时＋100ms。检查装置显示的动作信息是否正确、指示灯告警是否正确，动作值准确度误差不大于5%或0.02I_N。

c. 低有功定值。固定相电流值，将相电压设为变化量，电压从1.1倍理论值往下降，步长不大于1‰整定值（最小1mV），单步变化时间不小于整定延时＋100ms。检查装置显示的动作信息是否正确、指示灯告警是否正确，动作值准确度误差不大于5%（相对视在功率）。

3）低功率因数角校验。校验内容包括：检查低功率因数角动作准确度。

a. 通道方式、软压板及控制字设置。远方跳闸保护软压板整定为“1”，低功率因数角启动控制字整定为“1”，设置一接点作为远方跳闸信号。

b. 低功率因数角定值。将一相电压值设置小于门槛值并固定相位，对应相电流设为变化量，电流相位从整定值＋5°往下降，步长不大于0.1°，单步变化时间不小于整定延时＋100ms。低功率因数角误差不大于3°。

4）远方跳闸不经故障判别时间。校验内容包括检查远方跳闸不经故障判别时间准确度。

a. 通道方式、软压板及控制字设置。远方跳闸保护软压板整定为“1”，远方跳闸不经故障判别控制字整定为“1”，设置一接点作为远方跳闸信号。

b. 远方跳闸不经故障判别时间，利用远方跳闸信号接点启动计时，远方跳闸不经故障判别时间误差不大于1%或10ms。

5）过电压保护定值校验。校验内容包括检查过电压定值、过电压（三取一）

定值动作准确度、过电压时间、跳位开放过电压发信时间。

a. 通道方式、软压板及控制字设置。过电压保护软压板整定为“1”，过电压跳本侧控制字整定为“1”。

b. 过电压定值。将三相电压设为变化量，电流从 0.9 倍整定值往上升，步长不大于 1‰整定值（最小 1mV），单步变化时间不小于整定延时＋100ms。检查装置显示的动作信息是否正确、指示灯告警是否正确，动作值准确度误差不大于 5%或 $0.002U_N$。

c. 过电压保护（三取一）定值。将任意一相电压设为变化量，电压从 0.9 倍整定值往上升，步长不大于 1‰整定值（最小 1mV），单步变化时间不小于整定延时＋100ms。检查装置显示的动作信息是否正确、指示灯告警是否正确，动作值准确度误差不大于 5%或 $0.002U_N$。

d. 过电压保护时间。三相短路电压设为 1.1 倍整定值。跳位开放过电压发信时间：设置一开出接点作为断路器跳闸位置接点并处于闭合状态，模拟三相短路，故障电压设为 1.1 倍整定值。故障后再设置一个断路器跳闸位置，该位置接点断开启动计时直至过电压远跳发信出口。过电压时间、跳位开放过电压发信时间误差不大于 1%或 30ms。

二、考核

1. 考核场地

(1) 具备上述考核条件的设备和实训场地。

(2) 室内温度 5～30℃，湿度<75%。

(3) 具备 DC 110V/220V 电源输出端子。

(4) 具备 AC 220V/380V 电源输出端子。

(5) 可靠的室内接地端子。

(6) 消防器材。

(7) 良好的通风和采光照明。

(8) 供考评人员使用的评判桌椅和计时工具。

2. 考核时间

(1) 考核时间为 40min。

(2) 许可操作时记录开始时间，现场清理完毕汇报工作终结，记录考核结束时间。

3. 考核要点

(1) 基本操作。

1) 仪器及工器具的选用和准备。

2）准备工作的安全措施执行。

3）完成简要校验记录。

4）报告工作终结，提交试验报告。

5）恢复安全措施，清扫场地。

（2）SCD文件配置及相关操作。

1）SCD文件配置。

2）选择测试间隔。

3）连接网络。

（3）纵联距离、零序保护校验。

1）指定模拟故障类型（具体至相别）。

2）重合闸停用。

（4）纵联电流差动保护校验。

1）指定模拟故障类型（具体至相别）。

2）重合闸停用。

（5）接地/相间距离保护校验。

1）指定模拟故障类型（具体至相别）。

2）接地与相间距离保护分别指定段别。

3）重合闸停用。

（6）零序过电流保护校验。

1）指定模拟故障类型（具体至相别）。

2）指定具体段别。

3）必须进行方向性校验。

4）重合闸停用。

（7）重合闸装置校验。

1）指定模拟故障类型（具体至相别）。

2）完成所有相应校验内容。

（8）过电压及远方跳闸保护校验。

1）指定远方跳闸信号接点。

2）重合闸停用。

4. 考核要求

（1）单人操作，衣着规范，精神状态良好。考生就位后，经考评人员许可后方可开始操作。

（2）校验前及过程中，安全技术措施布置到位。

（3）仪器及工器具选用及使用正确。

(4) 校验过程接线正确合理。

(5) 校验过程方法正确。

(6) 校验过程记录完整有效。记录内容完整，需包括但不限于校验时间、地点、校验人、校验项目、校验方法、校验仪器、接线方式及校验结论，校验结论需与实际情况一致，并能正确反映校验对象的相关状态。

(7) 校验完毕后，需及时拆除接线，归还仪器及工器具，并清扫现场。

(8) 能够熟练运用办公软件（Microsoft Office、WPS 等）编写电子报告（含表格处理、图形编辑等）。

三、评分参考标准

行业：电力工程　　　　工种：继电保护工　　　　等级：二

编号	JB211	行为领域	e	鉴定范围		
考核时间	40min	题型	A	含权题分	30	
试题名称	智能变电站线路保护装置功能校验					
考核要点及其要求	(1) 单独操作。 (2) 现场（或实训室）操作。 (3) 通过本测试，考察考生对于智能变电站线路保护装置功能校验的掌握程度。 (4) 按照规范的技能操作完成考评人员规定的操作内容					
工器具、材料、设备	(1) 智能数字式继电保护测试仪（输出连接器 FC/SC/ST，支持 IEC 61850－9－1/2，GOOSE 报文发送和接收）1 台。 (2) 智能数字式万用表（输入连接器 FC/SC/ST，支持 IEC 61850－9－1/2，GOOSE 报文发送和接收）1 块。 (3) 数字万用表 1 块。 (4) 常用电工工具 1 套。 (5) 函数型计算器 1 块。 (6) 试验线、光纤（ST、FC、LC 口尾纤）、绝缘胶带。 (7) 数字化线路保护屏					
备注	以下序号 2～7 项，考试人员只考 2 项，由考评人员考前确定，确定后不得更改					
评分标准						
序号	作业名称	质量要求	分值	扣分标准	扣分原因	得分
1	基本操作	按照规定完成相关操作	20			
1.1	仪器及工器具准备	选用正确，准备工作规范	2	选用缺项或不正确扣 2 分；准备工作不到位扣 2 分		
1.2	准备工作的安全措施执行	按相关规程执行	10	安全措施未按相关规程执行，单项扣 2 分		

续表

评分标准						
序号	作业名称	质量要求	分值	扣分标准	扣分原因	得分
1.3	完成简要校验记录	内容完整，结论正确	4	内容不完整或结论不正确扣4分		
1.4	报告工作终结，提交试验记录		2	该步缺失扣2分；未按顺序进行扣2分		
1.5	恢复安全措施，清扫场地		2	该步缺失扣2分；未按顺序进行扣2分		
2	纵联距离、零序保护校验	安全措施到位、仪器仪表使用正确、操作步骤规范、校验结果符合要求	40			
2.1	SCD文件配置及相关操作	SCD文件配置正确，测试间隔选择正确，网络连接规范	5	SCD文件配置不当扣5分；测试间隔选择错误扣5分；网络连接不规范扣3分		
2.2	纵联距离校验	定值、压板、控制字及重合闸方式选择正确，故障模拟正确，状态信息检查正确，时间校验正确	15	定值、压板、控制字及重合闸方式选择错误，单项扣2分；故障模拟错误扣5分；状态信息检查错误扣3分；时间校验错误扣5分		
2.3	纵联零序校验	定值、压板及重合闸方式选择正确，故障模拟正确，状态信息检查正确，时间校验正确，方向校验正确，死区电压校验正确	20	定值、压板、控制字及重合闸方式选择错误，单项扣2分；故障模拟错误扣5分；状态信息检查错误扣3分；时间校验错误扣5分；方向校验不正确扣3分；死区电压校验正确扣2分		
3	光纤纵联电流差动保护校验	安全措施到位、仪器仪表使用正确、操作步骤规范、校验结果符合要求	40			
3.1	SCD文件配置及相关操作	SCD文件配置正确，测试间隔选择正确，网络连接规范	5	SCD文件配置不当扣5分；测试间隔选择错误扣5分；网络连接不规范扣3分		
3.2	零序电流差动保护校验	定值、压板、控制字及重合闸方式选择正确，故障模拟正确，状态信息检查正确，时间校验正确	15	定值、压板、控制字及重合闸方式选择错误，单项扣2分；故障模拟错误扣5分；状态信息检查错误扣3分；时间校验错误扣5分		

续表

评分标准						
序号	作业名称	质量要求	分值	扣分标准	扣分原因	得分
3.3	相电流差动保护校验	定值、压板、控制字及重合闸方式选择正确，故障模拟正确，状态信息检查正确，时间校验正确	20	定值、压板、控制字及重合闸方式选择错误，单项扣2分；故障模拟错误扣5分；状态信息检查错误扣3分；时间校验错误扣5分		
4	接地/相间距离保护校验	安全措施到位、仪器仪表使用正确、操作步骤规范、校验结果符合要求	40			
4.1	SCD文件配置及相关操作	SCD文件配置正确，测试间隔选择正确，网络连接规范	5	SCD文件配置不当扣5分；测试间隔选择错误扣5分；网络连接不规范扣3分		
4.2	接地距离保护校验	定值、压板、控制字及重合闸方式选择正确，故障模拟正确，状态信息检查正确，时间校验正确，特性曲线验证正确	15	定值、压板、控制字及重合闸方式选择错误，单项扣2分；故障模拟错误扣5分；状态信息检查错误扣3分；时间校验错误扣5分；特性曲线未按要求验证扣5分		
4.3	相间距离保护校验	定值、压板、控制字及重合闸方式选择正确，故障模拟正确，状态信息检查正确，时间校验正确，特性曲线验证正确	20	定值、压板、控制字及重合闸方式选择错误，单项扣2分；故障模拟错误扣5分；状态信息检查错误扣3分；时间校验错误扣5分；特性曲线未按要求验证扣5分		
5	零序过电流保护校验	安全措施到位、仪器仪表使用正确、操作步骤规范、校验结果符合要求	40			
5.1	SCD文件配置及相关操作	SCD文件配置正确，测试间隔选择正确，网络连接规范	5	SCD文件配置不当扣5分；测试间隔选择错误扣5分；网络连接不规范扣3分		
5.2	零序过电流保护校验	定值、压板、控制字及重合闸方式选择正确，故障模拟正确，状态信息检查正确，时间校验正确，方向验证正确，死区校验正确	10	定值、压板、控制字及重合闸方式选择错误，单项扣2分；故障模拟错误扣5分；状态信息检查错误扣3分；时间校验错误扣5分；方向未按要求验证扣3分；死区未按要求校验扣2分		

续表

评分标准						
序号	作业名称	质量要求	分值	扣分标准	扣分原因	得分
5.3	零序过电流加速保护校验	定值、压板、控制字及重合闸方式选择正确，故障模拟正确，状态信息检查正确，时间校验正确	10	定值、压板、控制字及重合闸方式选择错误，单项扣2分；故障模拟错误扣5分；状态信息检查错误扣3分；时间校验错误扣5分		
5.4	零序反时限过电流保护校验	定值、压板、控制字及重合闸方式选择正确，故障模拟正确，状态信息检查正确，时间校验正确，配合时间验证正确，方向验证正确	15	定值、压板、控制字及重合闸方式选择错误，单项扣2分；故障模拟错误扣5分；状态信息检查错误扣3分；时间校验错误扣5分；配合时间未按要求验证扣3分；方向未按要求验证扣2分		
6	重合闸装置校验	安全措施到位、仪器仪表使用正确、操作步骤规范、校验结果符合要求	40			
6.1	SCD文件配置及相关操作	SCD文件配置正确，测试间隔选择正确，网络连接规范	5	SCD文件配置不当扣5分；测试间隔选择错误扣5分；网络连接不规范扣3分		
6.2	单相重合闸校验	定值、压板、控制字及重合闸方式选择正确，故障模拟正确，状态信息检查正确，时间校验正确	15	定值、压板、控制字及重合闸方式选择错误，单项扣2分；故障模拟错误扣5分；状态信息检查错误扣3分；时间校验错误扣5分		
6.3	三相重合闸校验	定值、压板、控制字及重合闸方式选择正确，故障模拟正确，状态信息检查正确，时间校验正确	10	定值、压板、控制字及重合闸方式选择错误，单项扣2分；故障模拟错误扣5分；状态信息检查错误扣3分；时间校验错误扣5分		
6.4	检无压校验	定值、压板、控制字及重合闸方式选择正确，故障模拟正确，状态信息检查正确	5	定值、压板、控制字及重合闸方式选择错误，单项扣2分；故障模拟错误扣5分；状态信息检查错误扣3分		
6.5	同期合闸角校验	定值、压板、控制字及重合闸方式选择正确，故障模拟正确，状态信息检查正确	5	定值、压板、控制字及重合闸方式选择错误，单项扣2分；故障模拟错误扣5分；状态信息检查错误扣3分		

续表

评分标准						
序号	作业名称	质量要求	分值	扣分标准	扣分原因	得分
7	过电压及远方跳闸保护校验	安全措施到位、仪器仪表使用正确、操作步骤规范、校验结果符合要求	40			
7.1	SCD文件配置及相关操作	SCD文件配置正确，测试间隔选择正确，网络连接规范	5	SCD文件配置不当扣5分；测试间隔选择错误扣5分；网络连接不规范扣3分		
7.2	电流电压定值	定值、压板及重合闸方式选择正确，故障模拟正确，状态信息检查正确，时间校验正确	10	定值、压板、控制字及重合闸方式选择错误，单项扣2分；故障模拟错误扣5分；状态信息检查错误扣3分；时间校验错误扣5分		
7.3	低电流低有功定值	定值、压板及重合闸方式选择正确，故障模拟正确，状态信息检查正确	5	定值、压板、控制字及重合闸方式选择错误，单项扣2分；故障模拟错误扣5分；状态信息检查错误扣3分		
7.4	低功率因数角	定值、压板及重合闸方式选择正确，故障模拟正确，状态信息检查正确	5	定值、压板、控制字及重合闸方式选择错误，单项扣2分；故障模拟错误扣5分；状态信息检查错误扣3分		
7.5	远方跳闸不经故障判别时间	定值、压板及重合闸方式选择正确，故障模拟正确，时间校验正确	5	定值、压板、控制字及重合闸方式选择错误，单项扣2分；故障模拟错误扣5分；时间校验错误扣5分		
7.6	过电压保护定值	定值、压板及重合闸方式选择正确，故障模拟正确，状态信息检查正确，时间校验正确	10	定值、压板、控制字及重合闸方式选择错误，单项扣2分；故障模拟错误扣5分；状态信息检查错误扣3分；时间校验错误扣5分		
考试开始时间			考试结束时间		合计	
考生栏	编号： 姓名： 所在岗位： 单位： 日期：					
考评员栏	成绩： 考评员： 考评组长：					

JB101 线路保护及其二次回路校验与缺陷处理

一、操作

（一）工器具、材料、设备

（1）工器具：微机型继电保护测试仪（6 路电压、6 路电流输出）1 台，模拟断路器（DC 220V）1 台，绝缘电阻表 500、1000V 各 1 块，数字万用表 1 块，常用电工工具 1 套，函数型计算器 1 块。

（2）材料：试验线、绝缘胶带。

（3）设备：微机线路保护屏。

（二）安全要求

（1）防止误入带电间隔。工作前熟悉工作地点、带电设备，相邻运行设备布置运行标识。检查现场安全围栏、警示牌和接地等安全措施。

（2）试验仪器电源使用。必须使用装有剩余电流保护的电源盘。螺丝刀等工具的金属裸露部分除刀口外都应进行绝缘防护。接（拆）电源，必须在电源开关拉开情况下进行，一人操作，一人监护。临时电源必须使用专用电源，禁止从运行设备上取电源。

（3）防止继电保护“三误”事故。根据现场实际情况，制订相关安全技术措施，严格执行批准或许可的安全技术措施。

（4）直流回路工作。使用具备绝缘防护的工具，试验线严禁裸露，防止误碰金属导体部分。

（5）插拔插件。防止带电或频繁插拔插件。

（6）装置试验电流接入。短接交流电流外侧电缆，确认可靠短接后，方可断开交流电流连接片。必要时，在端子箱处将相应端子用绝缘胶带实施封闭。

（7）装置试验电压接入。断开交流二次电压引入回路，通过拆线进行隔离的，须用绝缘胶带对所拆线头实施绝缘包扎。

（8）拆动二次线。及时做好记录，并用绝缘胶带对所拆线头实施绝缘包扎。

（9）失灵启动连接片未断开。检查失灵启动连接片需断开并拆开失灵启动回路线头，用绝缘胶带对所拆线头实施绝缘包扎。

(10) 校验中误发信号。必要时，断开相关信号采集装置（中央信号、远动信号、故障录波等）正电源，记录切换把手位置。

(11) 不准在保护室内使用无线通信设备。

(12) 严格按照安全作业规程规定安全措施的执行并恢复。

(三) 操作项目

(1) 线路保护装置基本校验；

(2) 线路保护装置功能校验；

(3) 二次回路检验；

(4) 线路保护通道检查；

(5) 线路保护整组测试；

(6) 缺陷处理。

(四) 操作要求与步骤

1. 操作流程

线路保护及其二次回路校验及缺陷处理操作流程如图 JB101－1 所示。

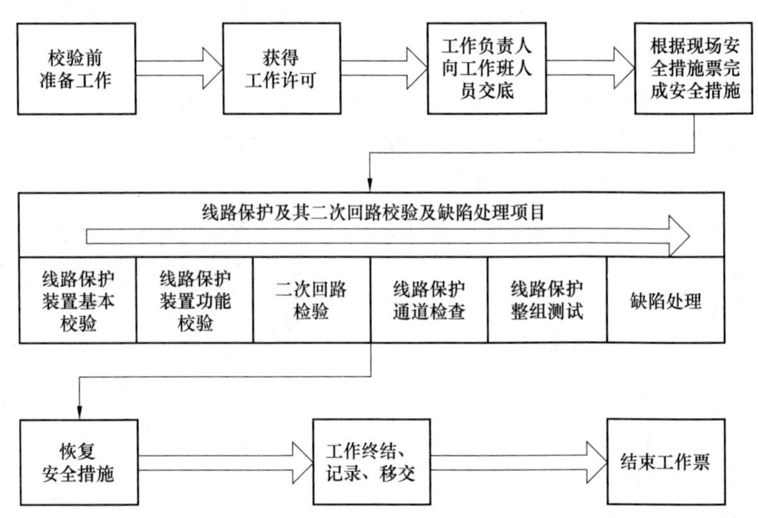

图 JB101－1　线路保护及其二次回路校验及缺陷处理操作流程

2. 准备工作

(1) 检查线路保护及其二次回路状况、反措计划执行情况及设备缺陷统计等，并及时提交相关停役申请。

(2) 开工前，及时上报本次工作的材料计划。

(3) 根据综合校验及缺陷处理项目，组织作业人员学习作业指导书，使全体作业人员熟悉并明确工作内容、作业标准、工作安排及安全注意事项等。

(4) 开工前，准备好作业所需仪器仪表、工器具及相关材料。仪器仪表和工器具应在检验合格期内。

(5) 准备主要技术资料，包括：最新整定通知单、图纸、装置技术说明书、装置使用说明书及相关校验规程等。

(6) 按照相关安全工作规程正确填写工作票。

3. 技术要求

(1) 装置基本校验。至少应达到本书JB506项目所列技术要求。

(2) 装置功能校验。至少应达到本书JB411（JB304）项目所列技术要求。

(3) 二次回路检验。至少应达到本书JB409（JB302）项目所列技术要求。

(4) 保护通道检查。至少应达到本书JB306项目所列技术要求。

(5) 保护整组测试。至少应达到本书JB203项目所列技术要求。

(6) 缺陷处理。能够熟练地使用合适的操作方法、技术和仪器设备发现缺陷、隔离缺陷，并正确处理缺陷和检验缺陷处理情况。部分线路保护常见缺陷如表JB101-1所示。

表JB101-1　　部分线路保护常见缺陷

序号	缺陷类型	缺陷现象	推荐处理方法	备注
1	直流电源回路	绝缘异常	单回路排查绝缘异常点，采取合适处理措施	
		装置无法正常上电	(1) 确认直流回路安装正确； (2) 确认直流电压幅值正确； (3) 确认装置电源模块无异常	
2	打印功能	无法正确打印定值或报文信息	(1) 确认通信波特率设置正确； (2) 确认网络打印功能定值选择无误； (3) 检查打印机数据线是否存在交错	此处不考虑交流电源异常
3	整定值	装置无法正常运行或导致某项测试无法正常进行	(1) 检查整定值是否合理； (2) 装置自身试验时确保为自环方式； (3) 进行某项测试时是否已排除其他功能干扰	
4	装置开入/开出状态	开入/开出状态异常，导致相关功能无法正常实现，如重合闸装置	(1) 利用装置显示检查开入/开出的有效性； (2) 检查正电源是否正确通过接点引入； (3) 检查装置接线是否正确	

续表

序号	缺陷类型	缺陷现象	推荐处理方法	备注
5	装置采样	采样状态异常（通道、幅值、相位、相序、电流极性等），导致相关功能无法正常实现，如故障相别的判定	(1) 利用采样显示检查确认具体缺陷类型（电压或电流、幅值或相位或相序或极性等）； (2) 检查装置接线是否正确	
6	二次回路	采样状态异常（通道、幅值、相位、相序、电流极性等），导致相关功能无法正常实现，如故障相别的判定	类似“装置采样”	
		开入/开出状态异常，导致相关功能无法正常实现，如重合闸装置	类似“装置开入/开出状态”	

二、考核

1. 考核场地

(1) 具备上述考核条件的设备和实训场地。

(2) 室内温度 5～30℃，湿度<75%。

(3) 具备 DC 110V/220V 电源输出端子。

(4) 具备 AC 220V/380V 电源输出端子。

(5) 可靠的室内接地端子。

(6) 消防器材。

(7) 良好的通风和采光照明。

(8) 供考评人员使用的评判桌椅和计时工具。

2. 考核时间

(1) 考核时间为 60min。

(2) 许可作业时记录开始时间，现场清理完毕汇报工作终结，记录考核结束时间。

3. 考核要点

(1) 基本操作。

1) 仪器及工器具的选用和准备；

2) 准备工作的安全措施执行；

3) 完成简要校验记录；

4) 报告工作终结，提交试验报告；

5）恢复安全措施，清扫场地。

（2）装置功能校验。

1）指定保护功能（具体到段别）；

2）指定模拟故障类型（具体到相别）；

3）指定重合闸投入方式。

（3）保护整组测试。

1）指定保护功能（具体到段别）；

2）指定模拟故障类型（具体到相别）；

3）指定重合闸投入方式；

4）模拟故障类型及重合闸投入方式区别于装置功能校验。

（4）缺陷处理。

1）缺陷应能通过“装置功能校验”或“保护整组测试”操作发现；

2）缺陷设置以装置或二次回路为主；

3）缺陷数量为2～3个。

4．考核要求

（1）单人操作，衣着规范，精神状态良好。考生就位后，经考评人员许可后方可开始操作。

（2）校验前及过程中，安全技术措施布置到位。

（3）仪器及工器具选用及使用正确。

（4）校验过程接线正确合理。

（5）校验过程方法正确。

（6）校验过程记录完整有效。记录内容完整，需包括但不限于校验时间、地点、校验人、校验项目、校验方法、校验仪器、接线方式及校验结论，校验结论需与实际情况一致，并能正确反映校验对象的相关状态。

（7）校验完毕后，需及时拆除接线，归还仪器及工器具，并清扫现场。

（8）能够熟练运用办公软件（Microsoft Office、WPS等）编写电子报告（含表格处理、图形编辑等）。

（9）装置功能测试需与保护整组测试分开进行。必要时，考评人员可在考核开始前告知考生所设置的缺陷具体数量。

（10）进行缺陷处理时，应首先通过检查或测试手段发现缺陷，并及时向考评人员汇报，得到考评人员许可后方可进行缺陷处理。

三、评分参考标准

行业：电力工程　　　　工种：继电保护工　　　　等级：一

编　　号	JB101	行为领域	e	鉴定范围	
考核时间	60min	题　　型	A	含权题分	40
试题名称	线路保护及其二次回路校验及缺陷处理				
考核要点及其要求	（1）单独操作。 （2）现场（或实训室）操作。 （3）通过本测试，考察考生对于故障信息系统功能校验的掌握程度。 （4）按照规范的技能操作完成考评人员规定的操作内容				
工器具、材料、设备	（1）微机型继电保护测试仪（6路电压、6路电流输出）1台。 （2）模拟断路器（DC 220V）1台。 （3）绝缘电阻表500、1000V规格各1块。 （4）数字万用表1只。 （5）常用电工工具1套。 （6）函数型计算器1块。 （7）试验线、绝缘胶带。 （8）微机线路保护屏				
备注	以下序号2、3项，考试人员只考1项，由考评人员考前确定，确定后不得更改				

评分标准

序号	作业名称	质量要求	分值	扣分标准	扣分原因	得分
1	基本操作		20			
1.1	仪器及工器具准备	选用正确，准备工作规范	2	选用缺项或不正确扣1分；准备工作不到位扣1分		
1.2	准备工作的安全措施执行	按相关规程执行	10	安全措施未按相关规程执行，单项扣1分		
1.3	完成简要校验记录	内容完整，结论正确	2	内容不完整或结论不正确扣2分		
1.4	报告工作终结，提交试验记录		2	该步缺失扣1分；未按顺序进行扣1分		
1.5	恢复安全措施，清扫场地		2	该步缺失扣1分；未按顺序进行扣1分		
2	装置功能校验		40			

续表

评分标准						
序号	作业名称	质量要求	分值	扣分标准	扣分原因	得分
2.1	定值、控制字及压板设置	按保护的校验需要正确设置	10	漏项或错误，每项扣3分		
2.2	动作特性校验（含重合闸）	故障模拟正确，状态信息检查正确，特性校验内容完整	20	故障模拟不正确扣8分；状态信息检查不完整酌情扣分；特性校验内容不完整酌情扣分		
2.3	动作时间校验（含重合闸）	测试方法正确，测试接点取用规范，测试内容完整	10	测试方法不正确扣3分；测试接点取用不规范扣2分；测试内容缺一项扣2分		
3	保护整组测试		40			
3.1	相关定值、保护功能及压板设置	按保护动作的需要设置正确	10	相关定值、保护功能，压板设置错误扣5分		
3.2	整组动作状态检查（含重合闸）	相关定值、保护功能，压板设置正确；保护动作模拟正确，内容完整	20	保护动作模拟错误扣10分		
3.3	整组动作时间测量（含重合闸）	时间测量方法正确，内容完整	10	时间测量方法错误扣4分，时间测量错误扣5分		
4	缺陷处理		40			
4.1	直流电源回路绝缘异常	单回路排查绝缘异常点，采取合适处理措施	5	未发现缺陷扣5分；无法处理扣5分，方法不得当酌情扣分；记录缺失扣3分，不完整酌情扣分		
4.2	装置无法正常上电	（1）确认直流回路安装正确； （2）确认直流电压幅值正确； （3）确认装置电源模块无异常	5	未发现缺陷扣5分；无法处理扣5分，方法不得当酌情扣分；记录缺失扣3分，不完整酌情扣分		
4.3	打印功能：无法正确打印定值或报文信息	（1）确认通信波特率设置正确； （2）确认网络打印功能定值选择无误； （3）检查打印机数据线是否存在交错	7	未发现缺陷扣7分；无法处理扣7分，方法不得当酌情扣分；记录缺失扣3分，不完整酌情扣分		

续表

评分标准						
序号	作业名称	质量要求	分值	扣分标准	扣分原因	得分
4.4	整定值：装置无法正常运行或导致某项测试无法正常进行	(1) 检查整定值是否合理； (2) 装置自身试验时确保为自环方式； (3) 进行某项测试时是否已排除其他功能干扰	8	未发现缺陷扣8分；无法处理扣8分，方法不得当酌情扣分；记录缺失扣3分，不完整酌情扣分		
4.5	装置开入/开出状态异常，导致相关功能无法正常实现，如重合闸装置	(1) 利用装置显示检查开入/开出的有效性； (2) 检查正电源是否正确通过接点引入； (3) 检查装置接线是否正确	7	未发现缺陷扣7分；无法处理扣7分，方法不得当酌情扣分；记录缺失扣3分，不完整酌情扣分		
4.6	装置采样状态异常（通道、幅值、相位、相序、电流极性等），导致相关功能无法正常实现，如故障相别的判定	(1) 利用采样显示检查确认具体缺陷类型（电压或电流、幅值或相位或相序或极性等）； (2) 检查装置接线是否正确	8	未发现缺陷扣8分；无法处理扣8分，方法不得当酌情扣分；记录缺失扣3分，不完整酌情扣分		
考试开始时间			考试结束时间		合计	
考生栏	编号：	姓名：	所在岗位：	单位：	日期：	
考评员栏	成绩：	考评员：		考评组长：		

JB102 变压器保护及其二次回路校验及缺陷处理

一、操作

(一) 工器具、材料、设备

(1) 微机型继电保护测试仪 (6 路电压、6 路电流输出) 1 台，模拟断路器 (DC 220V) 3 台，绝缘电阻表 500、1000V 各 1 块，数字万用表 1 块，常用电工工具 1 套，函数型计算器 1 块。

(2) 材料：试验线、绝缘胶带。

(3) 设备：微机变压器保护屏。

(二) 安全要求

(1) 防止误入带电间隔。工作前熟悉工作地点、带电设备，相邻运行设备布置运行标识。检查现场安全围栏、警示牌和接地等安全措施。

(2) 试验仪器电源使用。必须使用装有剩余电流保护的电源盘。螺丝刀等工具的金属裸露部分除刀口外都应进行绝缘防护。接 (拆) 电源，必须在电源开关拉开情况下进行，一人操作，一人监护。临时电源必须使用专用电源，禁止从运行设备上取电源。

(3) 防止继电保护“三误”事故。根据现场实际情况，制订相关安全技术措施，严格执行批准或许可的安全技术措施。

(4) 直流回路工作。使用具备绝缘防护的工具，试验线严禁裸露，防止误碰金属导体部分。

(5) 插拔插件。防止带电或频繁插拔插件。

(6) 装置试验电流接入。短接交流电流外侧电缆，确认可靠短接后，方可断开交流电流连接片。必要时，在端子箱处将相应端子用绝缘胶带实施封闭。

(7) 装置试验电压接入。断开交流二次电压引入回路，通过拆线进行隔离的，须用绝缘胶带对所拆线头实施绝缘包扎。

(8) 拆动二次线。及时做好记录，并用绝缘胶带对所拆线头实施绝缘包扎。

(9) 失灵启动连接片未断开。检查失灵启动连接片需断开并拆开失灵启动回路线头，用绝缘胶带对所拆线头实施绝缘包扎。

(10) 校验中误发信号。必要时，断开相关信号采集装置（中央信号、远动信号、故障录波等）正电源，记录切换把手位置。

(11) 不准在保护室内使用无线通信设备。

(12) 严格按照安全作业规程规定安全措施的执行并恢复。

(三) 操作项目

(1) 变压器保护装置基本校验；

(2) 变压器保护装置功能校验；

(3) 二次回路检验；

(4) 变压器保护整组测试；

(5) 缺陷处理。

(四) 操作要求与步骤

1. 操作流程

变压器保护及其二次回路校验及缺陷处理操作流程如图 JB102-1 所示。

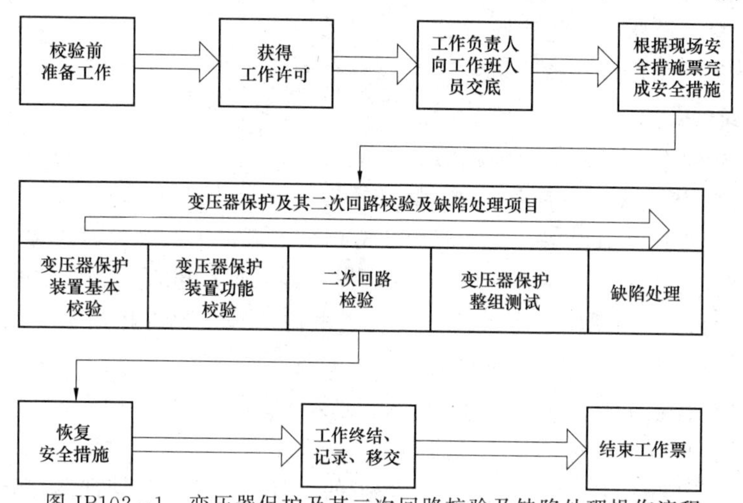

图 JB102-1 变压器保护及其二次回路校验及缺陷处理操作流程

2. 准备工作

(1) 检查变压器保护及其二次回路状况、反措计划执行情况及设备缺陷统计等，并及时提交相关停役申请。

(2) 开工前，及时上报本次工作的材料计划。

(3) 根据综合校验及缺陷处理项目，组织作业人员学习作业指导书，使全体作业人员熟悉并明确工作内容、作业标准、工作安排及安全注意事项等。

(4) 开工前，准备好作业所需仪器仪表、工器具及相关材料。仪器仪表和工器

具应在检验合格期内。

(5) 准备主要技术资料，包括最新整定通知单、图纸、装置技术说明书、装置使用说明书及相关校验规程等。

(6) 按照相关安全工作规程正确填写工作票。

3. 技术要求

(1) 装置基本校验。至少应达到本书 JB502 项目所列技术要求。

(2) 装置功能校验。至少应达到本书 JB410（JB303）项目所列技术要求。

(3) 二次回路检验。至少应达到本书 JB409（JB302）项目所列技术要求。

(4) 保护整组测试。至少应达到本书 JB202 项目所列技术要求。

(5) 缺陷处理。能够熟练地使用合适的操作方法、技术和仪器设备发现缺陷、隔离缺陷，并正确处理缺陷和检验缺陷处理情况。部分变压器保护常见缺陷参见表 JB101－1。

二、考核

1. 考核场地

(1) 具备上述考核条件的设备和实训场地。

(2) 室内温度 5～30℃，湿度<75%。

(3) 具备 DC 110V/220V 电源输出端子。

(4) 具备 AC 220V/380V 电源输出端子。

(5) 可靠的室内接地端子。

(6) 消防器材。

(7) 良好的通风和采光照明。

(8) 供考评人员使用的评判桌椅和计时工具。

2. 考核时间

(1) 考核时间为 60min。

(2) 许可作业时记录开始时间，现场清理完毕汇报工作终结，记录考核结束时间。

3. 考核要点

(1) 基本操作。

1) 仪器及工器具的选用和准备；

2) 准备工作的安全措施执行；

3) 完成简要校验记录；

4) 报告工作终结，提交试验报告；

5) 恢复安全措施，清扫场地。

(2) 变压器保护装置功能校验。

1）指定保护功能，标明方向性；

2）指定模拟故障类型（具体至相别）；

3）指定保护动作方式。

（3）变压器保护整组测试。

1）指定保护功能，标明方向性；

2）指定模拟故障类型（具体至相别）；

3）指定保护动作方式。

（4）缺陷处理

1）缺陷应能通过“装置功能校验”或“保护整组测试”操作发现；

2）缺陷设置以装置或二次回路为主；

3）缺陷数量为2～3个。

4. *考核要求*

（1）单人操作，衣着规范，精神状态良好。考生就位后，经考评人员许可后方可开始操作。

（2）校验前及过程中，安全技术措施布置到位。

（3）仪器及工器具选用及使用正确。

（4）校验过程接线正确合理。

（5）校验过程方法正确。

（6）校验过程记录完整有效。记录内容完整，需包括但不限于校验时间、地点、校验人、校验项目、校验方法、校验仪器、接线方式及校验结论，校验结论需与实际情况一致，并能正确反映校验对象的相关状态。

（7）校验完毕后，需及时拆除接线，归还仪器及工器具，并清扫现场。

（8）能够熟练运用办公软件（Microsoft Office、WPS等）编写电子报告（含表格处理、图形编辑等）。

（9）装置功能测试需与保护整组测试分开进行。必要时，考评人员可在考核开始前告知考生所设置的缺陷具体数量。

（10）进行缺陷处理时，应首先通过检查或测试手段发现缺陷，并及时向考评人员汇报，得到考评人员许可后方可进行缺陷处理。

三、评分参考标准

行业：电力工程　　　　工种：继电保护工　　　　等级：一

编　号	JB102	行为领域	e	鉴定范围	
考核时间	60min	题　型	A	含权题分	50

续表

试题名称	变压器保护及其二次回路校验及缺陷处理
考核要点及其要求	(1) 单独操作。 (2) 现场（或实训室）操作。 (3) 通过本测试，考察考生对于变压器保护和二次回路校验及缺陷处理的掌握程度。 (4) 按照规范的技能操作完成考评人员规定的操作内容
工器具、材料、设备	(1) 微机型继电保护测试仪（6路电压、6路电流输出）1台。 (2) 模拟断路器（DC 220V）1台。 (3) 绝缘电阻表500、1000V规格各1块。 (4) 数字万用表1块。 (5) 常用电工工具1套。 (6) 函数型计算器1块。 (7) 试验线、绝缘胶带。 (8) 微机变压器保护屏
备注	

评分标准

序号	作业名称	质量要求	分值	扣分标准	扣分原因	得分
1	基本操作		10			
1.1	仪器及工器具准备	选用正确，准备工作规范	1	选用缺项或不正确扣1分；准备工作不到位扣1分		
1.2	准备工作的安全措施执行	按相关规程执行	5	安全措施未按相关规程执行，单项扣1分		
1.3	完成简要校验记录	内容完整，结论正确	2	内容不完整或结论不正确扣2分		
1.4	报告工作终结，提交试验报告		1	该步缺失扣1分；未按顺序进行扣1分		
1.5	恢复安全措施，清扫场地		1	该步缺失扣1分；未按顺序进行扣1分		
2	装置功能校验		20			
2.1	定值、控制字及压板设置	按保护的校验需要正确设置	5	漏项或错误，每项扣3分		
2.2	动作特性校验（含方向性检查）	故障模拟正确，状态信息检查正确，特性校验内容完整	10	故障模拟不正确扣8分；状态信息检查不完整酌情扣分；特性校验内容不完整酌情扣分		

续表

评分标准						
序号	作业名称	质量要求	分值	扣分标准	扣分原因	得分
2.3	动作时间校验	测试方法正确，测试接点取用规范，测试内容完整	5	测试方法不正确扣3分；测试接点取用不规范扣2分；测试内容缺一项扣2分		
3	保护整组测试		20			
3.1	相关定值、保护功能及压板设置	按保护动作的需要设置正确	5	相关定值、保护功能，压板设置错误扣5分		
3.2	整组动作状态检查（含方向性检查）	相关定值、保护功能，压板设置正确；保护动作模拟正确，内容完整	10	保护动作模拟错误扣10分		
3.3	整组动作时间测量	时间测量方法正确，内容完整	5	时间测量方法错误扣4分，时间测量错误扣5分		
4	缺陷处理		50			
4.1	装置不能出口跳闸	（1）检查保护装置是否正常。 （2）检查操作回路是否正常。 （3）检查模拟断路器是否正常	5	未发现缺陷扣5分；无法处理扣5分，方法不得当酌情扣分；记录缺失扣3分，不完整酌情扣分		
4.2	装置无法正常上电	（1）确认直流回路安装正确； （2）确认直流电压幅值正确； （3）确认装置电源模块无异常	5	未发现缺陷扣5分；无法处理扣5分，方法不得当酌情扣分；记录缺失扣3分，不完整酌情扣分		
4.3	打印功能：无法正确打印定值或报文信息	（1）确认通信波特率设置正确； （2）确认网络打印功能定值选择无误； （3）检查打印机数据线是否存在交错	10	未发现缺陷扣10分；无法处理扣10分，方法不得当酌情扣分；记录缺失扣5分，不完整酌情扣分		
4.4	整定值：装置无法正常运行或导致某项测试无法正常进行	（1）检查整定值是否合理； （2）装置自身试验时确保为自环方式； （3）进行某项测试时是否已排除其他功能干扰	10	未发现缺陷扣10分；无法处理扣10分，方法不得当酌情扣分；记录缺失扣5分，不完整酌情扣分		

续表

评分标准						
序号	作业名称	质量要求	分值	扣分标准	扣分原因	得分
4.5	装置开入/开出状态异常，导致相关功能无法正常实现	(1) 利用装置显示检查开入/开出的有效性； (2) 检查正电源是否正确通过接点引入； (3) 检查装置接线是否正确	10	未发现缺陷扣10分；无法处理扣10分，方法不得当酌情扣分；记录缺失扣5分，不完整酌情扣分		
4.6	装置采样状态异常（通道、幅值、相位、相序、电流极性等），导致相关功能无法正常实现，如故障相别的判定	(1) 利用采样显示检查确认具体缺陷类型（电压或电流、幅值或相位或相序或极性等）； (2) 检查装置接线是否正确	10	未发现缺陷扣10分；无法处理扣10分，方法不得当酌情扣分；记录缺失扣5分，不完整酌情扣分		
考试开始时间			考试结束时间		合计	
考生栏	编号： 姓名： 所在岗位： 单位： 日期：					
考评员栏	成绩： 考评员： 考评组长：					

JB103 母线保护及其二次回路校验及缺陷处理

一、操作

（一）工器具、材料、设备

（1）微机型继电保护测试仪（6路电压、6路电流输出）1台，模拟断路器（分相功能，DC 220V/110V）1台，绝缘电阻表500、1000V各1块，数字万用表1块，常用电工工具1套，函数型计算器1块。

（2）材料：试验线、绝缘胶带。

（3）设备：微机母线保护屏。

（二）安全要求

（1）防止误入带电间隔。工作前熟悉工作地点、带电设备，相邻运行设备布置运行标识。检查现场安全围栏、警示牌和接地等安全措施。

（2）试验仪器电源使用。必须使用装有剩余电流保护的电源盘。螺丝刀等工具的金属裸露部分除刀口外都应进行绝缘防护。接（拆）电源，必须在电源开关拉开情况下进行，一人操作，一人监护。临时电源必须使用专用电源，禁止从运行设备上取电源。

（3）防止继电保护“三误”事故。根据现场实际情况，制订相关安全技术措施，严格执行批准或许可的安全技术措施。

（4）直流回路工作。使用具备绝缘防护的工具，试验线严禁裸露，防止误碰金属导体部分。

（5）防止带电或频繁插拔插件。

（6）装置试验电流接入。短接交流电流外侧电缆，确认可靠短接后，方可断开交流电流连接片。必要时，在端子箱处将相应端子用绝缘胶带实施封闭。

（7）装置试验电压接入。断开交流二次电压引入回路，通过拆线进行隔离的，须用绝缘胶带对所拆线头实施绝缘包扎。

（8）拆动二次线。及时做好记录，并用绝缘胶带对所拆线头实施绝缘包扎。

（9）失灵启动连接片未断开。检查失灵启动连接片需断开并拆开失灵启动回路线头，用绝缘胶带对所拆线头实施绝缘包扎。

(10) 校验中误发信号。必要时，断开相关信号采集装置（中央信号、远动信号、故障录波等）正电源，记录切换把手位置。

(11) 不准在保护室内使用无线通信设备。

(12) 严格按照安全作业规程规定安全措施的执行并恢复。

(三) 操作项目

(1) 母线保护装置功能校验；

(2) 二次回路检验；

(3) 母线保护整组测试；

(4) 缺陷处理。

(四) 操作要求与步骤

1. 操作流程

母线保护及其二次回路校验及缺陷处理操作流程如图 JB103－1 所示。

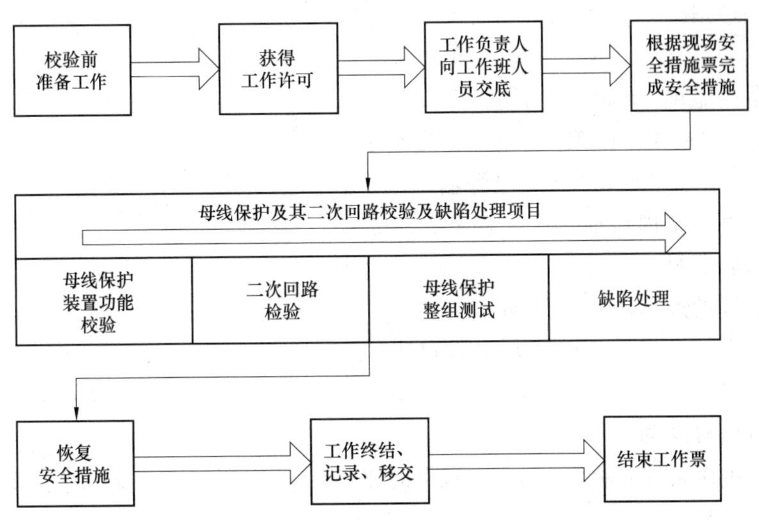

图 JB103－1　母线保护及其二次回路校验及缺陷处理操作流程

2. 准备工作

(1) 检查母线保护及其二次回路状况、反措计划执行情况及设备缺陷统计等，并及时提交相关停役申请。

(2) 开工前，及时上报本次工作的材料计划。

(3) 根据综合校验及缺陷处理项目，组织作业人员学习作业指导书，使全体作业人员熟悉并明确工作内容、作业标准、工作安排及安全注意事项等。

(4) 开工前，准备好作业所需仪器仪表、工器具及相关材料。仪器仪表和工器

具应在检验合格期内。

(5) 准备主要技术资料，包括最新整定通知单、图纸、装置技术说明书、装置使用说明书及相关校验规程等。

(6) 按照相关安全工作规程正确填写工作票。

3. 技术要求

(1) 装置功能校验。至少应达到本书JB307项目所列技术要求。

(2) 二次回路检验。至少应达到本书JB301（JB402）项目所列技术要求。

(3) 保护整组测试。至少应达到本书JB203项目所列技术要求。

(4) 缺陷处理。能够熟练地使用合适的操作方法、技术和仪器设备发现缺陷、隔离缺陷，并正确处理缺陷和检验缺陷处理情况。部分母线保护常见缺陷参表JB101-1。

二、考核

1. 考核场地

(1) 具备上述考核条件的设备和实训场地。

(2) 室内温度5～30℃，湿度<75%。

(3) 具备DC 110V/220V电源输出端子。

(4) 具备AC 220V/380V电源输出端子。

(5) 可靠的室内接地端子。

(6) 消防器材。

(7) 良好的通风和采光照明。

(8) 供考评人员使用的评判桌椅和计时工具。

2. 考核时间

(1) 考核时间为70min。

(2) 许可作业时记录开始时间，现场清理完毕汇报工作终结，记录考核结束时间。

3. 考核要点

(1) 基本操作。

1) 仪器及工器具的选用和准备；

2) 准备工作的安全措施执行；

3) 完成简要校验记录；

4) 报告工作终结，提交试验报告；

5) 恢复安全措施，清扫场地。

(2) 母线保护装置功能校验。

1) 指定保护功能；

2）指定模拟故障类型（具体至相别）；

3）指定母线支路（含母联）运行方式。

（3）母线保护整组测试。

1）指定保护功能；

2）指定模拟故障类型（具体至相别）；

3）指定母线支路（含母联）运行方式。

（4）缺陷处理。

1）缺陷应能通过模块“装置功能校验”或“保护整组测试”操作发现；

2）缺陷设置以装置或二次回路为主；

3）缺陷数量为2～3个。

4. 考核要求

（1）单人操作，衣着规范，精神状态良好。考生就位后，经考评人员许可后方可开始操作。

（2）校验前及过程中，安全技术措施布置到位。

（3）仪器及工器具选用及使用正确。

（4）校验过程接线正确合理。

（5）校验过程方法正确。

（6）校验过程记录完整有效。记录内容完整，需包括但不限于校验时间、地点、校验人、校验项目、校验方法、校验仪器、接线方式及校验结论，校验结论需与实际情况一致，并能正确反映校验对象的相关状态。

（7）校验完毕后，需及时拆除接线，归还仪器及工器具，并清扫现场。

（8）能够熟练运用办公软件（Microsoft Office、WPS等）编写电子报告（含表格处理、图形编辑等）。

（9）装置功能测试需与保护整组测试分开进行。必要时，考评人员可在考核开始前告知考生所设置的缺陷具体数量。

（10）进行缺陷处理时，应首先通过检查或测试手段发现缺陷，并及时向考评人员汇报，得到考评人员许可后方可进行缺陷处理。

三、评分参考标准

行业：电力工程　　　　工种：继电保护工　　　　等级：一

编　　号	JB103	行为领域	e	鉴定范围	
考核时间	70min	题　　型	A	含权题分	50
试题名称	母线保护及其二次回路校验及缺陷处理				

续表

考核要点及其要求	(1) 单独操作。 (2) 现场（或实训室）操作。 (3) 通过本测试，考察考生对于故障信息系统功能校验的掌握程度。 (4) 按照规范的技能操作完成考评人员规定的操作内容
工器具、材料、设备	(1) 微机型继电保护测试仪（6路电压、6路电流输出）1台。 (2) 模拟断路器（分相功能，DC 220V/110V）1台。 (3) 绝缘电阻表500、1000V规格各1块。 (4) 数字万用表1块。 (5) 常用电工工具1套。 (6) 函数型计算器1块。 (7) 试验线、绝缘胶带。 (8) 微机母线保护屏
备注	

评分标准

序号	作业名称	质量要求	分值	扣分标准	扣分原因	得分
1	基本操作		10			
1.1	仪器及工器具准备	选用正确，准备工作规范	1	选用缺项或不正确扣1分；准备工作不到位扣1分		
1.2	准备工作的安全措施执行	按相关规程执行	5	安全措施未按相关规程执行，单项扣1分		
1.3	完成简要校验记录	内容完整，结论正确	2	内容不完整或结论不正确扣2分		
1.4	报告工作终结，提交试验记录		1	该步缺失扣1分；未按顺序进行扣1分		
1.5	恢复安全措施，清扫场地		1	该步缺失扣1分；未按顺序进行扣1分		
2	装置功能校验		20			
2.1	定值、控制字及连接片设置	按保护的校验需要正确设置	5	漏项或错误，每项扣3分		
2.2	动作特性校验（含区外故障）	故障模拟正确，状态信息检查正确，特性校验内容完整	10	故障模拟不正确扣8分；状态信息检查不完整酌情扣分；特性校验内容不完整酌情扣分		
2.3	动作时间校验	测试方法正确，测试接点取用规范，测试内容完整	5	测试方法不正确扣3分；测试接点取用不规范扣2分；测试内容缺一项扣2分		

续表

评分标准						
序号	作业名称	质量要求	分值	扣分标准	扣分原因	得分
3	保护整组测试		20			
3.1	相关定值、保护功能及压板设置	按保护动作的需要设置正确	5	相关定值、保护功能，压板设置错误扣5分		
3.2	整组动作状态检查（含区外故障）	相关定值、保护功能，压板设置正确；保护动作模拟正确，内容完整	10	保护动作模拟错误扣10分		
3.3	整组动作时间测量	时间测量方法正确，内容完整	5	时间测量方法错误扣4分，时间测量错误扣5分		
4	缺陷处理		50			
4.1	直流电源回路绝缘异常	单回路排查绝缘异常点，采取合适处理措施	5	未发现缺陷扣5分；无法处理扣5分，方法不得当酌情扣分；记录缺失扣3分，不完整酌情扣分		
4.2	装置无法正常上电	（1）确认直流回路安装正确； （2）确认直流电压幅值正确； （3）确认装置电源模块无异常	5	未发现缺陷扣5分；无法处理扣5分，方法不得当酌情扣分；记录缺失扣3分，不完整酌情扣分		
4.3	打印功能：无法正确打印定值或报文信息	（1）确认通信波特率设置正确； （2）确认网络打印功能定值选择无误； （3）检查打印机数据线是否存在交错	10	未发现缺陷扣10分；无法处理扣10分，方法不得当酌情扣分；记录缺失扣5分，不完整酌情扣分		
4.4	整定值：装置无法正常运行或导致某项测试无法正常进行	（1）检查整定值是否合理； （2）装置自身试验时确保为自环方式； （3）进行某项测试时是否已排除其他功能干扰	10	未发现缺陷扣10分；无法处理扣10分，方法不得当酌情扣分；记录缺失扣5分，不完整酌情扣分		
4.5	装置开入/开出状态异常，导致相关功能无法正常实现	（1）利用装置显示检查开入/开出的有效性； （2）检查正电源是否正确通过接点引入； （3）检查装置接线是否正确	10	未发现缺陷扣10分；无法处理扣10分，方法不得当酌情扣分；记录缺失扣5分，不完整酌情扣分		

续表

评分标准						
序号	作业名称	质量要求	分值	扣分标准	扣分原因	得分
4.6	装置采样状态异常（通道、幅值、相位、相序、电流极性等），导致相关功能无法正常实现，如故障相别的判定	(1) 利用采样显示检查确认具体缺陷类型（电压或电流、幅值或相位或相序或极性等）； (2) 检查装置接线是否正确	10	未发现缺陷扣 10 分；无法处理扣 10 分，方法不得当酌情扣分；记录缺失扣 5 分，不完整酌情扣分		
考试开始时间			考试结束时间		合计	
考生栏	编号：　姓名：　所在岗位：　单位：　日期：					
考评员栏	成绩：　考评员：　考评组长：					

JB104 断路器保护及其二次回路校验及缺陷处理

一、操作

（一）工器具、材料、设备

（1）工器具：微机型继电保护测试仪1台，绝缘电阻表500、1000V各1块，数字万用表1块，模拟断路器（分相功能）1台，常用电工工具1套。

（2）材料：试验线、绝缘胶带。

（3）设备：微机断路器保护屏

（二）安全要求

（1）防止误入带电间隔。工作前熟悉工作地点、带电设备，相邻运行设备布置运行标识。检查现场安全围栏、警示牌和接地等安全措施。

（2）试验仪器电源使用。必须使用装有剩余电流保护的电源盘。螺丝刀等工具的金属裸露部分除刀口外都应进行绝缘防护。接（拆）电源，必须在电源开关拉开情况下进行，一人操作，一人监护。临时电源必须使用专用电源，禁止从运行设备上取电源。

（3）严防继电保护“三误”事故。根据现场实际情况，制订相关安全技术措施，严格执行批准或许可的安全技术措施。

（4）直流回路工作。使用具备绝缘防护的工具，试验线严禁裸露，防止误碰金属导体部分。

（5）插拔插件。防止带电或频繁插拔插件。

（6）装置试验电流接入短接交流电流外侧电缆，断开交流电流连接片。必要时，在端子箱处将相应端子用绝缘胶带实施封闭。

（7）装置试验电压接入。断开交流二次电压引入回路，须用绝缘胶带对所拆线头实施绝缘包扎。

（8）拆动二次线。及时做好记录，并用绝缘胶带对所拆线头实施绝缘包扎。

（9）应断开失灵启动连接片。检查失灵启动连接片须断开并拆开失灵启动回路线头，用绝缘胶带对所拆线头实施绝缘包扎。

(10) 校验不应误发信号。必要时，断开相关信号采集装置（中央信号、远动信号、故障录波等）正电源，记录切换把手位置。

(11) 不准在保护室内使用无线通信设备。

(12) 严格按照安全作业规程规定安全措施执行与恢复。

(三) 操作项目

(1) 断路器保护装置功能校验；

(2) 二次回路检验；

(3) 断路器保护整组测试；

(4) 缺陷处理。

(四) 操作要求与步骤

1. 操作流程

断路器保护及其二次回路校验及缺陷处理操作流程如图 JB104－1 所示。

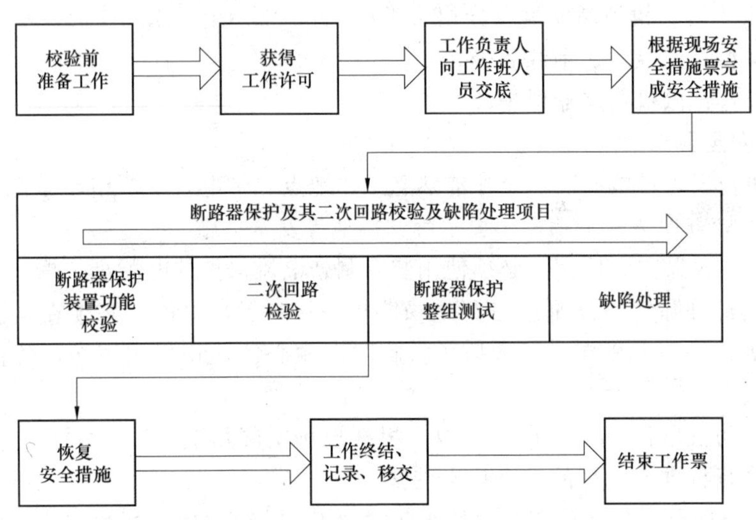

图 JB104－1　断路器保护及其二次回路校验及缺陷处理操作流程

2. 准备工作

(1) 检查断路器保护及其二次回路状况、反措计划执行情况及设备缺陷统计等，并及时提交相关停役申请。

(2) 开工前，及时上报本次工作的材料计划。

(3) 根据综合校验及缺陷处理项目，组织作业人员学习作业指导书，使全体作业人员熟悉并明确工作内容、作业标准、工作安排及安全注意事项等。

(4) 开工前，准备好作业所需仪器仪表、工器具及相关材料。仪器仪表和工器具应在检验合格期内。

(5) 准备主要技术资料，包括最新整定通知单、图纸、装置技术说明书、装置使用说明书及相关校验规程等。

(6) 按照相关安全工作规程正确填写工作票。

3. 技术要求

(1) 装置功能校验。至少应达到本书 JB308 项目所列技术要求。

(2) 二次回路检验。至少应达到本书 JB301 (JB402) 项目所列技术要求。

(3) 保护整组测试。至少应达到本书 JB204 项目所列技术要求。

(4) 缺陷处理。能够熟练地使用合适的操作方法、技术和仪器设备发现缺陷、隔离缺陷，并正确处理缺陷和检验缺陷处理情况。部分断路器保护常见缺陷参见表 JB101-1。

二、考核

1. 考核场地

(1) 具备上述考核条件的设备和实训场地。

(2) 室内温度 5～30℃，湿度＜75%。

(3) 具备 DC 110V/220V 电源输出端子。

(4) 具备 AC 220V/380V 电源输出端子。

(5) 可靠的室内接地端子。

(6) 消防器材。

(7) 良好的通风和采光照明。

(8) 供考评人员使用的评判桌椅和计时工具。

2. 考核时间

(1) 考核时间为 60min。

(2) 许可作业时记录开始时间，现场清理完毕汇报工作终结，记录考核结束时间。

3. 考核要点

(1) 基本操作。

1) 仪器及工器具的选用和准备；

2) 准备工作的安全措施执行；

3) 完成简要校验记录；

4) 报告工作终结，提交试验报告；

恢复安全措施，清扫场地。

(2) 断路器保护装置功能校验。

1) 指定保护功能（一般为两类）；

2）指定模拟故障类型（具体至相别）；

3）指定具体检验内容。

（3）断路器保护整组测试。

1）指定保护功能（一般为两类）；

2）指定模拟故障类型（具体至相别）；

3）指定具体检验内容。

（4）缺陷处理。

1）缺陷应能通过“装置功能校验”或“保护整组测试”操作发现；

2）缺陷设置以装置或二次回路为主。

3）缺陷数量为2～3个。

4．考核要求

（1）单人操作，衣着规范，精神状态良好。考生就位后，经考评人员许可后方可开始操作。

（2）校验前及过程中，安全技术措施布置到位。

（3）仪器及工器具选用及使用正确。

（4）校验过程接线正确合理。

（5）校验过程方法正确。

（6）校验过程记录完整有效。记录内容完整，需包括但不限于校验时间、地点、校验人、校验项目、校验方法、校验仪器、接线方式及校验结论，校验结论需与实际情况一致，并能正确反映校验对象的相关状态。

（7）校验完毕后，需及时拆除接线，归还仪器及工器具，并清扫现场。

（8）能够熟练运用办公软件（Microsoft Office、WPS等）编写电子报告（含表格处理、图形编辑等）。

（9）装置功能测试需与保护整组测试分开进行。必要时，考评人员可在考核开始前告知考生所设置的缺陷具体数量。

（10）进行缺陷处理时，应首先通过检查或测试手段发现缺陷，并及时向考评人员汇报，得到考评人员许可后方可进行缺陷处理。

三、评分参考标准

行业：电力工程　　　　工种：继电保护工　　　　等级：一

编　　号	JB104	行为领域	e	鉴定范围	
考核时间	60min	题　　型	A	含权题分	40
试题名称	母线保护装置功能校验				

续表

考核要点及其要求	(1) 单独操作。 (2) 现场（或实训室）操作。 (3) 通过本测试，考察考生对于断路器保护综合检验的掌握程度。 (4) 按照规范的技能操作完成考评人员规定的操作内容					
工器具、材料、设备	(1) 微机型继电保护测试仪1台。 (2) 绝缘电阻表500、1000V各1块。 (3) 数字万用表1块。 (4) 模拟断路器（分相功能）1台。 (5) 常用电工工具1套。 (6) 试验线、绝缘胶带。 (7) 微机断路器保护屏					
备注	以下序号2、3项，考试人员只考1项，由考评人员考前确定，确定后不得更改					
评分标准						
序号	作业名称	质量要求	分值	扣分标准	扣分原因	得分
1	基本操作	按照规定完成相关操作	20分			
1.1	仪器及工器具准备	选用正确，准备工作规范	2	选用缺项或不正确扣1分；准备工作不到位扣1分		
1.2	准备工作的安全措施执行	按相关规程执行	10	安全措施未按相关规程执行，单项扣1分		
1.3	完成简要校验记录	内容完整，结论正确	4	内容不完整或结论不正确扣2分		
1.4	报告工作终结，提交试验报告		2	该步缺失扣1分；未按顺序进行扣1分		
1.5	恢复安全措施，清扫场地		2	该步缺失扣1分；未按顺序进行扣1分		
2	装置功能校验	安全措施到位、仪器仪表使用正确、操作步骤规范、校验结果符合要求	40			
2.1	定值、控制字及压板设置	按保护的校验需要正确设置	10	漏项或错误，每项扣3分		
2.2	动作特性校验	故障模拟正确，状态信息检查正确，特性校验内容完整	20	故障模拟不正确扣10分；状态信息检查不完整酌情扣分；特性校验内容不完整酌情扣分		

续表

评分标准						
序号	作业名称	质量要求	分值	扣分标准	扣分原因	得分
2.3	动作时间校验	测试方法正确，测试接点取用规范，测试内容完整	10	测试方法不正确扣3分；测试接点取用不规范扣2分；测试内容缺一项扣2分		
3	断路器保护整组测试	安全措施到位、仪器仪表使用正确、操作步骤规范、校验结果符合要求	40			
3.1	相关定值、保护功能及压板设置	按保护动作的需要设置正确	10	相关定值、保护功能；压板设置错误扣5分		
3.2	整组动作状态检查	相关定值、保护功能，压板设置正确；保护动作模拟正确，内容完整	10	保护动作模拟错误扣10分		
3.3	整组动作时间测量	时间测量方法正确，内容完整	10	时间测量方法错误扣4分；时间测量错误扣5分		
3.4	相关定值、保护功能及压板设置	按保护动作的需要设置正确	10	相关定值、保护功能，压板设置错误扣5分		
4	缺陷处理（缺陷数量：个，此处评分以3个缺陷为例）	安全措施到位、仪器仪表使用正确、操作步骤规范、校验结果符合要求	40			
4.1	缺陷一	缺陷发现正确，处理方法得当，处理记录完整	10	未发现缺陷扣5分；无法处理扣5分；方法不得当酌情扣分；记录缺失扣2分；不完整酌情扣分		
4.2	缺陷二	缺陷发现正确，处理方法得当，处理记录完整	10	未发现缺陷扣5分；无法处理扣5分；方法不得当酌情扣分；记录缺失扣2分；不完整酌情扣分		
4.3	缺陷三	缺陷发现正确，处理方法得当，处理记录完整	20	未发现缺陷扣10分；无法处理扣10分；方法不得当酌情扣分；记录缺失扣5分；不完整酌情扣分		
考试开始时间			考试结束时间		合计	
考生栏	编号：	姓名：	所在岗位：	单位：	日期：	
考评员栏	成绩：	考评员：		考评组长：		

JB105 发电机保护及其二次回路校验及缺陷处理

一、操作

（一）工器具、材料、设备

（1）工器具：微机型继电保护测试仪1台（6路电压、6路电流输出），绝缘电阻表500、1000V各1块，数字万用表1块，模拟断路器（分相功能）1台，常用电工工具1套，函数型计算器1块。

（2）材料：试验线、绝缘胶带。

（3）设备：微机发电机保护屏。

（二）安全要求

（1）防止误入带电间隔。工作前熟悉工作地点、带电设备，相邻运行设备布置运行标识。检查现场安全围栏、警示牌和接地等安全措施。

（2）试验仪器电源使用。必须使用装有剩余电流保护的电源盘。螺丝刀等工具的金属裸露部分除刀口外都应进行绝缘防护。接（拆）电源，必须在电源开关拉开情况下进行，一人操作，一人监护。临时电源必须使用专用电源，禁止从运行设备上取电源。

（3）严防继电保护“三误”事故。根据现场实际情况，制订相关安全技术措施，严格执行批准或许可的安全技术措施。

（4）直流回路工作。使用具备绝缘防护的工具，试验线严禁裸露，防止误碰金属导体部分。

（5）插拔插件。防止带电或频繁插拔插件。

（6）装置试验电流接入。短接交流电流外侧电缆，断开交流电流连接片。必要时，在端子箱处将相应端子用绝缘胶带实施封闭。

（7）装置试验电压接入。断开交流二次电压引入回路，并用绝缘胶带对所拆线头实施绝缘包扎。

（8）拆动二次线。及时做好记录，并用绝缘胶带对所拆线头实施绝缘包扎。

（9）应断开失灵启动连接片。检查失灵启动连接片须断开并拆开失灵启动回路

线头，用绝缘胶带对所拆线头实施绝缘包扎。

(10) 校验中不应误发信号。必要时，断开相关信号采集装置（中央信号、远动信号、故障录波等）正电源，记录切换把手位置。

(11) 不准在保护室内使用无线通信设备。

(12) 严格按照安全作业规程规定安全措施的执行并恢复。

(三) 操作项目

(1) 发电机保护装置功能校验；

(2) 发电机保护整组测试；

(3) 二次回路检验；

(4) 缺陷处理。

(四) 操作要求与步骤

1. 操作流程

发电机保护及其二次回路校验及缺陷处理操作流程如图 JB105-1 所示。

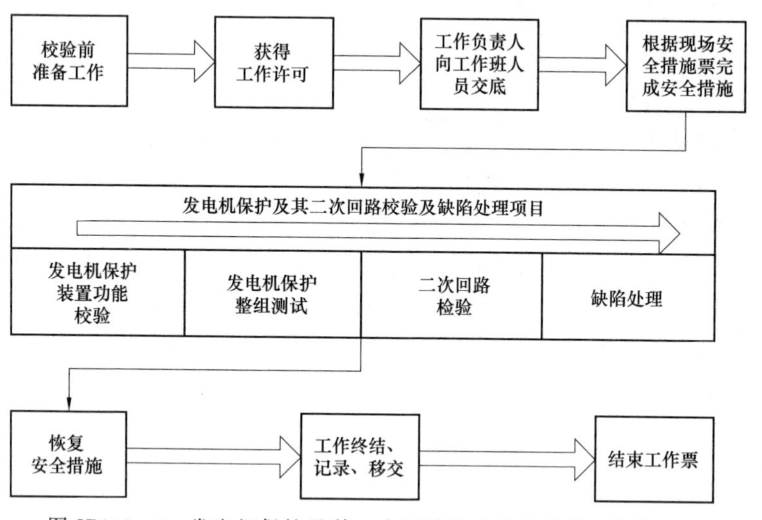

图 JB105-1 发电机保护及其二次回路校验及缺陷处理操作流程

2. 准备工作

(1) 检查发电机保护及其二次回路状况、反措计划执行情况及设备缺陷统计等，并及时提交相关停役申请。

(2) 开工前，及时上报本次工作的材料计划。

(3) 根据综合校验及缺陷处理项目，组织作业人员学习作业指导书，使全体作业人员熟悉并明确工作内容、作业标准、工作安排及安全注意事项等。

(4) 开工前，准备好作业所需仪器仪表、工器具及相关材料。仪器仪表和工器

具应在检验合格期内。

(5) 准备主要技术资料，包括最新整定通知单、图纸、装置技术说明书、装置使用说明书及相关校验规程等。

(6) 按照相关安全工作规程正确填写工作票。

3. 技术要求

(1) 装置功能校验。至少应达到本书 JB309 项目所列技术要求。

(2) 保护整组测试。至少应达到本书 JB209 项目所列技术要求。

(3) 二次回路检验。至少应达到本书 JB409 (JB302) 项目所列技术要求。

(4) 缺陷处理。能够熟练地使用合适的操作方法、技术和仪器设备发现缺陷、隔离缺陷，并正确处理缺陷和检验缺陷处理情况。部分发电机保护常见缺陷参见表 JB101-1。

二、考核

1. 考核场地

(1) 具备上述考核条件的设备和实训场地。

(2) 室内温度 5～30℃，湿度<75%。

(3) 具备 DC 110V/220V 电源输出端子。

(4) 具备 AC 220V/380V 电源输出端子。

(5) 可靠的室内接地端子。

(6) 消防器材。

(7) 良好的通风和采光照明。

(8) 供考评人员使用的评判桌椅和计时工具。

2. 考核时间

(1) 考核时间为 60min。

(2) 许可作业时记录开始时间，现场清理完毕汇报工作终结，记录考核结束时间。

3. 考核要点

(1) 基本操作。

1) 仪器及工器具的选用和准备；

2) 准备工作的安全措施执行；

3) 完成简要校验记录；

4) 报告工作终结，提交试验报告；

5) 恢复安全措施，清扫场地。

(2) 发电机保护装置功能校验。

1）指定保护功能（失磁＋逆功率或失步＋匝间）；

2）指定模拟故障类型（具体至相别）；

3）指定具体检验内容。

（3）发电机保护整组测试。

1）指定保护功能（一般为两类）；

2）指定模拟故障类型（具体至相别）；

3）指定具体检验内容。

（4）缺陷处理。

1）缺陷应能通过“装置功能校验”或“保护整组测试”操作发现；

2）缺陷设置以装置或二次回路为主；

3）缺陷数量为2～3个。

4．考核要求

（1）单人操作，衣着规范，精神状态良好。考生就位后，经考评人员许可后方可开始操作。

（2）校验前及过程中，安全技术措施布置到位。

（3）仪器及工器具选用及使用正确。

（4）校验过程接线正确合理。

（5）校验过程方法正确。

（6）校验过程记录完整有效。记录内容完整，需包括但不限于校验时间、地点、校验人、校验项目、校验方法、校验仪器、接线方式及校验结论，校验结论需与实际情况一致，并能正确反映校验对象的相关状态。

（7）校验完毕后，需及时拆除接线，归还仪器及工器具，并清扫现场。

（8）能够熟练运用办公软件（Microsoft Office、WPS等）编写电子报告（含表格处理、图形编辑等）。

（9）装置功能校验需与保护整组测试分开进行。必要时，考评人员可在考核开始前告知考生所设置的缺陷具体数量。

（10）进行缺陷处理时，应首先通过检查或测试手段发现缺陷，并及时向考评人员汇报，得到考评人员许可后方可进行缺陷处理。

三、评分参考标准

行业：电力工程　　　　工种：继电保护工　　　　等级：一

编　　号	JB105	行为领域	e	鉴定范围	
考核时间	40min	题　　型	C	含权题分	30

续表

试题名称	发电机保护及其二次回路校验及缺陷处理
考核要点及其要求	（1）单独操作。 （2）现场（或实训室）操作。 （3）通过本测试，考察考生对于发电机保护综合检验的掌握程度。 （4）按照规范的技能操作完成考评人员规定的操作内容
工器具、材料、设备	（1）微机型继电保护测试仪（6路电压、6路电流输出）1台。 （2）绝缘电阻表500、1000V规格各1块。 （3）数字万用表1块。 （4）模拟断路器（分相功能）1台。 （5）常用电工工具1套。 （6）函数型计算器1块。 （7）试验线、绝缘胶带。 （8）设备：微机发电机保护屏
备注	以下序号2、3两项考试人员只考1项，由考评人员考前确定，确定后不得更改

评分标准

序号	作业名称	质量要求	分值	扣分标准	扣分原因	得分
1	基本操作		20			
1.1	仪器及工器具的选用和准备	正确	2	选用缺项或不正确扣1分；准备工作不到位扣1分		
1.2	准备工作的安全措施执行	按相关规程执行	10	安全措施未按相关规程执行，单项扣1分		
1.3	完成简要校验记录	内容完整，结论正确	4	内容不完整或结论不正确扣2分		
1.4	报告工作终结，提交试验报告		2	该步缺失扣1分；未按顺序进行扣1分		
1.5	恢复安全措施，清扫场地		2	该步缺失扣1分；未按顺序进行扣1分		
2	装置功能校验		40			
2.1	定值、控制字及压板设置	按保护的校验需要正确设置	10	漏项或错误，每项扣3分		
2.2	动作特性校验	故障模拟正确，状态信息检查正确，特性校验内容完整	20	故障模拟不正确扣8分；状态信息检查不完整酌情扣分；特性校验内容不完整酌情扣分		

续表

评分标准						
序号	作业名称	质量要求	分值	扣分标准	扣分原因	得分
2.3	动作时间校验	测试方法正确，测试接点取用规范，测试内容完整	10	测试方法不正确扣3分；测试接点取用不规范扣2分；测试内容缺一项扣2分		
3	保护整组测试		40			
3.1	相关定值、保护功能及压板设置	按保护动作的需要设置正确	10	相关定值、保护功能，压板设置错误扣5分		
3.2	整组动作状态检查	相关定值、保护功能，压板设置正确；保护动作模拟正确，内容完整	20	保护动作模拟错误扣10分		
3.3	整组动作时间测量	时间测量方法正确，内容完整	10	时间测量方法错误扣4分，时间测量错误扣5分		
4	缺陷处理		40			
4.1	缺陷一	缺陷发现正确，处理方法得当，处理记录完整	10	未发现缺陷扣5分；无法处理扣5分，方法不得当酌情扣分；记录缺失扣2分，不完整酌情扣分		
4.2	缺陷二	缺陷发现正确，处理方法得当，处理记录完整	10	未发现缺陷扣5分；无法处理扣5分，方法不得当酌情扣分；记录缺失扣2分，不完整酌情扣分		
4.3	缺陷三	缺陷发现正确，处理方法得当，处理记录完整	10	未发现缺陷扣10分；无法处理扣10分，方法不得当酌情扣分；记录缺失扣4分，不完整酌情扣分		
考试开始时间			考试结束时间		合计	
考生栏	编号： 姓名： 所在岗位： 单位： 日期：					
考评员栏	成绩： 考评员： 考评组长：					

JB106 备自投及其二次回路校验及缺陷处理

一、操作

（一）工器具、材料、设备

（1）工器具：微机型继电保护测试仪1台（6路电压、6路电流输出），绝缘电阻表500、1000V各1块，数字万用表1块，常用电工工具1套。

（2）材料：试验线、绝缘胶带。

（3）设备：微机备自投屏。

（二）安全要求

（1）防止误入带电间隔。工作前熟悉工作地点、带电设备，相邻运行设备布置运行标识。检查现场安全围栏、警示牌和接地等安全措施。

（2）试验仪器电源使用。必须使用装有剩余电流保护的电源盘。螺丝刀等工具的金属裸露部分除刀口外都应进行绝缘防护。接（拆）电源，必须在电源开关拉开情况下进行，一人操作，一人监护。临时电源必须使用专用电源，禁止从运行设备上取电源。

（3）严防继电保护“三误”事故。根据现场实际情况，制订相关安全技术措施，严格执行批准或许可的安全技术措施。

（4）直流回路工作。使用具备绝缘防护的工具，试验线严禁裸露，防止误碰金属导体部分。

（5）插拔插件。防止带电或频繁插拔插件。

（6）装置试验电流接入。短接交流电流外侧电缆，确认可靠短接后，方可断开交流电流连接片。必要时，在端子箱处将相应端子用绝缘胶带实施封闭。

（7）装置试验电压接入。断开交流二次电压引入回路，通过拆线进行隔离时，须用绝缘胶带对所拆线头实施绝缘包扎。

（8）拆动二次线。及时做好记录，并用绝缘胶带对所拆线头实施绝缘包扎。

（9）应断开失灵启动连接片。检查失灵启动连接片须断开并拆开失灵启动回路线头，用绝缘胶带对所拆线头实施绝缘包扎。

(10) 校验中不应误发信号。必要时，断开相关信号采集装置（中央信号、远动信号、故障录波等）正电源，记录切换把手位置。

(11) 不准在保护室内使用无线通信设备。

(12) 严格按照安全作业规程规定安全措施的执行并恢复。

(三) 操作项目

(1) 备自投装置功能校验；

(2) 二次回路检验；

(3) 备自投整组测试；

(4) 缺陷处理。

(四) 操作要求与步骤

1. 操作流程

备自投及其二次回路校验及缺陷处理操作流程如图 JB106－1 所示。

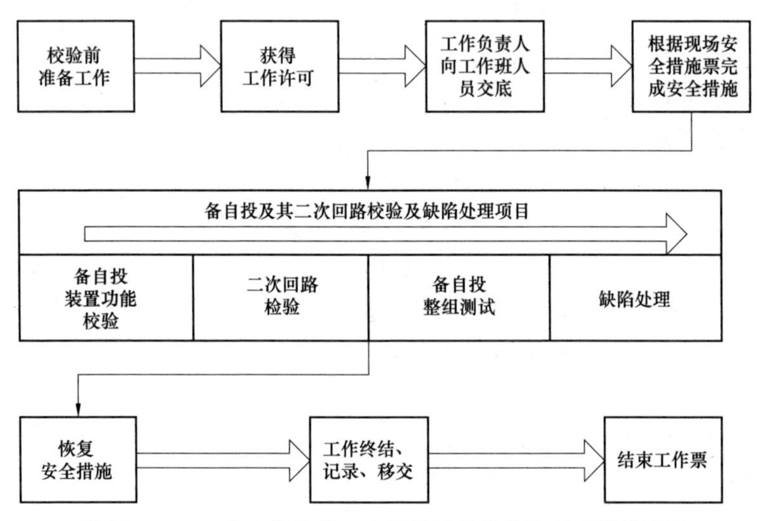

图 JB106－1　备自投及其二次回路校验及缺陷处理操作流程

2. 准备工作

(1) 检查备自投及其二次回路状况、反措计划执行情况及设备缺陷统计等，并及时提交相关停役申请。

(2) 开工前，及时上报本次工作的材料计划。

(3) 根据综合校验及缺陷处理项目，组织作业人员学习作业指导书，使全体作业人员熟悉并明确工作内容、作业标准、工作安排及安全注意事项等。

(4) 开工前，准备好作业所需仪器仪表、工器具及相关材料。仪器仪表和工器具应在检验合格期内。

（5）准备主要技术资料，包括最新整定通知单、图纸、装置技术说明书、装置使用说明书及相关校验规程等。

（6）按照相关安全工作规程正确填写工作票。

3. 技术要求

（1）备自投装置功能校验。至少应达到本书 JB310 项目所列技术要求。

（2）二次回路检验。至少应达到本书 JB301（JB402）项目所列技术要求。

（3）备自投整组测试。至少应达到本书 JB310 项目所列技术要求。

（4）缺陷处理。能够熟练地使用合适的操作方法、技术和仪器设备发现缺陷、隔离缺陷，并正确处理缺陷和检验缺陷处理情况。部分备自投保护常见缺陷参见表 JB101－1。

二、考核

1. 考核场地

（1）具备上述考核条件的设备和实训场地。

（2）室内温度 5～30℃，湿度＜75％。

（3）具备 DC 110V/220V 电源输出端子。

（4）具备 AC 220V/380V 电源输出端子。

（5）可靠的室内接地端子。

（6）消防器材。

（7）良好的通风和采光照明。

（8）供考评人员使用的评判桌椅和计时工具。

2. 考核时间

（1）考核时间为 40min。

（2）许可作业时记录开始时间，现场清理完毕汇报工作终结，记录考核结束时间。

3. 考核要点

（1）基本操作。

1）仪器及工器具的选用和准备；

2）准备工作的安全措施执行；

3）完成简要校验记录；

4）报告工作终结，提交试验报告；

5）恢复安全措施，清扫场地。

（2）备自投装置功能校验。固定为逻辑功能试验。

（3）备自投装置整组测试（含二次回路校验）。

1）固定为装置整组测试；

2）必要时，可指定模拟动作逻辑。

（4）缺陷处理。

1）缺陷应能通过备自投“装置功能校验”或备自投“装置整组测试”操作发现；

2）缺陷设置以装置或二次回路为主；

3）缺陷数量为2～3个。

4．考核要求

（1）单人操作，衣着规范，精神状态良好。考生就位后，经考评人员许可后方可开始操作。

（2）校验前及过程中，安全技术措施布置到位。

（3）仪器及工器具选用及使用正确。

（4）校验过程接线正确合理。

（5）校验过程方法正确。

（6）校验过程记录完整有效。记录内容完整，需包括但不限于校验时间、地点、校验人、校验项目、校验方法、校验仪器、接线方式及校验结论，校验结论需与实际情况一致，并能正确反映校验对象的相关状态。

（7）校验完毕后，需及时拆除接线，归还仪器及工器具，并清扫现场。

（8）能够熟练运用办公软件（Microsoft Office、WPS等）编写电子报告（含表格处理、图形编辑等）。

（9）装置功能测试需与保护整组测试分开进行。必要时，考评人员可在考核开始前告知考生所设置的缺陷具体数量。

（10）进行缺陷处理时，应首先通过检查或测试手段发现缺陷，并及时向考评人员汇报，得到考评人员许可后方可进行缺陷处理。

三、评分参考标准

行业：电力工程　　　　工种：继电保护工　　　　等级：一

编　　号	JB106	行为领域	e	鉴定范围	
考核时间	40min	题　　型	C	含权题分	30
试题名称	备自投及其二次回路校验及缺陷处理				
考核要点及其要求	（1）单独操作。 （2）现场（或实训室）操作。 （3）通过本测试，考察考生对于备自投综合检验的掌握程度。 （4）按照规范的技能操作完成考评人员规定的操作内容				

工器具、材料、设备	(1) 微机型继电保护测试仪1台。 (2) 绝缘电阻表500、1000V各1块。 (3) 数字万用表1块。 (4) 模拟断路器（分相功能）1台。 (5) 常用电工工具1套。 (6) 函数型计算器1块。 (7) 试验线、绝缘胶带。 (8) 微机备自投屏
备注	以下序号2、3两项考试人员只考1项，由考评人员考前确定，确定后不得更改

评分标准

序号	作业名称	质量要求	分值	扣分标准	扣分原因	得分
1	基本操作		20分			
1.1	仪器及工器具的选用和准备	正确	2	选用缺项或不正确扣1分；准备工作不到位扣1分		
1.2	准备工作的安全措施执行	按相关规程执行	10	安全措施未按相关规程执行，单项扣1分		
1.3	完成简要校验记录	内容完整，结论正确	4	内容不完整或结论不正确扣2分		
1.4	报告工作终结，提交试验报告		2	该步缺失扣1分；未按顺序进行扣1分		
1.5	恢复安全措施，清扫场地		2	该步缺失扣1分；未按顺序进行扣1分		
2	装置功能校验		40			
2.1	定值、控制字及压板设置	按保护的校验需要正确设置	10	漏项或错误，每项扣3分		
2.2	动作特性校验	故障模拟正确，状态信息检查正确，特性校验内容完整	20	故障模拟不正确扣8分；状态信息检查不完整酌情扣分；特性校验内容不完整酌情扣分		
2.3	动作时间校验	测试方法正确，测试接点取用规范，测试内容完整	10	测试方法不正确扣3分；测试接点取用不规范扣2分；测试内容缺一项扣2分		
3	装置整组测试（含二次回路校验）		40			

续表

<table>
<tr><td colspan="7">评分标准</td></tr>
<tr><td>序号</td><td>作业名称</td><td>质量要求</td><td>分值</td><td>扣分标准</td><td>扣分原因</td><td>得分</td></tr>
<tr><td>3.1</td><td>相关定值、保护功能及压板设置</td><td>按保护动作的需要设置正确</td><td>10</td><td>相关定值、保护功能，压板设置错误扣5分</td><td></td><td></td></tr>
<tr><td>3.2</td><td>整组动作状态检查</td><td>相关定值、保护功能，压板设置正确；保护动作模拟正确，内容完整</td><td>20</td><td>保护动作模拟错误扣10分</td><td></td><td></td></tr>
<tr><td>3.3</td><td>整组动作时间测量</td><td>时间测量方法正确，内容完整</td><td>10</td><td>时间测量方法错误扣4分，时间测量错误扣5分</td><td></td><td></td></tr>
<tr><td>4</td><td>缺陷处理</td><td></td><td>40</td><td></td><td></td><td></td></tr>
<tr><td>4.1</td><td>缺陷一</td><td>缺陷发现正确，处理方法得当，处理记录完整</td><td>10</td><td>未发现缺陷扣5分；无法处理扣5分，方法不得当酌情扣分；记录缺失扣2分，不完整酌情扣分</td><td></td><td></td></tr>
<tr><td>4.2</td><td>缺陷二</td><td>缺陷发现正确，处理方法得当，处理记录完整</td><td>10</td><td>未发现缺陷扣5分；无法处理扣5分，方法不得当酌情扣分；记录缺失扣2分，不完整酌情扣分</td><td></td><td></td></tr>
<tr><td>4.3</td><td>缺陷三</td><td>缺陷发现正确，处理方法得当，处理记录完整</td><td>20</td><td>未发现缺陷扣10分；无法处理扣10分，方法不得当酌情扣分；记录缺失扣4分，不完整酌情扣分</td><td></td><td></td></tr>
<tr><td colspan="2">考试开始时间</td><td></td><td>考试结束时间</td><td></td><td>合计</td><td></td></tr>
<tr><td colspan="2">考生栏</td><td colspan="5">编号：　姓名：　所在岗位：　单位：　日期：</td></tr>
<tr><td colspan="2">考评员栏</td><td colspan="5">成绩：　考评员：　考评组长：</td></tr>
</table>

JB107 发电机组启动并网试验及缺陷处理

一、操作

(一) 工器具、材料、设备

(1) 工器具：绝缘电阻表500、1000V各1块，数字万用表1块，常用电工工具1套，函数型计算器1块，模拟断路器（分相功能）1台。

(2) 材料：试验线、绝缘胶带。

(3) 设备：微机发电机保护屏。

(二) 安全要求

(1) 防止误入带电间隔。工作前熟悉工作地点、带电设备，相邻运行设备布置运行标识。检查现场安全围栏、警示牌和接地等安全措施。

(2) 试验仪器电源使用。必须使用装有剩余电流保护的电源盘。螺丝刀等工具的金属裸露部分除刀口外都应进行绝缘防护。接（拆）电源，必须在电源开关拉开情况下进行，一人操作，一人监护。临时电源必须使用专用电源，禁止从运行设备上取电源。

(3) 严防继电保护“三误”事故。根据现场实际情况，制订相关安全技术措施，严格执行批准或许可的安全技术措施。

(4) 直流回路工作。使用具备绝缘防护的工具，试验线严禁裸露，防止误碰金属导体部分。

(5) 插拔插件。防止带电或频繁插拔插件。

(6) 拆动二次线。及时做好记录，并用绝缘胶带对所拆线头实施绝缘包扎。

(7) 校验中误发信号。必要时，断开相关信号采集装置（中央信号、远动信号、故障录波等）正电源，记录切换把手位置。

(8) 不准在保护室内使用无线通信设备。

(9) 严格按照安全作业规程规定安全措施的执行并恢复。

(三) 操作项目

(1) 短路特性试验及二次回路检查；

(2) 空载特性试验及二次回路检验；

(3) 励磁系统空载特性试验；

(4) 假同期试验；

(5) 并网试验；

(6) 带负荷检查。

(7) 缺陷处理。

(四) 操作要求与步骤

1. 操作流程

发电机组启动并网试验及缺陷处理操作流程如图 JB107－1 所示。

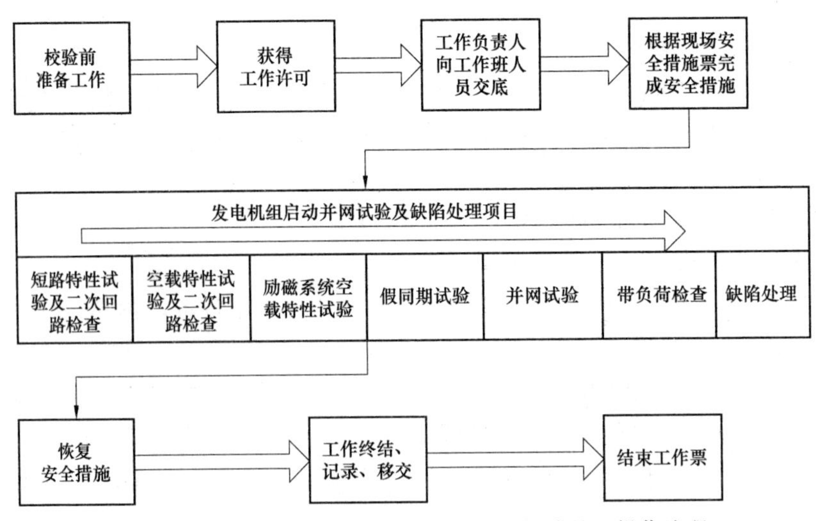

图 JB107－1　发电机组启动并网试验及缺陷处理操作流程

2. 准备工作

(1) 检查发电机组启动并网试验准备状况、反措计划执行情况及设备缺陷统计等，并及时提交相关启动并网申请。

(2) 开工前，及时上报本次工作的材料计划。

(3) 根据综合校验及缺陷处理项目，组织作业人员学习作业指导书，使全体作业人员熟悉并明确工作内容、作业标准、工作安排及安全注意事项等。

(4) 开工前，准备好作业所需仪器仪表、工器具及相关材料。仪器仪表和工器具应在检验合格期内。

(5) 准备主要技术资料，包括最新整定通知单、图纸、装置技术说明书、装置使用说明书及相关校验规程等。

(6) 按照相关安全工作规程正确填写工作票。

3. 技术要求

（1）短路特性试验及二次回路检查。本试验需要录取发电机短路特性，并与制造厂出厂数据相比较以判断机组是否正常。通过一次电流检查电流回路完整性、正确性及保护回路的正确性。

1）短路特性曲线录制（或绘制）。确认试验相应短路点已安全布置完毕，相关继电保护措施到位。根据现场实际情况完成试验接线，发电机励磁采用手动励磁方式，调节手动励磁调节器在最低限值。合上灭磁开关，用手动调节逐渐增大励磁电流，同时检测发电机定子电流、发电机励磁电流等参数，在发电机定子电流为10%额定电流时停留，检查发电机—变压器组相关电流回路无异常后，继续增加定子电流，定子电流记录点至少应包括20%、40%、60%、80%、90%和100%额定电流，同时需记录发电机励磁电流值。然后按上述电流值逐步降低励磁电流，重复上述过程。电流升降过程中须按一个方向调节，不得来回变动。试验过程中如发现三相电流有严重不平衡或有其他异常现象，应立即断开灭磁开关，查明原因。

短路特性曲线录制（或绘制）完毕后，必要时，应立即与出厂参数或上次试验参数进行比较，误差应在规定范围内。

2）电流二次回路检查。机组短路特性试验期间或结束后，选择合适定子电流幅值稳定短路电流，进行涉及的电流二次回路检查。检查范围应包括所有相关电流二次回路终端（如保护及安全自动装置、监控后台、调度自动化系统子站、计量装置等），检查内容主要包括：电流幅值、相位、相关保护的电流极性（如差动保护）、电流回路的完整性等。检查结果应符合相应装置或二次回路的技术要求。

（2）空载特性试验及二次回路检查。本试验需要录制（或绘制）发电机组空载特性，同时检查相关电压二次回路，并在确保安全的情况下检查变压器的带电情况及各部绝缘。

1）空载特性曲线录制（或绘制）。保持发电机组转速为额定值。合上励磁开关，逐渐增大励磁电流，至少应在发电机定子电压为10%、20%、40%、50%、70%、80%、85%、90%、95%、100%、105%（发电机—变压器组至此）、110%、115%、120%、125%、130%（发电机至此）下停留，同时记录发电机定子三相电压和发电机励磁电流值。然后缓慢降压，对应上述各点电压逐渐减小励磁电流，读取发电机定子三相电压和发电机励磁电流值。在试验的过程中，严禁中途反向调节励磁，试验过程中须有专人对发电机及变压器进行监视，运行人员应密切监视零序电压及接地信号装置，一旦异常，立即断开灭磁开关，查明原因。

空载特性曲线录制（或绘制）完毕后，必要时，应立即与出厂参数或上次试验参数进行比较，误差应在规定范围内。

2）电压二次回路检查。机组空载特性试验期间或结束后，稳定定子电压幅值为额定值时，进行涉及的电压二次回路检查。检查范围应包括所有相关电流二次回路终端（如保护及安全自动装置、同期装置、监控后台、调度自动化系统子站、计量装置等），检查内容主要包括：电压幅值、相位（或相序）、同期回路二次核相、电压回路的完整性等。检查结果应符合相应装置或二次回路的技术要求。

(3) 励磁系统空载特性试验。至少应达到本书 JB315（JB202）项目所列技术要求。

(4) 假同期试验。至少应达到本书 JB314（JB201）项目所列技术要求。

(5) 并网试验。试验结果应符合相关技术要求与现场设计要求。

(6) 带负荷检查。励磁系统负载特性试验应达到本书 JB315（JB202）项目所列技术要求。二次回路检查至少应包括以下内容：

1）电流、电压幅值、相序及相位关系检查；

2）零序电流、电压幅值及相位检查；

3）差动保护极性校验；

4）三次谐波定子接地保护定值校验。

(7) 缺陷处理。能够熟练地使用合适的操作方法、技术和仪器设备发现缺陷、隔离缺陷，并正确处理缺陷和检验缺陷处理情况。部分发电机保护常见缺陷参见表 JB101－1。

二、考核

1. 考核场地

(1) 具备上述考核条件的设备和实训场地。

(2) 室内温度 5～30℃，湿度＜75％。

(3) 具备 DC 110V/220V 电源输出端子。

(4) 具备 AC 220V/380V 电源输出端子。

(5) 可靠的室内接地端子。

(6) 消防器材。

(7) 良好的通风和采光照明。

(8) 供考评人员使用的评判桌椅和计时工具。

2. 考核时间

(1) 考核时间为 60min。

(2) 许可作业时记录开始时间，现场清理完毕汇报工作终结，记录考核结束时间。

3. 考核要点

(1) 基本操作。

1) 仪器及工器具的选用和准备;

2) 准备工作的安全措施执行;

3) 完成简要校验记录;

4) 报告工作终结,提交试验报告;

5) 恢复安全措施,清扫场地。

(2) 发电机特性试验。

1) 指定试验内容(短路特性试验、空载特性试验);

2) 指定具体考核内容。

(3) 缺陷处理。

1) 缺陷应能通过"发电机特性试验"操作发现;

2) 缺陷设置以装置或二次回路为主;

3) 缺陷数量为 2~3 个。

4. 考核要求

(1) 单人操作,衣着规范,精神状态良好。考生就位后,经考评人员许可后方可开始操作。

(2) 校验前及过程中,安全技术措施布置到位。

(3) 仪器及工器具选用及使用正确。

(4) 校验过程接线正确合理。

(5) 校验过程方法正确。

(6) 校验过程记录完整有效。记录内容完整,需包括但不限于校验时间、地点、校验人、校验项目、校验方法、校验仪器、接线方式及校验结论,校验结论需与实际情况一致,并能正确反映校验对象的相关状态。

(7) 校验完毕后,需及时拆除接线,归还仪器及工器具,并清扫现场。

(8) 能够熟练运用办公软件(Microsoft Office、WPS 等)编写电子报告(含表格处理、图形编辑等)。

(9) 进行缺陷处理时,应首先通过检查或测试手段发现缺陷,并及时向考评人员汇报,得到考评人员许可后方可进行缺陷处理。

三、评分参考标准

行业：电力工程　　　　　　　　　工种：继电保护工　　　　　　　　　等级：一

编　　号	JB107	行为领域	e	鉴定范围	
考核时间	60min	题　　型	C	含权题分	40
试题名称	发电机组启动并网试验及缺陷处理				
考核要点及其要求	(1) 要求单独操作。 (2) 现场（或实训室）操作。 (3) 通过本测试，考察考生对于发电机保护综合检验的掌握程度。 (4) 按照规范的技能操作完成考评人员规定的操作内容				
工器具、材料、设备	(1) 绝缘电阻表 500、1000V 各 1 块。 (2) 数字万用表 1 块。 (3) 常用电工工具 1 套。 (4) 函数型计算器 1 块。 (5) 试验线、绝缘胶带。 (6) 微机发电机保护屏				
备注					

评分标准

序号	作业名称	质量要求	分值	扣分标准	扣分原因	得分
1	基本操作		20			
1.1	仪器及工器具的选用和准备	正确	2	选用缺项或不正确扣 2 分；准备工作不到位扣 2 分		
1.2	准备工作的安全措施执行	按相关规程执行	10	安全措施未按相关规程执行，单项扣 2 分		
1.3	完成简要校验记录	内容完整，结论正确	4	内容不完整或结论不正确扣 4 分		
1.4	报告工作终结，提交试验报告		2	该步缺失扣 2 分；未按顺序进行扣 2 分		
1.5	恢复安全措施，清扫场地		2	该步缺失扣 2 分；未按顺序进行扣 2 分		
2	发电机特性试验		40			

续表

评分标准						
序号	作业名称	质量要求	分值	扣分标准	扣分原因	得分
2.1	发电机特性试验［短路特性试验（仅考核录制或绘制短路特性曲线过程）］	试验过程安全措施到位，试验接线正确，试验步骤合理，操作规范，试验结果正确，分析过程正确	20	试验过程安全措施缺失扣10分，立即停止试验；试验接线错误酌情扣分；试验步骤缺乏合理性酌情扣分；试验结果不正确扣8分；分析过程缺失扣3分；错误或不完整酌情扣分		
2.2	发电机特性试验［空载特性试验（仅考核录制或绘制空载特性曲线过程）］	试验过程安全措施到位，试验接线正确，试验步骤合理，操作规范，试验结果正确，分析过程正确	20	试验过程安全措施缺失扣10分，立即停止试验；试验接线错误酌情扣分；试验步骤缺乏合理性酌情扣分；试验结果不正确扣8分；分析过程缺失扣3分；错误或不完整酌情扣分		
3	缺陷处理		40			
3.1	缺陷一	缺陷发现正确，处理方法得当，处理记录完整	10	未发现缺陷扣5分；无法处理扣5分，方法不当酌情扣分；记录缺失扣2分，不完整酌情扣分		
3.2	缺陷二	缺陷发现正确，处理方法得当，处理记录完整	10	未发现缺陷扣5分；无法处理扣5分，方法不当酌情扣分；记录缺失扣2分，不完整酌情扣分		
3.3	缺陷三	缺陷发现正确，处理方法得当，处理记录完整	20	未发现缺陷扣10分；无法处理扣10分，方法不当酌情扣分；记录缺失扣4分，不完整酌情扣分		
考试开始时间			考试结束时间		合计	
考生栏	编号：	姓名：	所在岗位：	单位：	日期：	
考评员栏	成绩：	考评员：		考评组长：		

JB108 智能变电站继电保护系统综合测试

一、作业

(一) 工器具、材料、设备

(1) 工器具：智能数字式继电保护测试仪（输入连接器 FC/SC/ST，支持 IEC 61850-9-1/2、GOOSE 报文发送和接收）1台，微机型继电保护测试仪（6路电压6路电流输出）1台，智能数字万用表（输入连接器 FC/SC/ST，支持 IEC 61850-9-1/2、GOOSE 报文发送和接收）1块。

(2) 材料：试验线、光纤（ST、FC、LC 口尾纤）、光纤转接头（各种类型）、绝缘胶带。

(3) 设备：数字化线路保护屏、数字化主变压器保护屏。

(二) 安全要求

(1) 防止误入带电间隔。工作前熟悉工作地点、带电设备，相邻运行设备布置运行标识。检查现场安全围栏、警示牌和接地等安全措施。

(2) 试验仪器电源使用。必须使用装有剩余电流保护的电源盘。螺丝刀等工具的金属裸露部分除刀口外都应进行绝缘防护。接（拆）电源，必须在电源开关拉开情况下进行，一人操作，一人监护。临时电源必须使用专用电源，禁止从运行设备上取电源。

(3) 严防继电保护“三误”事故。根据现场实际情况，制订相关安全技术措施，严格执行批准或许可的安全技术措施。

(4) 直流回路工作。使用具备绝缘防护的工具，试验线严禁裸露，防止误碰金属导体部分。

(5) 插拔插件。防止带电或频繁插拔插件。

(6) 检修压板投入。一次设备仍在运行时，需退出部分保护设备进行试验时，在相关保护未退出前不得投入合并单元检修压板。

(7) 拆动二次线。及时做好记录，并用红色绝缘胶带对所拆线头实施绝缘包扎。

(8) 误跳各侧母联（分段）、旁路断路器。检查并退出对应的GOOSE出口压板，仔细核对并做好记录。

(9) 应断开失灵启动压板。检查失灵启动GOOSE出口压板须退出，仔细核对并做好记录。

(10) 校验中不应误发信号。必要时，断开相关信号采集装置（中央信号、远动信号、故障录波等）正电源，记录切换把手位置。

(11) 不准在保护室内使用无线通信设备。

(12) 严格按照安全作业规程规定安全措施的执行并恢复。

(三) 操作项目

(1) 线路间隔校验及消缺的安全措施、整组试验与复役；

(2) 主变压器间隔校验及消缺的安全措施、整组试验与复役；

(3) 双重化配置二次设备单一装置异常的现场应急处置。

(四) 操作要求与步骤

1. 操作流程

智能变电站继电保护系统综合测试操作流程如图JB108－1所示。

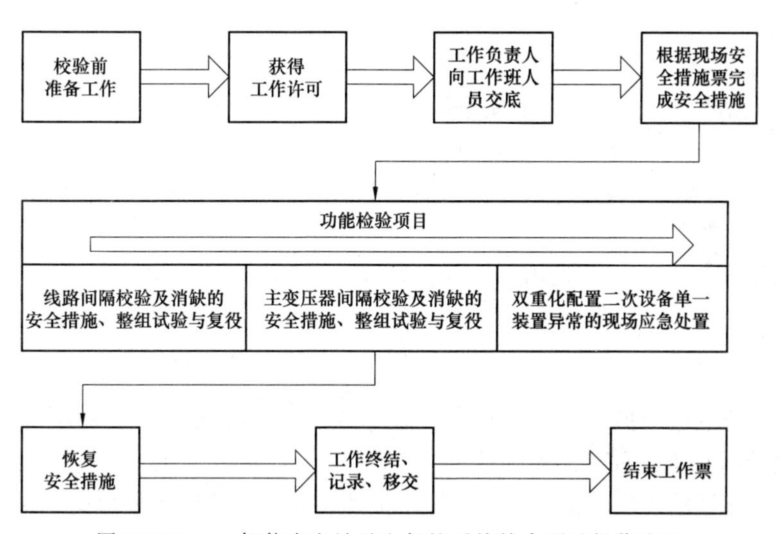

图JB108－1　智能变电站继电保护系统综合测试操作流程

2. 准备工作

(1) 了解工作地点、工作范围、相关一次设备和二次设备运行情况，应特别注意与本工作有联系的运行设备及回路，如母差保护、失灵保护、电网安全自动装置、合并单元、智能终端、过程层交换机等，以及与其他班组配合的工作内容。还应全面分析拟开展工作的重点项目、待处理缺陷、作业安全风险管控等内容。

(2) 准备与实际状况一致的图纸、前一次检验报告（或调试报告）、最新整定通知单、软件修改申请单、检验规程、标准化作业卡（书）、保护装置说明书、运行规程、ICD/SSD/SCD/CID及其配置工具等工作资料，检查和准备合格的仪器、仪表、工具、连接导线、尾纤跳线和备品备件等试验设备。确认微机继电保护和电网安全自动装置的硬件型号、跳线设置及软件版本符合要求。

(3) 现场检验工作应使用标准化作业指导卡（书），对于重要和复杂保护装置或有联跳回路（以及存在跨间隔SV、GOOSE联系的虚回路）的保护装置，如母线保护、失灵保护、主变压器保护、远方跳闸、电网安全自动装置、站域保护（备用电源自动投入装置、低频减载、单保护后备）等的现场检验工作，应编制经单位技术负责人审批的检验方案。

(4) 熟悉工作范围内设备所涉及的图纸，包括全站SCD、装置CID文件等工程文件，SV/GOOSE虚端子联系图，网络通信（含交换机）配置联系图等。应掌握相关测试设备、仪器仪表、SCD文件配置工具和CID文件下装工具的使用。

(5) 准备主要技术资料，包括最新整定通知单、图纸、装置技术说明书、装置使用说明书及相关校验规程等。

(6) 按照相关安全工作规程正确填写工作票。

3. 技术要求

(1) 线路间隔校验及消缺的安全措施、整组试验与复役。

1) 退出该间隔智能终端出口硬压板；

2) 视设备电压等级，退出该间隔待测线路保护装置中跳闸、合闸、启失灵等GOOSE发送软压板；

3) 视设备电压等级，退出母线保护装置内该间隔SV接收软压板、GOOSE接收软压板（如启失灵）等，投入该母线保护内该间隔隔离开关强制分软压板；

4) 投入该间隔待测合并单元、线路保护、智能终端检修压板；

5) 当采用传统互感器时，在合并单元端子排处将TA短接并断开，TV断开；

6) 如有需要，可断开线路保护至对侧通道接口；

7) 试验完成后，继电保护系统投入运行，退出该间隔合并单元、保护装置、智能终端检修压板；

8) 投入相关运行保护装置中该间隔的GOOSE接收软压板（间隔投入、启失灵等）；

9) 投入相关运行保护装置中该间隔SV软压板；

10) 投入该间隔保护装置跳闸、重合闸、启失灵等GOOSE发送软压板；

11) 投入该间隔智能终端出口硬压板。

(2) 主变压器间隔校验及消缺的安全措施、整组试验与复役。

1）视设备电压等级，投入主变压器保护及对应边、中断路器保护及各侧合并单元、智能终端检修压板及退出智能终端出口硬压板；

2）退出该间隔待测主变压器保护装置中至运行设备（如母联）的GOOSE发送软压板；

3）视设备电压等级，退出对应边断路器保护至母线保护的GOOSE启失灵发送软压板，中断路器保护至运行设备GOOSE启失灵、出口软压板；

4）视设备电压等级，退出主变压器间隔各侧对应母线保护装置内该间隔的间隔投入软压板和GOOSE接收软压板（如启失灵）等；

5）当采用传统互感器时，将主变压器保护间隔保护各侧TA短接并断开、TV回路断开；

6）如有需要可断开主变压器保护背板光纤；

7）试验完成后，继电保护系统投入运行，退出相应合并单元、保护装置、智能终端检修压板；

8）投入相关运行保护装置中该间隔的GOOSE接收软压板（间隔投入、启失灵等）；

9）投入相关运行保护装置中该间隔SV软压板；

10）投入该间隔保护装置跳闸、启失灵等GOOSE发送软压板；

11）投入该间隔智能终端出口硬压板。

（2）双重化配置二次设备单一装置异常的现场应急处置。

1）保护装置异常时，对装置及二次回路进行初步检查，投入装置检修压板，重启装置一次；

2）智能终端异常时，对装置及二次回路进行初步检查，退出出口硬压板，投入装置检修压板，重启装置一次；

3）间隔合并单元异常时，对装置及二次回路进行初步检查，相关保护退出（或改信号）后，投入合并单元的检修压板，重启装置一次；

4）交换机异常时，重启装置一次或按压复位按钮；

5）当装置重启异常状态未复归至正常状态时，应保持该装置重启后的状态，并申请停役相关二次设备，视必要性申请停役一次设备。

二、考核

1. 考核场地

（1）具备上述考核条件的设备和实训场地。

（2）室内温度5～30℃，湿度<75%。

（3）具备DC 110V/220V电源输出端子。

(4) 具备 AC 220V/380V 电源输出端子。

(5) 可靠的室内接地端子。

(6) 消防器材。

(7) 良好的通风和采光照明。

(8) 供考评人员使用的评判桌椅和计时工具。

2. 考核时间

(1) 考核时间为 60min。

(2) 许可作业时记录开始时间，现场清理完毕汇报工作终结，记录考核结束时间。

3. 考核要点

(1) 基本操作。

1) 仪器及工器具的选用和准备；

2) 准备工作的安全措施执行；

3) 完成简要校验记录；

4) 报告工作终结，提交试验报告；

5) 恢复安全措施，清扫场地。

(2) 线路间隔校验及消缺的安全措施、整组试验与复役。指定线路间隔电压等级与一次设备带电情况。

(3) 主变压器间隔校验及消缺的安全措施、整组试验与复役。指定主变压器间隔电压等级与一次设备带电情况。

(4) 双重化配置二次设备单一装置异常的现场应急处置。指定二次设备所在间隔与一次设备带电情况。

4. 考核要求

(1) 单人操作，衣着规范，精神状态良好。考生就位后，经考评人员许可后方可开始操作。

(2) 校验前及过程中，安全技术措施布置到位。

(3) 仪器及工器具选用及使用正确。

(4) 校验过程接线正确合理。

(5) 校验过程方法正确。

(6) 校验过程记录完整有效。记录内容完整，需包括但不限于校验时间、地点、校验人、校验项目、校验方法、校验仪器、接线方式及校验结论，校验结论需与实际情况一致，并能正确反映校验对象的相关状态。

(7) 校验完毕后，需及时拆除接线，归还仪器及工器具，并清扫现场。

(8) 能够熟练运用办公软件（Microsoft Office、WPS 等）编写电子报告（含表格处理、图形编辑等）。

三、评分参考标准

行业：电力工程　　　　工种：继电保护工　　　　等级：一

编　　号	JB108	行为领域	e	鉴定范围	
考核时间	60min	题　　型	C	含权题分	50
试题名称	智能变电站继电保护系统综合测试				
考核要点及其要求	（1）要求单独操作。 （2）现场（或实训室）操作。 （3）通过本测试，考察考生对于智能变电站继电保护系统综合测试的掌握程度。 （4）按照规范的技能操作完成考评人员规定的场景内容				
工器具、材料、设备	（1）智能数字式继电保护测试仪（输入连接器 FC/SC/ST，支持 IEC 61850－9－1/2，GOOSE 报文发送和接收）1 台。 （2）微机型继电保护测试仪（6 路电压、6 路电流输出）1 台。 （3）智能数字万用表（输入连接器 FC/SC/ST，支持 IEC 61850－9－1/2，GOOSE 报文发送和接收）1 块。 （4）常用电工工具 1 套。 （5）函数型计算器 1 块。 （6）试验线、光纤（ST、FC、LC 口尾纤）若干，光纤转接头（各种类型），绝缘胶带。 （7）数字化线路保护屏、数字化主变压器保护屏				
备注					

评分标准

序号	作业名称	质量要求	分值	扣分标准	扣分原因	得分
1	基本操作	按照规定完成相关操作	10			
1.1	仪器及工器具准备	选用正确，准备工作规范	1	选用缺项或不正确扣 1 分；准备工作不到位扣 1 分		
1.2	准备工作的安全措施执行	按相关规程执行	5	安全措施未按相关规程执行，单项扣 1 分		
1.3	完成简要校验记录	内容完整，结论正确	2	内容不完整或结论不正确扣 2 分		
1.4	报告工作终结，提交试验记录		1	该步缺失扣 1 分；未按顺序进行扣 1 分		
1.5	恢复安全措施，清扫场地		1	该步缺失扣 1 分；未按顺序进行扣 1 分		

续表

评分标准						
序号	作业名称	质量要求	分值	扣分标准	扣分原因	得分
2	线路间隔校验及消缺的安全措施、整组试验与复役		30			
2.1	线路间隔二次设备停役的安全措施	安全措施完备，操作规范	5	安措每缺一项视可能造成的影响酌情扣1～2分		
2.2	保护整组试验	定值、压板、控制字及重合闸方式选择正确，故障模拟正确，状态信息检查正确，时间校验正确	20	定值、压板、控制字及重合闸方式选择错误，单项扣3分；故障模拟错误扣5分；状态信息检查错误扣5分；时间校验错误扣5分		
2.3	线路间隔二次设备复役的安全措施	安全措施完备，操作规范	5	恢复安措每缺一项视可能造成的影响酌情扣1～2分		
3	主变压器间隔校验及消缺的安全措施、整组试验与复役		30			
3.1	主变压器间隔二次设备停役的安全措施	安全措施完备，操作规范	5	安措每缺一项视可能造成的影响酌情扣1～2分		
3.2	保护整组试验	定值、压板、控制字及重合闸方式选择正确，故障模拟正确，状态信息检查正确，时间校验正确	20	定值、压板、控制字及重合闸方式选择错误，单项扣3分；故障模拟错误扣5分；状态信息检查错误扣5分；时间校验错误扣5分		
3.3	主变压器间隔二次设备复役的安全措施	安全措施完备，操作规范	5	恢复安措每缺一项视可能造成的影响酌情扣1～2分		
4	双重化配置二次设备单一装置异常的现场应急处置		30			

续表

评分标准						
序号	作业名称	质量要求	分值	扣分标准	扣分原因	得分
4.1	装置异常原因的初步判断	说明装置异常产生原因的初步判断	10	未能判断原因扣 10 分；不准确酌情扣 2～3 分		
4.2	视异常装置的类型进行现场应急处理	根据装置类型进行正确现场处理	10	处理不正确扣 10 分；缺项、漏项酌情扣 2～3 分		
4.3	应急处理后续工作	根据处理结果判断是否需要停役二次设备与一次设备	10	判断不正确扣 10 分		
考试开始时间			考试结束时间		合计	
考生栏	编号：	姓名：	所在岗位：	单位：	日期：	
考评员栏	成绩：	考评员：		考评组长：		

参 考 文 献

[1] 电力行业职业技能鉴定指导中心. 继电保护工（第二版）. 北京：中国电力出版社，2009.

[2] 国家电网公司. 生产技能人员职业能力培训专用教材. 继电保护分册. 北京：中国电力出版社，2011.

[3] 国家电网公司. 十八项电网重大反事故措施. 北京：中国电力出版社，2009.